2006 年全国灌溉试验站网
成果汇编

李远华　王晓玲　段爱旺　肖俊夫　孙景生　主编

黄河水利出版社

内 容 提 要

　　本书是对"2006年全国灌溉试验成果交流会"征集的学术论文优选后编辑而成的,共收录论文45篇,是近一年来全国各级灌溉试验站研究成果的集中展现。全书分为四部分:第一部分为"灌溉试验站建设与协作研究方法",主要论述目前灌溉试验工作组织与管理模式、灌溉试验协作研究工作开展和试验站科研成果推广方法;第二部分为"作物需水规律与非充分灌溉技术试验研究",不仅包括水稻、小麦、玉米、油菜、大豆等主要作物,而且还涉及马铃薯、烟草、果树等经济作物;第三部分为"作物节水灌溉技术试验研究",涉及地下滴灌、喷灌、渠道防渗防冻、节水剂、灌区墒情预报等内容;第四部分为"农田水资源与土壤环境",对农田水资源评价、农田盐分、养分运移等问题进行了探讨。

　　本书可供从事农田水利、农业节水、农业气象的科技工作者阅读参考。

图书在版编目(CIP)数据

2006年全国灌溉试验站网成果汇编/李远华等主编．
郑州:黄河水利出版社,2006.10
ISBN 7-80734-137-8

Ⅰ.2…　Ⅱ.李…　Ⅲ.灌溉-文集　Ⅳ.S274-53

中国版本图书馆CIP数据核字(2006)第110172号

策划组稿:王路平　电话:0371-66022212　E-mail:wlp@yrcp.com

出　版　社:黄河水利出版社
　　　　　　地址:河南省郑州市金水路11号　　　邮政编码:450003
发行单位:黄河水利出版社
　　　　　　发行部电话:0371-66026940　　　传真:0371-66022620
　　　　　　E-mail:hhslcbs@126.com
承印单位:黄河水利委员会印刷厂
开本:787 mm×1 092 mm　1/16
印张:14.25
字数:330千字　　　　　　　　　　　印数:1—1 100
版次:2006年10月第1版　　　　　　印次:2006年10月第1次印刷
书号:ISBN 7-80734-137-8/S·87　　　定价:50.00元

前　言

我国真正大规模开展灌溉试验工作,应当从20世纪50年代初算起。半个多世纪以来,我国的灌溉试验工作几经跌宕,几度起伏,蕴含了数以千计广大灌溉试验工作者的勤奋与艰辛。新中国成立初期,作物需水量和灌溉定额方面的基础研究工作十分薄弱,基础资料十分短缺,给灌溉工程的规划设计工作带来很大困难,我国农田水利工程设计与管理工作不得不依靠引用欧洲、美国、印度等国家和地区的灌溉试验资料开展工作。从20世纪50年代中期开始,水利部农村水利司灌溉试验科开始组织国内一些大型灌区开展作物需水量与灌溉制度试验研究,经过灌溉试验科技人员数年艰苦而努力的工作,积累了一批宝贵的灌溉试验资料,在一定程度上缓解了农田水利工程规划设计基础数据匮乏的局面。特别是20世纪80年代中期,在水利部农村水利司的组织下,各省(区)灌溉试验站全面参与,开展了全国性的主要农作物需水量试验大协作,绘制了全国主要农作物需水量等值线图。之后又开展了全国灌溉试验资料整编工作,对全国20世纪50年代至80年代中期的灌溉试验资料进行了较为系统的整理汇编,各省(区)建立了灌溉试验资料档案库,在水利部农田灌溉研究所建立了"全国灌溉试验资料数据库"。这两次全国协作工作,为我国农田水利工程规划设计与运行管理提供了大量、可靠的基础数据,从而结束了完全依靠国外数据做灌溉工程规划设计的历史。这一成就,是新中国成立之后全国灌溉试验工作人员所做出的最大贡献。

2003年4月,水利部在河南省新乡市组织召开了"全国灌溉试验工作会议",期间正式成立了"水利部灌溉试验总站",并着手组建全国灌溉试验站网体系,这对21世纪全国灌溉试验工作的发展具有极其重要的意义,也是国家对灌溉试验工作的肯定与重视。2003年6月,水利部以水农[2003]252号文件下发了《关于加强灌溉试验工作的意见》,确定了各省(直辖市、自治区)中心试验站和重点试验站名单,全国灌溉试验站网正式建成,标志着全国灌溉试验工作进入了一个全新的发展阶段。

全国灌溉试验站网最为重要的职责,是为国家今后的农田水利发展,特别是灌溉工程的规划设计、区域水资源优化配置和农田用水管理等项工作提供基础数据与技术支持。全国灌溉试验站网应当成为国家农业节水工作的基础情报系统,为国家农业生产,特别是保障粮食安全工作提供基础数据支撑和技术服务。通过全体灌溉试验工作者的艰苦努力,已取得了相当大的成就,对全国灌溉农业的发展及保障国家粮食供给起到了积极的作用。但同时也应当看到,由于缺乏长期、系统、全面的灌溉试验工作积累,使得许多困扰农业节水发展的问题仍没有得到圆满的解决,比如全国主要农作物适宜的非充分灌溉定额、干旱半干旱地区的生态植被需水量、节水的投入产出关系、灌区水分供需状况监测及灌溉预报、灌溉农业发展现状及节水战略、区域水资源危机条件下的粮食生产预案编制,等等。这些问题的解决,还有待于通过大量、长期、系统的灌溉试验工作提供可靠的基础数据和先进的用水技术,这也是我们这一代灌溉试验工作者需要承担的历史使命。全国灌溉试验站网使命重大、任务艰巨,全国灌溉试验协作工作任重道远。

为了加强各地灌溉试验站之间的信息交流,活跃全国灌溉试验站网的学术气氛,促进全国灌溉试验协作工作的开展,水利部灌溉试验总站组织召开了"2006 年全国灌溉试验成果交流会"。会议的主旨有三个,一是开展学术交流,由部分灌溉试验站介绍开展的研究工作与取得的研究成果,起到相互交流、相互促进的作用;二是开展工作交流,由部分灌溉试验站介绍在站网建设、经费筹集、合作研究、技术开发和示范推广等方面的具体做法与成功经验,起到相互借鉴、相互启发的作用;三是提出"十一五"期间灌溉试验工作的任务和要求。通过这些学术和工作经验交流,希望能够集思广益,为解决全国灌溉试验站网建设与可持续发展道路上遇到的各种问题及阻碍提供可行的思路和方案。

本书是对"2006 年全国灌溉试验成果交流会"征集的学术论文优选后编辑而成的,共收录论文 45 篇,是近一年来全国各级灌溉试验站研究成果的集中展现。全书分为四部分:第一部分为"灌溉试验站建设与协作研究方法",主要论述目前灌溉试验工作组织与管理模式、灌溉试验协作研究工作开展和试验站科研成果推广方法;第二部分为"作物需水规律与非充分灌溉技术试验研究",不仅包括水稻、小麦、玉米、油菜、大豆等主要作物,而且还涉及马铃薯、烟草、果树等经济作物;第三部分为"作物节水灌溉技术试验研究",涉及地下滴灌、喷灌、渠道防渗防冻、节水剂、灌区墒情预报等内容;第四部分为"农田水资源与土壤环境",对农田水资源评价、农田盐分、养分运移等问题进行了探讨。

本书汇集的论文是对全国近期灌溉试验工作的一个小结。有关的工作经验交流材料,对于各省(区)下一步的灌溉试验站网建设和协作研究工作开展具有很好的借鉴意义。汇集的研究成果,对于我国当前的节水农业实践活动也具有一定的参考价值与指导意义。

由于本书的汇编时间仓促,加之全国灌溉试验站网建设与协作研究工作尚处于艰难的初始发展阶段,许多经验还很不成熟,研究工作也不系统、不深入,因此书中难免有疏漏与不当之处,恳请读者同仁不吝赐教,批评指正,在此表示衷心的感谢!

编　者

2006 年 8 月 28 日

目　录

前　言

第一部分　灌溉试验站建设与协作研究方法

第二部分　作物需水规律与非充分灌溉技术试验研究

第三部分　作物节水灌溉技术试验研究

第四部分　农田水资源与土壤环境

第一部分 灌溉试验站建设与协作研究方法

加强灌溉试验　促进社会主义新农村健康发展

赵福生　赵　奇

（湖南省灌溉试验中心站）

湖南省自 20 世纪 60 年代开始从事灌溉试验研究,至今已走过了约半个世纪的艰难历程。目前已形成了三级网站体系。全省现有灌溉试验站 14 个,在职干部职工 74 名,有高级工程师 3 名,工程师 26 名,技术员 28 名。其中中心站有干部职工 11 名,高级工程师 1 名,工程师 4 名。全省试验用地 298 亩,拥有固定资产 1 826 万元。中心站和重点站均配置了较好的仪器设备。

近几年来,我们认真落实水利部《关于加强灌溉试验工作的意见》的通知和全国灌溉试验工作会议精神,坚持科学发展观,创新发展理念,加强灌溉试验工作的领导,有效地推进了全省灌溉试验工作科学化、规范化、现代化水平。坚持把灌溉试验工作与建设社会主义新农村、发展农村经济有机地结合起来,围绕节水灌溉,紧扣发展主题,深化行业改革,强化内部管理,狠抓队伍建设,多方筹措资金,加快站网建设,提高科研品位,克服重重困难,把灌溉试验工作开展得虎虎有生气。我们在省水利厅党组的正确领导下,在水利部灌溉试验总站的大力支持下,坚持以科研为重点,以推广节水灌溉新技术为契机,以发展水利经济为龙头,摆脱了过去灌溉试验站只"擂票子,保工资,就是迈不出科研步子"的困难局面。由于省水利厅加强领导,全省从事灌溉试验干部职工的艰苦奋斗,各个灌溉试验站的站容站貌有了明显改观;站网建设有了明显进步;节水灌溉新技术推广有了明显进展;三个文明建设有了明显突破;人的精神面貌有了明显变化;各项工作有了明显起色。全省灌溉试验站呈现出一派"灌溉试验喜空前,站网建设似花园,节水技术大推广,科研硕果润心田"的大好形势。在过去的几年中,湖南省加强灌溉试验工作,主要取得了 6 个方面的经验和亮点。

1　加强领导是开展灌溉试验的关键

领导我们事业的核心力量是中国共产党,开展灌溉试验、建设社会主义新农村离不开党的坚强领导,离不开上级领导的关心与支持。事实雄辩证明,积极争取党的领导是搞好灌溉试验工作的关键,只有加强领导,灌溉试验才会取得丰硕成果。在20世纪90年代,灌溉试验工作无人问津,上面无人抓,下面无人管,一些灌溉试验站的牌子摘了,人员散了,工资没了,灌溉试验工作停滞不前。2003年4月、2004年1月和2005年9月水利部先后在河南新乡、广西桂林、湖北荆门召开全国灌溉试验会议后,我们抓住机遇,将每次会议的精神、兄弟省市的宝贵经验写成汇报材料,送到省水利厅党组每一位领导手中,并向他们宣传灌溉试验的重要性、必要性,宣传兄弟省市加强灌溉试验的好做法与好经验,宣传水利部和灌溉试验总站下发的关于加强灌溉试验的各种文件精神,争取了领导的重视与支持,工夫不负有心人,厅长们来了,局长、处长们来了,他们带来了灌溉试验的春风,扎扎实实地加强了灌溉试验的领导,使灌溉试验工作落到了实处。2005年4月5日,省水利厅副厅长刘佩亚陪同水利部王晓玲、许建中处长到我们试验中心站视察了工作。2006年3月18日,省水利厅厅长张硕辅率领一班人在益阳市委副书记谢超英的陪同下视察了我们中心站的站网建设,听取了我们的工作情况汇报,并批示省水利厅计划财务处落实中心站建设资金渠道。今年5月17日,省水利厅副厅长皮颂孚带领水利经济处副处长代介枝一行,考察了我站发展水利经济的情况,并为中心站解决发展水利经济起动项目资金15万元。省水利厅工程管理局局长尹仲春,副局长胡学良、王积建,财务处处长郭炳奎,水利经济处处长陈子年以及市水利局局长胡捷曾多次到中心站检查指导工作,现场办公。尹仲春局长还亲自为中心站综合试验楼建设定向定位。在加强灌溉试验工作中,我省的做法是:第一,加强领导,省水利厅明确工程管理局负责抓灌溉试验,并派一名副局长分管;第二,加大投入力度,厅党组决定每年从水资源费中固定投入灌溉试验经费400万元,2006年为中心站解决站网建设资金150万元,每个重点站40万元;第三,对重点站的建设采取省市共建的办法,省水利厅支持一点,由各市水利局、财政局解决一点,灌溉试验站自己筹措一点,全省累计投入中心站、重点站建设金额达820多万元,从而加快了全省试验站的建设步伐;第四,省水利厅积极为中心站、重点站解决人员编制经费问题,今年已向省人民政府打了报告,目前水利厅、财政厅已在报告上签字同意,省水利厅正在跟省编委衔接,有望彻底解决人员编制经费问题;第五,积极为灌溉试验站理顺管理体制,省水利厅已拟定中心站收回省水利厅管理,重点站由各市水利局管理,省水利厅还为中心站配备了一台"三菱"工作车,目前全省14个试验站都挂起了牌子,落实了人员工资。省水利厅于今年6月6日在长沙召开了全省灌溉试验工作会议,我省灌溉试验工作步入了正规化轨道。

由于加强了灌溉试验的领导,中心站的站网建设初具规模,到目前为止,中心站已完成基础设施建设项目36个,共耗资260多万元。其中征地3亩,改造试验田9亩,试验田由原来的6亩达到了水利部灌溉试验总站规定的15亩水田标准;建好了24个试验小区和26个试验测坑;新建大棚喷灌8亩;新建灌排水机埠一个;新建水塔一个;新建防汛物资仓库一栋;新建了门楼和门卫室;硬化了机耕道路和晒谷坪,新建花园2.8亩;新建围墙900 m;同时还对蓄水池进行了清淤和护坡,添置了一些必要的仪器设备和和办公设施。

目前我们中心站正在抓紧自动化气象站和综合试验楼建设。在开展站网建设中,我们深深地体会到,灌溉试验站只有发展才有出路,灌溉试验站小发展大困难,大发展小困难,不发展更困难,只有发展才是硬道理。加强领导是搞好灌溉试验的关键,是促进社会主义新农村建设健康发展的关键。

2　争资立项是夯实灌溉试验事业的前提

我们国家还是一个经济发展中国家,在国家发展改革委还没有确立项目资金支持灌溉试验站建设的时候,在投入与需求存在较大差距的情况下,我们把争资立项作为发展灌溉试验的一项措施来抓,开动脑筋,变压力为动力,利用政治资源和人际关系,多渠道、多方位、多层次筹措站网建设资金,为积极开展站网建设、保障试验站工作正常运转提供保障。2005 年中心站从省以工代赈办、省科技厅、市农业开发办、市财政局、市水利局等部门争取经费达 95 万元。在争资立项的工作中,我们不怕冷脸皮挨热脸皮,不怕跑破脚板皮,不怕磨破嘴巴皮。今年我们主动找省财政厅争资立项 40 万元,找省农业开发办向国家农业开发办立项 80 万元,向省以工代赈办争取了 30 万元建设资金,市水利局解决了 20 万元。我们在全省灌溉试验工作会上推介了中心站争资立项的经验后,湘潭市、怀化市重点站也打报告向本市农业开发办、以工代赈办争取了一些站网建设资金。我们还利用宣传媒体为加强灌溉试验站工作唱赞歌。2005 年 3 月 24 日《湖南工人日报》刊登了《要重视灌溉试验工作》的报道,呼吁各级部门支持、关心灌溉试验工作,引起了有关领导的重视。我们深深体会到争取部门支持、争资立项是夯实灌溉试验的前提。

3　科学管理是搞好灌溉试验的基础

运用科学的行政管理手段是搞好灌溉试验的基础。灌溉试验行政管理是一门管理科学,它是指依靠灌溉试验行政组织、按照行政渠道管理灌溉试验站工作的一系列措施和方案,运用较好的行政手段优化灌溉试验站环境,有效地发展灌溉试验事业。在科学管理中我们主要采取了四个办法:一是建立健全各项规章制度。灌溉试验站的一切工作做到有章可循,违者必究,行政管理人员带头执行制度,按制度办事。二是做到政务公开、财务公开,使每个干部职工对站领导放心。在各项制度面前实行干部职工人人平等,行政领导不搞特殊化,这样我们讲话有人听,做事有人帮,办事效率高。三是建立岗位责任制。按照专业特长、能力大小实行分工合作制。四是建立奖惩制度。择优使用行政管理人才和专业技术人才,实行定期评价行政管理人才和专业技术人才的业绩。对行政管理人才每年底进行一次测评,对干部职工反映好的行政人员一年给予 1 000 元奖励。对专业技术人才在灌溉试验中有特殊贡献的每年底进行一次总结,给予 2 000 元奖励。对在全国有关刊物上发表论文的每篇奖励 1 000 元奖金。2005 年全省各站在各级刊物上发表论文 12 篇,其中中心站发表 4 篇。我们实行奖惩分明,大大激发了干部职工的工作热情。由于我们运用科学的管理办法,充分调动了干部职工工作的积极性,我们的工作开展得有条不紊、井井有条。只有运用高明的领导艺术,调动一切积极因素,才能促进灌溉试验事业蓬勃发展,才能奠定灌溉试验牢固的基础。

4　推广灌溉试验新技术是促进社会主义新农村健康发展的动力

　　灌溉试验工作是一个系统化、科学化很强的工程，它需要我们坚持不懈地去挖掘、去升华、去总结经验、去推广灌溉试验新技术，全面提升灌溉试验的含金量，总结经验，推介成果。这样才能从实践中获得突破性的发展，才能使科学技术转化为生产力，才能推动社会的进步与发展，只有大力推广灌溉试验新技术，才能促进社会主义新农村健康发展。湖南省着力于推广灌溉试验新技术，让更多的农民掌握灌溉试验新技术，让节水灌溉新技术产生更大的社会效益。我们的具体做法是：①试点先行，因地制宜，循序渐进地向农民推广节水灌溉新技术。2001 年至今在沅江市郊区菜队推广节水灌溉面积 1 500 亩，每亩一年节水 26 m³，增产蔬菜 150 kg，农民每亩增加纯收入 184 元。2003 年我们在沅江市三眼塘镇推广柑橘节水灌溉新技术 4 000 亩，每亩柑橘节水 32 m³，增产柑橘 66 kg，节肥 12 kg，增加收入 82 元。②建立健全县、乡、村节水灌溉技术指导网络体系。村里由村长负责，乡里由分管农业的乡长负责，县里由农委主任负责抓推广节水灌溉新技术。这样有力地推动了农村节水型社会的建设。我们还加大田间节水灌溉设施的投入配套，积极推广了田间水稻、棉花、蔬菜、果木等节水灌溉新技术，提高了田间农作物的产量、产值。我们对所属县市水库、水利农电站指导灌水、排渍，适时灌水，并根据气象预报情况排渍抗旱，产生了较大的经济效益。近 3 年来，我们中心站在南县三仙湖镇推广的控水灌溉稻田 2 000 亩/季，节约用水 10 万m³，增产稻谷 5 000 多 kg。③办班培训，印发节水灌溉新技术资料，向农民传授科学灌水新技术，3 年来共办班 12 期，参加学习的农民达 3 100 多人次。农民说：推广灌溉试验新技术确实是增加农民收入、促进社会主义新农村建设健康发展的动力。

5　联合攻关是取得灌溉试验成果的得力措施

　　在加强灌溉试验工作中，我们着力于开展横向联系，学习国内外的先进经验，借助各方面的技术、资金、设备联合开展了一系列的项目攻关：一是与以色列农大教授海逸利先生签订了以水稻、棉花为主要内容的节水灌溉攻关项目，该项目已于 2006 年 4 月在我站立项签了 5 年合同，海逸利先生每年向我站提供 10 万元人民币的攻关试验费，我站向他提供节水灌溉的有关数据资料，这个项目前景可观。二是与湖南农大联合开展了"水稻高效节水与持续高产的灌排技术攻关与应用"的联合研究，使每亩试验田产量比常规稻田产量高产 42 kg，该项目获市科委一等奖，获省科学进步奖。湖南农大还把我站确定为农大毕业生实习基地，每年都有一些毕业生的论文在我站实习完成。三是湘潭市重点灌溉试验站与国家粮食丰产科技湘乡基点联手对"水稻丰产高效栽培节水灌溉"项目进行了攻关，他们探索出隔层育秧、稻糠生态肥、健秧灵、定株播种、干湿浅灌五大单项技术。该项目经以袁隆平院士为首的专家组验收，湘乡基点试验推广这一技术，每亩秧田省种、省肥 1/3，节水50 m³，省工 2 个，壮秧入大田，减少了化肥、农药的施用，亩增稻谷 50 kg。四是与益阳市畜牧水产局联合进行了"劣质水和污水对鱼苗的养殖灌排水"攻关试验。益阳市畜牧水产局还将水产测报中心设在我们中心试验站，每年向我们提供观测科研费 5 万元。五是怀化市重点灌溉试验站与湖南农大开发处、芷江县农业局联合对超级早稻进行了科学制种试验。从2003 年开始一直坚持到现在，该项目获得突破性的进展，并在《中国杂交水稻》杂志上发表论文两篇,研制出的成果参加了全国超级早稻品比试验。我们在联合开发节水灌溉项目中尝到了甜头,获得了科研亮点。联合攻关是一个发展灌溉试验不可多得的得力措施。

6　发展水利经济是激活灌溉试验站自身活力的根本途径

在国家对灌溉试验站投入较少、人员经费不足的情况下,灌溉试验站发展水利经济是激活自身活力的根本途径。几年来,我们运用科学手段,立足行业特色,改革挖潜,搞活自身,坚持以灌溉试验为重点,以种养业为龙头,大力发展水利经济,壮大集体经济,运用经济增长为开展灌溉试验、建设社会主义新农村保驾护航,取得了可喜的成绩。2005年全省灌溉试验站实现水利经济收入达920万元,获纯利润91万元,比上年度分别增长5.81%和4.1%。在水利经济项目中建筑施工、种植养殖、木业加工、技术推广、花卉产业、开店办厂、水利旅游、门面出租都得到了较快发展。省中心站2005年喂生猪92头,放养名贵鲜鱼8.2 t,生产鲜花8 000盆,开办一家五金商行,获纯利12.8万元。永州市灌溉试验站去年养殖生猪2 200头,获纯利21万元。水利经济收入的增加,激活了试验站本身,缓解了一些灌溉事业经费不足,提高了干部职工的福利待遇,保障了试验站工作的正常运转,大大地促进了全省灌溉试验工作的顺利开展。

总而言之,我们认为灌溉试验是一项建设社会主义新农村不可缺少的工作。要搞好这项工作,我们从事灌溉试验工作的同志一定要发扬艰苦奋斗的精神,要具有"俯首甘为孺子牛"的精神,要具有敢于攀登科学高峰、百折不挠的精神。灌溉试验要促进社会主义新农村健康发展,这就对我们每一位从事灌溉试验的同志提出了更高的要求,我们从事灌溉试验工作的同志必须练好腿杆子,勤于跑路;练好笔杆子,勤于总结;练好嘴巴子,勤于宣传,要宣传灌溉试验在建设社会主义新农村中发挥的重要作用,宣传灌溉试验美好的前景。只要我们努力拼搏,光辉的未来属于我们,属于我们奋斗在灌溉试验岗位上的水利人!

过去的3年是我们湖南加强灌溉试验工作的3年;是以人为本、和谐共进的3年;是真抓实干、改革创新的3年;是灌溉试验亮点频出、精彩纷呈的3年。3年来我们所取得的各项成绩,得益于水利部的正确领导,得益于省水利厅党组的坚强领导与支持,得益于水利部灌溉试验总站的高度重视与关心,得益于大家的支持,在此,我代表湖南的全体同志向各位领导和同志们表示崇高的敬意!

这几年来,我们在省水利厅党组的坚强领导下,虽然做了一些应做的工作,取得了一些成绩,但是与促进社会主义新农村健康发展的要求相比,与先进兄弟省市相比,还存在一定的差距:思想观念守旧,与加快社会主义新农村建设不相适应;灌溉试验中心站、重点站的人员编制经费还没有完全落实;省发展委立项还没有完全做好工作;灌溉试验站工作人员专业素质不高,站网建设步子迈得不快。这些问题有待于我们认真研究,不懈地努力,逐步加以解决。

灌溉试验事业迎来了一股强劲的东风,让我们迎着这股东风,树立科学发展观,理顺新时期灌溉试验工作思路,紧紧把握发展这个主题,大力推进灌溉试验事业向前发展;为促进社会主义新农村建设健康发展做出较大的贡献,为实现科技兴水、科技兴农、科技强国的伟大方针做出较大贡献,为把灌溉试验站建设成水利、农业科学技术推广的一个坚强阵地做出较大贡献而奋斗!

紧密结合生产实际
全力做好灌溉试验工作

郑世宗　陈伟林　吕成长　何贤康　林义钱

（浙江省灌溉试验中心站）

1　灌溉试验开展背景

浙江省位于我国东南沿海、长江三角洲南翼。陆域面积 10.18 万 km^2，其中山丘区占 70.4%，平原占 23.2%，河流湖泊占 6.4%，素有"七山一水二分田"之称。现有耕地 2 388 万亩，其中水田 1 952 万亩，人均占有耕地仅 0.53 亩。

由于地处亚热带季风气候区，降水充沛，多年平均降水量 1 604 mm，多年平均水资源总量 955 亿 m^3。由于人口密集，人均水资源量低于全国平均值，加上降水的时空分布不均，现状水资源总体形势不容乐观，存在山区工程性缺水、沿海及海岛资源性缺水、平原水质性缺水三种不同区域的缺水类型，水资源供需矛盾突出。

近几年，随着农业种植结构的调整，农业灌溉用水量略有下降，但仍占全省总用水量的 50% 以上。从农业灌溉用水效率来看，目前全省农业灌溉水利用系数约为 0.48，略高于全国 0.43 的平均水平，但远低于发达国家 0.7~0.75 的水平，农业存在巨大的节水潜力。

2005 年浙江省农村工作会议首次提出发展高效生态农业，这是继前几年"农业种植结构调整，发展效益农业"之后的又一重大决策。从国民经济产值构成看，尽管近几年我省第一产业所占比例不到 10%，但政府仍十分重视农业的基础地位，从保障粮食安全、提高农业可持续发展能力等提出高效生态农业发展战略。

灌溉试验是农村水利一项十分基础的工作。面对浙江省农业、水利可持续发展的客观要求，为解决生产实际遇到的问题，开展灌溉试验工作非常必要和迫切。

2　灌溉试验站网建设情况

根据水利部的统一部署，我省曾在 20 世纪 80 年代新建多个灌溉试验站，后经调整，共保留了 9 个站，基本每个地区 1 个，结合全国水稻需水量协作研究课题，针对双季水稻开展较大范围的灌溉试验。到了 90 年代初，随着试验任务的结束，上述试验站点基本撤销。

针对新形势下我省农村水利发展对灌溉试验工作提出的客观要求，结合水利部关于全国灌溉试验站网建设的统一部署，自 2001 年起，重新建立新的灌溉试验站网体系。试验站网由省级中心站、地方重点试验站（点）、基层灌溉定额观测点组成。省水利厅农水处负责站点的组织协调和日常运行经费，省水科院（中心站依托单位）负责研究课题的提出、技术指导和试验成果分析汇编，内部分工科学，相互配合默契。全省灌溉试验站网结构如图 1 所示。

站网基本情况介绍：

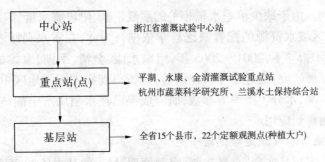

图1　浙江省灌溉试验站网结构

　　浙江省灌溉试验中心站——依托于浙江省水利河口研究院,与研究院的农村水利所合署办公,拥有农田水利、农学、水资源水环境等专业技术人员20余人。试验基地位于杭州市萧山区浙江省水利围垦高科技农业示范园区内,距杭州市区约45 km,交通便利。试验基地占地220亩,规划作物灌溉试验区162.6亩,占总面积的73%,包括作物需水量试验区、设施农业试验区、农业生态与环境试验区等10余个功能区,总投资约3 400万元。目前,试验基地正处于建设阶段,已建大型测筒蒸渗器试区、气象站、部分管理房等设施。

　　平湖、永康、金清灌溉试验重点站——分别位于浙江省嘉兴平湖、金华永康和台州路桥区,代表着浙北、浙中和浙东地区灌溉农业的生产特点。各试验站均按《灌溉试验规范》要求建设,试验基地占地10～50亩不等;配备气象、水文、土壤、作物生理生态等基本观测仪器,如自动气象站、叶面积仪、土壤溶液取样器、田面水位观测计、量水表、土壤含水率测定仪器等;每个站均配有2名以上试验人员,能熟练掌握各种基本观测要求。

　　杭州市蔬菜科学研究所、兰溪水土保持综合站——是针对设施栽培的蔬菜类作物、丘陵区种植的经济作物而设立的试验点。杭州市蔬菜科学研究所拥有各类保护地面积40 000余 m²,其中连栋温室37 000余 m²,配有从以色列引进的全套滴灌设备和技术,试验观测仪器设备较为先进;兰溪水土保持综合站位于兰溪市马达镇,是为探索低丘红壤的综合利用和水土保持建立的试验站,拥有一定数量的试验人员和气象、土壤、作物等常规观测仪器设备。

　　定额观测点——分布于我省11个地区、15个县市,共建立约22个农作物灌溉定额观测点,作物种类有蔬菜瓜果、花卉苗木等,基本涵盖了我省主要耗水农作物品种。定额观测点所种植作物的品种、灌溉方式等在当地具有一定的代表性,且种植面积有相当规模。各观测点均配备简单的计量设施,并由当地水利部门物色具有一定文化程度、工作认真负责的种植大户或水利员负责观测记录。

3　近几年开展的灌溉试验工作及成果

　　自灌溉试验站网建立以来,结合浙江生产实际需要,陆续开展多项灌溉试验工作,取得了不少有实际应用价值的科研成果。

3.1　主要灌溉试验工作

3.1.1　单季水稻需水量试验

　　随着农业种植结构调整的深入开展,单季水稻已逐渐取代传统的双季水稻成为浙江省主要的粮食作物。由于缺少单季水稻相关的灌溉定额、阶段需水量、需水系数等灌溉试验基础资料,造成区域水资源的配置缺乏科学依据。为此,在省水利厅农水处的组织协调、省中心站的技术指导下,2001～2005年,组织永康、金清、平湖、余姚试验站同时对单季水稻的需水量开展研究,通过多年对比试验,分析得到我省不同地区单季水稻需水量、需水规律及灌溉定额、水分生产率等参数,研究成果已在水稻用水定额核定、灌区节水配套改造规划等方面得到应用。

3.1.2　浙江省农业节水灌溉定额试验研究

农业灌溉用水定额是实现"总量控制、定额管理"目标的基本依据,而灌溉试验成果是分析核定用水定额最准确的基础资料。为此,在单季水稻灌溉试验基础上,利用我省各重点站、试验点、灌溉定额观测点,全面开展农业节水灌溉定额试验与观测。此项研究工作持续3年,得到数十种不同作物灌溉用水定额观测数据。研究成果为浙江省农业用水定额的分析核定提供最重要的依据。

3.1.3　高效生态农业节水增效综合技术研究

高效生态农业是我省"十一五"期间提出的农业发展战略举措。我中心站充分利用灌溉试验站网资源,成功申请省重大科技攻关相关"高效生态农业节水增效综合技术研究与应用"课题,重点研究我省主要农作物节水高效灌溉制度、水肥耦合与高效利用技术等,课题总研究经费120万元。目前,有关试验工作正在中心站与各重点站的试验基地同时展开,预期2年完成该课题主要内容的研究。

3.1.4　水稻节水灌溉对农田环境质量影响的研究

一种好的节水灌溉模式的提倡及推广,除节水增产效益外,还应对这种灌溉模式引起的生态环境(包括水体、土壤、大气等)综合效应作出比较分析与评估。为进一步推广水稻薄露灌技术,结合水稻需水量试验,在各重点站对进出试验田的水样、土壤有毒有害物质进行全面监测,通过生育期监测数据综合分析节水灌溉带来的生态环境效应。本研究取得预期成果,为节水灌溉技术的推广提供生态环境方面的科学依据。

3.2　主要灌溉试验成果

3.2.1　浙江省农业用水定额

充分利用"浙江省农业节水灌溉定额试验"成果,结合相关的理论分析计算,得到浙江省主要农作物(36种作物)、多个保证率(50%、75%、90%)、多种栽培模式、多种灌溉方式和多个农业灌溉分区(6个农业分区)的灌溉用水定额。其成果纳入浙江省用水定额标准(浙水政〔2004〕46号),已在全省发布试行,成为农业用水总量控制、定额管理的基本依据。

3.2.2　浙江省效益农业实用灌溉手册

为配合各地开展的农业种植结构调整,推广普及节水灌溉技术,充分利用近几年灌溉试验第一手观测数据,结合灌溉基本理论知识,共收集4大类20余种作物的需水规律、灌水方法和用水量汇编成册。旨在帮助广大农民朋友了解并掌握我省主要大宗经济作物的灌水技术要领,促进农业增效、农民增收。手册通过浙江省农网向全社会发布,取得良好的社会效益。

3.2.3　其他

根据水利部灌溉试验总站的要求,组织技术力量,按时并确保质量地完成了"1987～

2003年灌溉试验资料的整编"、"灌溉试验站代表区域背景数据的调查整理"、"灌溉农业年度基础数据的采集与整理"3项工作,另一项协作研究课题正在开展之中。2006年3月,基于近几年灌溉试验工作,总结提出"浙江省主要农作物灌溉定额与实用灌水技术研究"成果,并组织省内外专家开展鉴定,总体达到国内领先水平,已被省水利厅作为2005年度主要科研成果推荐给省科技厅评奖。据不完全统计,2000年以来,试验站网的技术人员先后在《灌溉排水学报》、《中国农村水利水电》、《节水灌溉》等核心刊物及省内刊物发表科研论文10余篇,部分研究成果受到专家的一致肯定。

4 几点体会

4.1 领导重视是做好灌溉试验工作的前提

灌溉试验是农村水利的一项以公益性为主的基础性工作,研究成果主要服务于各级政府的宏观决策及各地的农业用水管理,产生的效益主要为社会效益。因此,领导重视是做好此项工作的重要前提。从浙江省情况来说,市场经济发达,农业产值所占国民经济的比重不到10%,纯粹从经济效益角度考虑此项工作得不偿失。但是,从保障浙江省粮食安全、提高农业可持续发展能力、增加农民收入、建设节水型社会等角度出发则意义重大,是一项重要的基础工作。

为此,省水利厅在2000年就提出恢复浙江省灌溉试验工作,省级资金安排加上地方配套前后投入300余万元,建立永康、平湖、金清、余姚等灌溉试验站点及多个灌溉定额观测点。省水科院(中心站依托单位)以农村水利研究所作为开展灌溉试验工作的技术支撑,从试验站的规划设计开始便参与其中,通过试验方案提出、技术人员培训、试验成果总结等,确保此项工作顺利开展。为解决中心站试验用地问题,省水利厅主要领导多次出面组织协调,最终划拨土地220余亩,确保了中心站试验工作的正常开展。每年灌溉试验工作的"两会"(试验前的培训会和年度试验成果总结会)省水利厅农水处主要领导均参加,并在会上作重要工作安排,也要求各地市水利局农水科的领导参加。正是由于各级领导认清此项工作的重要意义,并在实际工作中给予高度重视,确保了浙江省灌溉试验工作的顺利开展。

4.2 紧密结合生产实际是灌溉试验立足之本

灌溉试验工作只有紧密结合生产实际,解决农业、水利发展中遇到的问题,才具有真正的生命力。灌溉试验是一项基础工作,也许一年试验下来真正有用的只有几个观测数据,但正是这几个数据,为生产实际提供了重要、客观的依据。

从近几年浙江省开展的灌溉试验工作看,不唯科研搞试验,解决生产问题才是开展灌溉试验的立足之本。2001年,省水利厅提出对单季水稻需水量开展试验研究,正是基于当时农业种植结构大调整的形势,种植模式发生改变,单季水稻成为最主要的粮食作物,而关于单季水稻的需水量、需水规律、灌溉定额等基本参数仍是空白。之后连续开展多年的农业节水灌溉定额试验课题,主要是为编制浙江省农业用水定额,这既是水利部的统一要求,也是我省实现水资源"总量控制、定额管理"的需要。考虑到种植结构调整后的经济作物品种众多,部分作物需水量还较大,而靠几个试验站的力量毕竟有限,于是提出建立一批灌溉定额观测点,以种植大户为基础,通过购置部分简单试验设施(如水表)和技术培训,达到观测目的,此项工作取得非常好的效果。目前,面上灌溉定额观测工作仍在继续,为用水定额标准的定期修编提供重要依据。为指导各地农业种植结构调整,推广节水灌溉技术,促进农业增效、农民增收,基于多年灌溉试验成果,编制了浙江省效益农业实用灌溉手册,并通过各种形式向社会发布,社会反响良好。2005 年浙江省农村工作会议首次提出高效生态农业发展战略,我中心站充分利用全省灌溉试验站网平台,结合浙江实际,以作物水肥耦合与高效利用灌溉技术研究为重点,提出开展"高效生态农业节水增效综合技术研究与应用"课题。由于课题紧密结合当前形势,加上有灌溉试验站网这个平台,课题申请成功,被列入 2006 年省重大科技攻关项目。

4.3　加强人才培养、增强科研实力是实现灌溉试验持续发展的动力

要实现灌溉试验工作的持续发展,稳定的技术支撑至关重要。在技术支撑要素中,灌溉试验相关领域人才的培养又是关键因素。通过加强人才培养,增强内部科研实力,可以多渠道争取科研课题,提高研究成果的质量;反过来,成果出来了,知名度扩大了,又为今后科研课题的争取创造良好的条件,从而形成良性循环,实现灌溉试验工作的持续发展。

从浙江省开展灌溉试验工作看,前几年试验任务和经费主要来自省水利厅农水处,究其原因,作为中心站,从事灌溉试验研究的技术人员偏少,技术力量比较薄弱,根本没有力量去考虑向其他途径(如省科技厅、水利部等)申请课题;几个重点站的观测人员大多为非专业技术人员,文化程度不高,熟练掌握各种观测技能需要一个过程。2003 年后,面对全国灌溉试验工作的大好形势,中心站加强了人才队伍建设,先后从西北农林科技大学、武汉大学、中国农业大学引进多名硕士生,专业领域从农田水利扩展到农学、农业水土工程、水资源等;为尽早掌握灌溉试验方法,积极主动派技术人员参加水利部灌溉试验总站开展的专业培训;同时安排新来的技术人员积极参加试验课题,在灌溉试验的实践中锻炼他们。通过上述各项措施,近年来中心站的技术力量得到明显加强,科研的综合实力也得到明显提高。为加强各重点站的现有观测技术力量,一方面组织他们参加水利部灌溉试验总站的专业培训,另一方面,中心站每年组织一次结合研究课题的灌溉试验培训会,通过反复的专业技术培训,各重点站也能承担更加复杂的科研课题的观测任务。2006 年省重大科研课题的成功申请就是近几年加强人才培养、增强科研实力的一个体现,也是今后我们实现灌溉试验持续发展的方向和动力。

5　问题与建议

与国内其他省份相比,我省各灌溉试验重点站多为新建站(2001 年建成),运行时间不长,试验站的仪器设备、试验条件还非常简单,正处于一个逐步完善的时期,与水利部的要求还有差距。作为省级中心站,试验基地正处于建设期,由于建设目标较高,一次性投入大(总投资为 3 400 万元),目前正在多方筹集资金,有关试验工作只能逐步开展。另外,总体而言,目前中心站的人员配备较年轻,多为近几年引进的应届大学生,缺乏灌溉试验实践知识,需要在今后的试验工作中逐步提高。

为使灌溉试验工作持续开展下去,建议水利部灌溉试验总站加强对各省试验站的技术指导和培训;结合当前形势,策划一些全国性(或分片开展)协作课题,水利部农村水利司下文件并给予引导性经费支持,并要求各省市出配套资金,这样才能确保灌溉试验工作长久持续地开展下去。

坚持科学试验研究
搭建现代农业节水平台

李宝玖

（山东省桓台县水务局）

山东省桓台县地处泰沂山北麓、黄河下游南侧,属山前洪冲积平原和黄泛平原叠交地带,版图面积 510 km²,粮田面积 3.2 万 hm²,辖 11 个镇,1 个开发区,总人口 48 万人,农业人口 41 万人。

桓台县属北温带大陆性季风区,多年均降水量 541.7 mm,水资源可利用量为 17 633 万 m³,人均占有量为 350 m³,为全国人均量的 15.8%。

桓台县无地表水源,国民经济用水全靠提取地下水,由于水资源的不足,严重制约了农业经济的发展。自 20 世纪 70 年代开始便开始引进、推广先进的节水灌水技术。同时,农业灌溉试验站也应运而生。特别是从 80 年代开始,试验站结合生产实际,坚持不懈地开展灌溉试验,并不断创新,许多优秀成果为农业生产提供了技术支撑,促进了生产力的发展。为实施"灌水总量宏观控制和灌水定额微观控制"提供了科学依据,为平原井灌区灌溉事业的发展和水资源的高效利用奠定了坚实的基础。

1　灌溉试验站基本情况

桓台县的试验站始建于 1976 年,建站初期,只是承担着全县的水文地质参数的观测和收集工作,观测试验内容较单一。随着节水灌溉事业的发展,灌溉试验内容不断增加,试验的内涵发生了根本性的转变,从一个单纯的数据观测站转变成为不但能够承担全县节水灌溉工程项目的设计规划和施工,而且还能承担科研成果试验与研究的试验站。解决了农业高产节水急需解决的难题,促进了我县节水灌溉事业的发展。多年来,桓台县灌溉试验站在省水利厅和省水科院的支持下,为我县的灌溉事业做出了应有的贡献,得到了各级领导的认可。2003 年 6 月,水利部以水农[2003]252 号文件,确认冠名我县试验站为"桓台县农业综合节水重点试验站"。

试验站的重新确认,给试验站带来生机和活力,也引起了局领导的高度重视。研究决定把试验站列为我局的二级单位,为解决编制和经费不足,从局机关在职人员中调剂了 4 名专业技术人员充实到试验站工作,加强了试验站的力量。目前,试验站共有职工 7 人,其中研究员 1 名,高级工程师 1 名,工程师 2 名,都具有大专以上专业文凭。除县试验站本身外,我们还进一步健全完善了镇、村级观测试验站网 90 个。其中,地下水位监测网站 30 个,河道傍渗站 3 处,农田灌水开采站 33 处,自记水位站 5 处,河道流量站 8 处。由单纯的农业灌溉试验转向水资源可持续发展试验与研究。

2　试验站开展的主要工作内容

桓台县农业综合节水灌溉试验站,立足于生产实际积极开展工作,特别是在"九五"、"十五"期间参加了省科技攻关项目"山东省农业节水模式研究与示范"、国家重大专项"863"项目"华北半湿润偏旱井灌区农业综合节水技术集成与示范"子课题和水利部"948"项目"田间闸管配套技术应用与示范"的研究。试验站除在本试验田积极完成"灌溉农业基础数据采集"外,还配合中国农大在唐山、索镇、耿桥三镇模拟大田进行了作物生育机理节水试验,对 3 m 土层内土壤水分的开发利用和不同农作物生长期耗水、需水机理进行了试验,制定了井灌区主要农作物灌溉模式。

(1)一般年份春季降水 120 mm 左右,冬小麦生育阶段灌水 2～3 次(另加播前水 40 mm),总灌水量 220 mm 左右,小麦即可丰产。

(2)夏玉米生长期内降雨一般较充足,一般年份灌水 1～2 次,加上套种水,总灌水定额 120 mm 左右即可获得较高产量。

3　试验站取得的成果和应用成效

桓台县农业综合节水重点试验站立足于农业生产需求积极开展工作。灌溉试验站人员在大专院校、科研单位的指导下,以灌溉试验站为依托,积极开展科学试验,搭建现代农业节水平台,取得了一系列先进优秀成果。先后完成了"桓台县人工回灌试验研究"、水利部"改机节能十项技术研究"、"吨粮田综合节水技术控制地下水位下降措施研究"、"塑料软管水力学性能试验研究"、"吨粮田井灌工程配套标准及运行管理试验与推广"、"低压管道输水配套闸管系统灌溉技术应用及研究"等项目,2000 年又完成了省科技厅"九五"重大攻关项目"平原井灌区保护生态环境农业节水模式研究与示范"。这些优秀的科研成果,分别获得了部、省、市科技进步奖。2003 年申报的"农业综合节水技术研究与示范"技术成果获国家科技进步二等奖,这些优秀成果为政府的宏观决策提供了依据。

为使这些优秀成果尽快转化为生产力,县政府采取了政府调控、政策引导、部门协作、农户配合的组织实施路线,促进了生产力的发展。先后试验推广了 U 形混凝土防渗渠和"小白龙"输水技术、地下低压混凝土管道和地埋塑料软管管道输水技术。自 1993 年开始试验推广 PVC 低压管道灌溉,1995 年在大力发展管灌的基础上,因地制宜,积极稳妥地引进、试验、推广喷灌、滴灌、微灌工程,并适时推广了优化灌溉制度,秸秆还田、深耕蓄雨、短窄畦灌溉,对冬小麦进行前控、中促、科学用水,充分开发 2.0 m 土层土壤水等非工程技术,创立了井灌区农业综合节水模式,1999 年完成了国家计委、国家水利部下达的"节水增效灌溉工程试验建设项目",2003 年完成了省财政重点扶持的节水灌溉工程建设与示范项目,2005 年完成了"省农业高新节水灌溉技术建设"项目。截至目前,全县建成地上防渗输水灌溉工程 9.21 万亩,地下混凝土低压管道灌溉工程 2.85 万亩,PVC 硬塑管道 11.1 万亩,恒压变频大棚微灌 0.06 万亩,速生林低压带喷 2.51 万亩,田间配套闸管工程 0.5 万亩,总计发展节水灌溉 26.23 万亩,拥有各种类型的防渗渠(管)2 098.4 km,控制全县有效灌溉面积的 60%,累计投资 4 196.8 万元。

通过对先进节水灌溉技术的试验与推广,因地制宜地走出了一条农业综合节水的路子,创立了具有桓台特色的"桓台农业综合节水灌溉模式"。可概括为:充分利用天然水、地表水、土壤水,控制开采地下水,变作物消耗灌溉水为主到消耗土壤水、降水为主;工程节水、农艺节水与管理节水紧密结合,实现了水资源优化配置。具体措施为:拦洪补源,反季节蓄水;秸秆还田,增储土壤水;深耕松土,以墒保水;配方施肥,以肥调水;精量匀播,控株节水;推广旱作,以种省水;窄短畦灌溉,减少渗水;前控、中促、科学灌水;麦套秋作,节省灌水等。形成了一套高效利用水资源的综合节水技术体系,使灌溉水利用系数由 0.6 提高到 0.8,水分生产率由 1.45 kg/m³ 提高到 1.8 kg/m³,试验区达到 2.0 kg/m³。先后被评为"全国农业科技推广先进单位"、"全国水利先进县"、"全省水利科技十强县"。

桓台县的农业综合节水灌溉走在了全国前列,引起了国内专家的重视,1999 年 5 月,国家水利部专家李英能一行 5 人来桓调研,历时 7 天,为制定"十五"节水纲要提供素材。2001 年 4 月,国家财经领导小组来桓现场考察,对我县的节水灌溉工作给予了充分肯定。同年 6 月在齐齐哈尔召开的"全国节水灌溉经验交流会"上桓台县作为山东省唯一的县级代表作经验介绍,得到了与会专家的高度评价。2001 年 11 月日本川岛大学金子慎治教授一行 4 人到我县进行了实地考察并进行了学术交流。为进一步挖掘桓台的灌溉经验,国家节水灌溉北京工程技术研究中心和山东省供水中心在我县建立了"农业综合节水技术示范基地",这些都为我县的重点试验站建设提供了有力支撑。

4 体 会

桓台县农业综合节水灌溉重点试验站工作的不断深入开展,促进了我县节水灌溉的不断发展,产生了良好的经济效益和社会效益,我县的粮食产量逐年提高,特别是"吨粮县"、"小麦千斤县"的建成,都与试验站的技术模式分不开。种植业结构的不断调整,农业产值的不断提高,农民收入的不断增加,没有试验站的综合节水技术支撑也是不可能的。通过灌溉试验、技术集成,加快了节水灌溉工程向高标准、高质量、高水平、高效益方向发展,促进了传统粗放型农业向现代高效精准灌溉农业的转变,保证了农业可持续发展。通过灌溉试验,促进了农业灌溉"总量控制、定额管理"机制的实施,延缓了地下水位的下降,缓解了水资源供需矛盾,抵制了生态环境恶化,提供了重要的研究平台。节水灌溉试验的意义不仅在于节水用水本身,重要的是加快了传统农业向现代农业的转变。这种转变不仅表现为物质的、技术的,还表现为人们的思想观念、管理方法、领导方式的转变,促进了人与自然和谐相处。

5 建 议

(1)试验设备不能适应当前灌溉试验工作的要求,亟待更新。因经费不足,严重影响试验站的长足发展。作为试验站,上级没有经费支持,造成运行经费无来源保障,建议水利部界定一下运行经费的来源,以保证试验站工作的正常运行。

(2)试验站队伍应当固定、相对稳定,建议水利部协调人事部,共同行文解决人员编制问题。

新时期基层灌溉试验成果转化的探索与实践

吕成长　　陈苏春

（浙江省永康市灌溉试验重点站）

随着新时期社会主义新农村建设的开展,基层灌溉试验站如何围绕"生产发展、生活富裕、乡风文明、村容整洁、管理民主"的总体目标,抓住农业结构大幅度调整的时机,从农村和农民的实际需求着手,认真做好灌溉试验成果的推广普及工作,利用试验站科学的试验成果来指导灌溉作业,将灌溉试验成果转化为实际生产力,这是当前摆在我们面前的一个新课题。永康市灌溉试验重点站经过 5 年的探索和实践,走出一条良性循环的发展之路,积极为新农村建设中农业增效、农民增收提供技术支持和服务。

1 分析农民的愿望,落实试验选题

1.1 农民希望种田省工省力

要减轻农民种田的劳动强度和用工,一是需要农业部门的技术支持,二是要求具有可靠的水源保证。"有收无收在于水,多收少收在于肥",农民盼粮食年年有个好收成。因此,农民希望通过灌溉试验工作,能够总结推广先进实用的节水增效灌溉技术,以较少的投工和最少的灌溉水投入获得最高效益,降低农业生产风险,确保粮食丰收。

1.2 农民盼种好庄稼,卖个好价钱

农民十分讲究实际,往往根据质优价高和市场销路来选择农业种植品种。要使农民"生活富裕",灌溉试验工作要与农业栽培技术相结合,选育优良品种,主攻品质单产,并以应用试验为主,提高科技对农业产业化的贡献率,提高灌溉水利用率和水分生产率,增加农民的收入。

1.3 农民希望操作技术易掌握、少折腾

农民不需要昂贵的工程和设备投入,而希望灌溉试验成果易于掌握和操作,管理比较容易;另外,最好能够用简单易懂的方式表达灌溉试验成果。

1.4 农民希望有良好的人居环境

为农民创造一个良好的生活、生存的人居环境,除必要的基础设施和农民应有的整洁意识外,还必须统筹考虑水污染、水土流失等的防治问题。随着工业化进程的加快,农田灌溉用水污染严重,要求我们通过灌溉试验研究,寻求能够促进作物节水、高产,改善生态环境的灌排技术,减轻农业面源污染。

1.5 2006 年度落实的灌溉试验课题内容

(1)单季水稻水肥耦合与高效利用灌溉试验(与省水科院合作);

(2)芋艿选优及试管种芋繁育技术对比(与万泰铝业公司、浙大合作);

(3)(果树、大棚蔬菜)经济作物需水量观测(与农业局合作);

(4)农作物病虫观测(与农技植保站合作)。

2　成果转化的实践

2.1　"傻瓜技术"帮农民轻松种田

什么病虫对一下图册就一清二楚,怎样施肥找一下图示就一目了然,何时灌水翻一下图例就心中有数。这种对图识病虫、照图种田、看图套灌溉的方式将纷繁复杂的农技和灌溉知识简化成了一般农民都看得懂、学得会的简单技术,农民就称其为"傻瓜技术"。

到目前为止,永康市灌溉试验重点站与市农技推广中心紧密合作,通过 5 年的病虫观测、水稻需水量观测等课题试验,已先后将蔬菜、水稻等农作物,以及柑橘、梨等水果的全套生产和灌溉技术简化为这样的"傻瓜技术",编印图册 2 万多份赠送到当地农民手中,使全市农民都能依靠这样的"傻瓜技术"轻松种田。我市种粮大户梅祖槐高兴地说:"对照图册,如今就连我这样只有小学文化的农民一翻书就全知晓了,目前店里卖的农药名称繁多,我们根本弄不清,如今可好,这图册专门用图表形式将这些农药名称、用途、兑水稀释换算表和作物灌水次数、裂田程度、灌水时间、灌水深度等全列在一起,我们一对就全清楚了。"由于发放的图册,大量运用表格和图示的方式代替文字,老百姓一看就懂。同时,采用"土话"口语,如农药兑水时,一般用"1:800"、"1:1 000",农田灌水每亩 30 m³ 的表达方式;而宣传图册资料换种方式说:一包药兑 80 kg 水,田面灌水高度 3 cm,通俗易懂的文字和图示,农民看一下全明白了。

2.2　高效用水帮农民增产增收

近年来,重点站对单季水稻的淹灌和薄露灌溉进行观测和比较,试验站的种植技术及种子提供求得农技部门的支持,农技中心利用试验站提供的水稻高效灌溉用水技术模式,结合常规淹灌的对比试验,下田间、进农户,向农民讲解水稻不同阶段对水分需求的有关知识。单季水稻的节水灌溉用水技术以优化水稻的生理需水、尽量减少棵间蒸发和渗漏量为原则,人为控制无效用水,结合气象、土壤、肥料及农业措施,实现田间高效用水管理,从而大幅提高水的生产效率。利用各种培训的机会,宣传试验站高效用水制度。目前永康试验站根据多年所累积的数据显示,利用节水灌溉的一亩单季稻农田用水量为 313 m³,大水淹灌为 367 m³,每亩农田的节水量约在 50 m³ 以上,灌水量减少约15%。一年的水稻产量平均增幅为 12%。据计算,全市现有 14 万亩水稻田,每年相当于为本市节水700 万 m³,可供给永康城区居民 2 个多月的生活和生产用水,增产粮食 6 720 t,可解决近万人口的全年吃饭问题,社会经济效益显著。

2.3　试验示范帮农民种田致富

地处花街村的农民方春云眼看西红柿丰收在即,心里不知有多甜蜜。方春云说,去年他看了灌溉试验站种的西红柿,色彩鲜、结果多、个头大,就向试验站请教种植技术,安装滴灌等节水灌溉设备。在试验站技术人员的指导下,今年可稳收 8 000 元,与种植水稻相比,经济效益明显增加。

由于试验站的灌溉设施优于其他地方,而种植的品种又多从省农科院、杭州蔬菜研究所等地引种,品质优、产量高,加之管理规范,试验站起到了示范样板的辐射作用,试验成果及时得到转化。随着农业结构的调整,新时期农民纷纷将部分水稻田改种茭白、莲藕、荸荠、西红柿、瓜果等经济作物,大幅增加了农民的收入,研究这类经济作物需水量及其生态环境效应,让农民更直接地掌握其种植和灌水技术,是我们今后灌溉试验的目标和方向。

3 自主创新的探索

3.1 "掏老板腰包",与民营企业合作

永康市高速发展的五金制造业中,民营企业已占主导地位。从经济总量看,民营经济占GDP比重达90%左右;从工业产值看,民营经济比重达97%左右;从民营经济对地方财政收入的贡献率看,比重达86%左右。我市民营企业家,很多是"洗脚上岸"的农民,他们生在农村,长在农村,企业发展也在农村,有天然的农村情结。他们自觉投身到农业领域,使农民得到实惠。永康市万泰铝业有限公司徐小飞董事长,凭借本企业雄厚的资金实力,投资600万元开发新店北坑的休闲农业山庄,出资10万元与浙大、灌溉试验站、农业局合作,开展芋艿选优及试管种芋繁育技术对比研究。公司还计划开展芋艿产品的深加工,走订单农业＋基地＋深加工＋销售的模式,引导农村规模化种植、专业化生产,提高农民的收入。灌溉试验要紧紧抓住私营老板向农业农村开发时机,多作课题合作,向休闲农庄提供绿色健康农产品,让老板舍得掏钱搞灌溉试验。

3.2 院校联姻,拓展业务

灌溉重点站由于受到人才、技术、试验设施等方面的限制,要开展深层次的研究显然不太现实,因此本站积极地与省水科院合作,充分利用科研单位的技术优势,也增加部分试验经费;同时积极地拓展基层业务,帮助专业户设计安装喷灌、大棚滴灌等节水灌溉设施,试验站年均可增加收入8万元左右。

3.3 求得政府"真金白银"的支持

试验站难以形成规模化种植,品种也较单一,完全依靠农业种植维持试验站生存尚有一定的难度。因此要积极求得地方政府和财政的支持。根据本区域老百姓规模种植的品种制定灌溉试验课题,指导当地生产。只有政府领导觉得你搞得不错,管钱的人认为你紧扣农民脉搏,科技部门觉得你的选题是服务"三农",农民群众感受到了你的成果实用,灌溉试验站才有希望。永康重点站认真做好灌溉试验课题,创造各种机会请领导视察,请群众参观,引导百姓高效用水。2006年度已争取省水利厅农水总站拨款30万元,本市财政同时承诺资金配套,市科技局安排课题资金3万元,得到了政府"真金白银"的支持。

新疆建设兵团农一师灌溉试验站建设发展规划

邢丰才

（新疆建设兵团农一师灌溉试验站）

近些年,随着水资源供需矛盾的日益紧张,传统的仅仅追求单产最高的丰水高产型农业必然向节水高效优质型农业转变,作物灌溉用水也由传统的丰水高产型灌溉必然向节水优产型非充分灌溉转变。以往传统灌溉方式下的作物需水量与灌溉制度等试验资料已不能满足现代节水条件下灌溉用水管理的需求,其作物需水量的估算也应由过去充分供水时的最大作物需水量转向于胁迫条件下的最佳耗水量估算,相应的灌溉基本理论研究也逐渐由基于常态(顺境)试验倾向于劣态(逆境)试验。

1 建站任务

在农业生产过程中,借鉴以往成果,如灌溉定额、阶段耗水量、需水系数等,这些试验资料对于水资源开发利用项目的规划、设计是必不可少的基础性资料。开展作物灌溉需水量与灌溉制度研究试验是开发节水农业灌溉技术、挖掘作物生产节水潜力的一项重要工作。只有通过对比试验研究,采用科学数据才能说明节水灌溉的优越性。

目前,由于在生产实践上缺乏灌溉试验成果,这势必影响到垦区内的灌溉用水和节水效果评估,制约了节水农业健康稳定的发展。为此,进行作物灌溉需水量与灌溉制度研究试验已显得尤为重要和迫切。新疆建设兵团农一师灌溉试验站的建立,将为农一师垦区的农业节水和水资源可持续利用提供基础数据;为促进农一师农业节水、水资源优化配置与高效利用服务;为农田合理灌排,灌溉系统规划、设计、改造、管理,灌溉效益分析,劣质水安全利用,灌水方法与灌水技术参数选择,环境保护与生态建设以及种植结构调整提供依据。

2 农一师灌溉试验站地理位置及概况

农一师灌溉试验站于 2005 年 8 月开始建设。地处新疆阿拉尔市工业园区北,北纬 40°37′31″,东经 81°12′27″。本地区年均降水量 40.1～82.5 mm,年均蒸发量 1 876.6～2 558.9 mm,相对湿度 47%～60%。年均大风日数 4.1～15.1 天,平均风速 1.3～2.4 m/s,最大风速 31 m/s。年均气温 8.4～11.4 ℃,极端最高气温 39.8～43.9 ℃,太阳辐射年均 133.7～146.3 kcal/cm²,极端最低气温 −25.0～−33.2 ℃,全年≥10 ℃ 积温 3 450～4 432 ℃,无霜期 180～221 天,平均日较差 13.4～15.3 ℃。最大冻土深度为 78 cm。主要自然灾害有风沙灾害、洪水灾害和冰雹等。

试验基地建设面积 2 900 余亩,前期投资 1 010 万元,基地农田分为 2 个斗,12 个条田,试验基地分为试验观测区和试验成果试推广区,其中灌溉试验小区占地 225 亩,果林灌溉试验区占地 225 亩,其余为农田承包区。试验区工作由试验工作人员和聘用的临时工操作运行;试推广区由试验站统一安排由农户承包运行。

本站试验基地建设包含有试验观测场、气象观测场、办公室、实验室、田间简易实验室、职工住宅区、现代大棚温室及产品库房等多个基础设施。

3　农一师灌溉试验站发展规划

根据农一师灌溉试验站建设进程、预期要达到的科研水平以及社会对灌溉试验工作的实际需求,现对灌溉试验站研究任务和目标做如下三阶段规划。

3.1　初步建设阶段:包括灌溉农业基础数据采集和试验站基本建设

(1)背景数据的调查,内容包括:农一师辖区内的气象条件、自然概况、土地利用现状与经济状况、土壤类型及肥力状况、水资源现状、水源工程现状、输水工程现状、排水工程现状、主要种植模式及作物种植结构、主要作物生育进程、主要作物灌溉用水现状、节水技术推广应用现状、工程设施状况及管理状况、渠系水利用系数、田间水利用系数等。

(2)调查资料的汇总分析:灌溉试验站代表区域背景数据的调查整理属普查性质,每隔 5 年左右调研汇总一次。将有关数据调查整理后,制作成电子文件上报新疆建设兵团水利局灌溉试验中心站,为兵团灌溉试验站网其他方面的工作打下良好基础。这一阶段为 1~2 年。本站的主要任务应是采集当前灌溉农业的各类基础数据,全面反映农一师灌溉农业发展的实际状况,在这一阶段,将 1987~2005 年的灌溉试验资料进行系统的整理汇编作为一个重要的工作内容。

(3)根据农一师灌溉试验站的总体规划,在全师范围内建成布局合理、相互协调配合的灌溉试验观测站网体系。在此基础上,要根据各灌溉试验点的工作任务需求,建设必要的灌溉试验基础设施,配置必要的仪器设备,并形成一支精干的科技人才队伍,保证全师范围内灌溉试验工作的正常进行。

3.2　逐步完善及强化阶段

随着本站中心任务工作的全面开展,工作重点将转向以农一师灌溉试验基地、四团灌区、五团灌区、沙井子灌区试验观测点为基础,在全师范围内各农牧团场进行灌溉试验研究。根据农一师辖区内节水灌溉发展的实际需求,通过与塔里木农垦大学、农一师农业局、农一师科协及其他有关科研项目主管部门的密切合作,在兵团灌溉试验中心站的指导下,同全兵团灌溉试验站网联合组织实施相应的灌溉试验协作研究,为农业节水灌溉事业的持续稳定发展提供技术服务。

同时对研究设施进行不断的改进与完善,继续引进人才,以形成一支具备较高水平的科研人才队伍;结合承担的科研任务的需要,通过系统的培训,全面提高每个科研人员的理论水平和实际工作技能。通过这一阶段的提高与完善,本试验站的研究设施与科研水平将逐步达到国内先进水平。本阶段需要 5~10 年的时间。

3.3　长远期发展壮大阶段

经过多年的运行后,农一师灌溉试验站将形成目标明确、分工协作、运行稳定的科研管理体系。在此基础上,除了继续完成基础数据采集和与其他部门协作研究的任务外,还将使灌溉试验站的建设与研究工作上升到一个更高的层次,即以本站为基础,通过与水利部灌溉试验总站和农业高等院校的密切合作,承担国家有关领域的重大研究项目,开展节水灌溉有关的前沿性基础理论探索研究,为了适应这种需求,灌溉试验站在研究设施和仪器设备配置方面达到国内先进水平。与此同时,积极争取国际合作,参与到全球性的研究网络体系之中。通过这一阶段 10~15 年的努力,逐步将农一师灌溉试验站建成节水灌溉研究的创新基地,为农一师节水灌溉的发展探索新的发展方向与发展途径。

4　灌溉试验研究的主攻方向

(1)统计作物田间灌溉水利用率(灌溉水利用系数);

(2)进行不同品种(主要作物包括棉花、水稻和果树等)作物不同时期的灌水定额及其需水规律、灌溉管理模式和灌溉制度研究;

(3)作物劣态灌溉试验(包括不同品种作物的耐碱性试验)及灌溉效益试验;

(4)引进具有经济价值的作物或林木,通过栽培种植或驯化试验,优化选择,推广适合本地环境的经济价值较高的物种,加大农一师农业用水的经济效益;

(5)灌水方法:地面灌、微灌、喷灌等。

5　试验站的考核制度

试验站的考核制度包括两个方面,一是对灌溉试验站点负责人的考核检查制度,二是对从事灌溉试验工作的科研人员的考核检查制度。

对单位负责人的考核:对其政治素质、领导能力、工作作风、文化程度、工作经历、专业知识及实际工作能力等方面均要纳入考核范围。单位负责人将配合党委做好思想政治工作,关心职工生活,团结全体职工,不断提高管理工作水平;另外,还应主动接受党委和群众监督,全面做好各项工作,为保证各项灌溉试验工作的安全运行和充分发挥试验成果效益服务。

对科研人员的考核:要结合农一师水利局对灌溉试验站的考核进行,由灌溉试验站站长和副站长等主要领导会同农一师水利局实施。重点考查科研人员和各工作人员的工作态度、其承担任务的完成情况以及所取得的工作业绩,考核结果要作为个人奖惩、职称晋升以及岗位聘任的重要依据。

6　试验站的人员编制

本试验站的人员总编制将逐步增加为 8~10 人,需要在农一师水利局的管理下设置事业编制,固定人员编制,落实人员经费。本站将设立站长 1 名,主持全面工作,具有中级以上专业技术职务;副站长 1~2 名,主抓科研工作,具有高级专业技术职务;科研人员 3~5 名,具有大专以上学历,所学专业为水利、农学或相关的专业,具体负责各项灌溉试验的实施;试验辅助工 2~3 名,协助试验数据的采集和试验作物的田间管理。

7　本试验站经费来源的主要渠道

需要向兵团水利局和农一师水利局申请专项经费资助;申请试验研究课题项目经费;本站试验田内的经济收入。

8 结 语

农一师灌溉试验站是农一师党政各级领导都非常重视的建设项目,本站各项灌溉科研工作将会全部融入社会公益性事业,其主要服务于农一师农业生产的稳定协调发展,立足农一师农业节水灌溉前沿,本站的各项科研成果将使农业灌溉用水效益达到最大化,为农一师农业节约用水提供科学理论依据。

广西灌溉试验站网的四项工作
开展的做法与经验

李新建　方荣杰　王春日

（广西桂林灌溉试验中心站）

2004年1月7~8日,水利部农村水利司在广西桂林召开的全国灌溉试验站工作会议,标志着新时期全国灌溉试验工作全面启动,会议部署了各试验站的四项基本工作和任务。根据水利部灌溉试验总站的要求,我站在上级有关部门的大力支持和配合下,通过近3年的努力工作,取得了我区灌溉试验站网建设的实际成效,受到了上级部门的肯定。现在,我们借全国灌溉试验成果经验交流会之际,全面总结我站四项基本工作的做法、经验、成效及存在问题,与各兄弟单位交流一下具体做法及经验,对不断创新和完善灌溉试验站网建设,具有十分重要的意义。

1 主要做法

1.1 加强领导,建立机构,层层落实责任制

为了搞好四项工作,建立由广西壮族自治区水利厅农水处主持的领导小组,广西灌溉试验中心站(桂林灌溉试验中心站)为项目承担单位。为便于本项工作的顺利开展,广西壮族自治区水利厅农水处及广西水科所负责编制工作的协调、领导以及资料审查等工作。广西灌溉试验中心站具体负责编制工作,其他各试验站协助资料收集及整理工作。

1.2 着手培训,发展培养灌溉试验骨干力量

积极参与水利部灌溉试验总站近3年来举办的有关灌溉试验各种内容的培训班多次,培训人员10余人,这些受培训人员成为灌溉试验工作的中坚力量。同时我站作为广西灌溉试验中心站,对站网中下一级的各重点站开展了各种培训工作,根据总站的要求,将四项工作任务下达给了各重点站。在培训过程中,对这四项工作的各种表格逐一分析讲解,并对学员提出的各种问题一一作了答复。此外,还培训了"灌溉试验方法与技术"等内容,使学员了解作物需水量、灌溉制度等基本知识,为四项工作的顺利开展打下了扎实的基础。

1.3 深入调研,积极开展灌溉试验站背景数据调查工作

灌溉试验站背景数据调研工作是站网建设四项工作的首要工作。因此,我们组织开展调研工作,广泛深入灌区、农户收集代表区域的土壤、作物、灌溉用水定额、渠系等各种基础数据。为确保调研工作质量并带动全区灌溉试验站背景数据调研工作的顺利开展,我们根据区水利厅农水处及广西水科所的安排并结合自治区实际制定调研工作目标,下发各重点站调研方法及内容,并协助区水利厅农水处组织召开全区灌溉试验站工作会议,落实调研计划,充分调动各站干部职工的积极性,深入基层,精心组织调研,集中力量抓住重点,因地制宜,力争做到立足实际。在研究具体应用问题时抓住热点、重点,研究领导关

心的问题,始终把研究的着眼点放在站网建设决策的需求上。力求深入基层、深入实际,做到理论研究与应用研究相结合,树立并强化精品意识,多出成果、多出精品,推动灌溉试验调研工作更加深入地开展。

1.4　认真汇编,力争拿出有分析、符合实际的调研成果和报告

数据汇总、成果汇编是根据水利部"关于加强灌溉试验站网建设"及提交灌溉试验资料(1987~2003年)整编成果的要求,并结合广西各分区的具体情况而进行的后期编制工作。

根据我区自然地理、气候条件、农业种植结构等情况,从原站网中选取具有代表性的4个站点,即:桂林市灌溉试验中心站、南宁市灌溉试验站、玉林市灌溉试验站、北海市灌溉试验站。同时分别收集和整理4个代表区域的灌溉试验资料。

由于此次的灌溉试验资料整编工作的工作量较大,整编表格与以往试验站进行资料整编的表格不太一致,对有些数据要重新统计,针对这一情况,我们重新对原始资料进行了翻阅、校核,根据资料整编的要求对试验数据进行了统计,力争拿出有分析、符合实际的调研成果和报告。

本次收集的资料以水稻灌溉试验资料为主,也收录了几种近年来开展过的经济作物灌溉试验资料。其他作物的灌溉试验资料较少。主要原因是试验年限不够长,试验年限不超过3年,没有代表性,更不足以用来作系列分析。建议以后多开展其他作物特别是经济作物的灌溉试验,以满足农村产业结构调整及节水灌溉发展的需要。

在资料收集和整编中,由于作物种类太少,我们力求材料丰富,有些资料虽然只有短短几年,但确实是宝贵的第一手资料,因此我们也把其编入,有总比没有好,做了总比没做好,目的是尽量使资料使用者做到"心中有数",这就是我们整编工作的出发点。

由于各种原因,有个别年度的资料不够完整。同时,有些试验数据明显不合理,试验数据出现异常,在相近的水文年型中数据变化大。这一方面存在的问题说明,加强灌溉试验工作管理和加大对灌溉试验设施的投入是灌溉试验资料准确性的重要保证。

2　基本经验

回顾近3年来的工作,感到有以下几条经验值得认真总结。

2.1　统一思想,提高认识,大力推进四项工作的顺利开展

为推动四项工作的顺利发展,关键还是要统一思想,提高认识。停滞了近20年的全国灌溉试验工作又重新全面启动,这给我们这个行业的发展带来了新的发展机遇,要认真学习水利部新时期的治水思路,坚持以人为本的科学发展观,加大宣传力度,广泛发动干部职工参与四项工作,将四项工作与干部职工经济利益联系起来,明确新时期灌溉试验的要求和任务。

2.2　积极争取上级领导及有关部门的支持和重视

上级领导的重视是四项工作顺利开展的基本条件。由于四项工作是一项不以赢利为目的的公益性活动,它的组织、开展离不开上级领导部门的大力支持。本项目的实施过程中,我们向区水利厅农水处争取了15万元的经费,用来支持本项目的开展,如配套和完善本站的办公设施、灌区调研、打印编制等工作。上级领导及有关部门的大力支持是四项工作顺利开展的基础。

2.3 加强业务指导,是本项目开展的必要条件

干部职工参与此项工作一般要具备两个基本的必要条件,一是灌溉试验业务、农田水利基础知识;二是在思想上要敢于真正地承担起项目工作的义务。解决这两个问题,各试验站一方面要义不容辞地承担起项目的指导和培训工作,组织干部职工学业务、学管理,加强自身能力建设;另一方面要教育职工以科学严谨的态度对待此项工作,为项目开展创造了必要条件。

2.4 制定细则,规范管理,完善制度

强化管理,是确保灌溉试验工作顺利开展的前提条件。本站之所以取得今天的成绩,除上级领导的大力支持外,还有一个重要的原因是得益于在本站的管理上下工夫,主要体现在管理规范化、制度化。具体经验如下:

(1)制定本站各工作岗位的工作规范。为搞好试验管理工作,我站分别制定了《灌溉试验工作规范》、《大棚工作管理规范》、《财务工作管理规范》、《办公室及后勤管理规范》、《鱼塘经营管理工作规范》、《食堂工作管理规范》、《业务学习及培训管理制度》,这些工作规范为本站各项工作的全面开展提供了依据。

(2)建立工作监督小组。工作监督小组由职工选举成立,每周对全站的各项工作进行监督、考评,并定期向站领导提交书面汇报,认真分析和总结前段时间的工作进展、成败,提出解决方案,及时纠正或补救各项工作中的失误,为下一步工作的开展提供保证。

(3)建立岗位责任制,实行项目负责制。按照水利部对中心站的岗位设置和要求进行设岗,同时建立岗位责任制,对试验站开展的项目实行项目负责制,做到任务到人、责任到人。首先要坚决服从站领导的工作分配,按时、按质、按量完成各项工作任务;其次完成站内分配的经济指标,根据任务完成情况按合同奖惩条款分别给予奖励和惩罚。对未能完成其试验工作的,调离其现有岗位,并赔偿因此而造成的经济损失。工作中有造成国家和单位财产的重大损失和责任事故的,按国家有关条例赔偿因此而造成的经济损失,并调离其现有岗位。

以上这些措施使本站的管理工作规范化、制度化,有条不紊地进行,为项目进一步开展提供制度和政策保障。

虽然这两年来项目开展取得了显著成效,但仍存在不少问题。主要有:一是由于灌区大多建设于20世纪60年代,田间工程配套差、破损严重,计量设施缺乏,工程基础的薄弱直接制约了农业数据采集点的建立;二是虽然采取了各种措施,租用农户的农田进行观测采集,但缺乏正常的运行经费和投入,采集点运作时间支撑不了多久;三是试验人员的素质还有待进一步提高,试验工作有待进一步规范,还缺乏有威信、有号召力、有责任心、有能力、具有无私奉献精神的带头人;四是项目人员的福利待遇解决不好也是制约项目持续发展的一个障碍,等等。这些问题将要在今后的工作中认真解决。

这次会议既是灌溉试验行业的一次工作经验交流会,也是一次全面总结各试验站的四项基本工作的会议。搞好四项基本工作是实践水利部的治水新思路、贯彻科学发展观的具体体现。我们的任务十分艰巨,责任十分重大。让我们在水利部、灌溉试验总站的正确领导下,抓住机遇,开拓进取,勇于创新,扎实工作,大力推进新时期灌溉试验工作的进程,为全面建设社会主义新农村做出更大贡献。

领导重视　精心组织　克服困难
高质量完成各项任务

山西省中心灌溉试验站

2004 年 1 月,水利部农村水利司和灌溉试验总站在广西桂林召开了全国灌溉试验站工作会议,会议讨论并通过了全国灌溉试验站网工作方案,之后,水利部农水司和灌溉试验总站制定并下发了《全国灌溉试验站网工作方案》,标志着全国灌溉试验资料的收集整理、协作课题的试验研究全面启动,也为灌溉试验的发展拉开了序幕。为了确保圆满完成水利部灌溉试验总站下达的各项任务,山西省紧紧围绕总站提出的工作方案的要求,并结合山西灌溉试验工作的实际情况,及时重新制定和调整了全省年度试验计划,对省中心站和 5 个重点站下达和安排了灌溉试验总站布置的思想任务,为高质量完成总站下达的各项任务打下了坚实的基础。回顾这一工作的完成,我们主要抓了以下几方面工作。

1　及时安排部署农水司和总站下达的各项任务

全国灌溉试验站网工作方案下达后,我省于 2004 年 3 月 1 日在太原组织召开了山西省 2003 年度灌溉试验工作总结暨 2004 年计划会议,水利厅裴群副厅长亲临会议并做了重要讲话,还给 5 个重点站颁发了重点试验站牌匾,裴厅长在讲话中对我省近几年的灌溉试验工作给予了充分肯定,并对今后试验工作提出了明确的指示和要求。针对多年来困扰灌溉试验发展的经费问题,他要求各市要想办法,多渠道筹资,想方设法增加对灌溉试验的投入,要结合水管体制改革,完善体制、充实人员,要抓重点,即抓重点站建设;抓基础,即加强基础设施,完善机构,搞好资料整编;更要抓科技,并结合农业产业结构调整,结合当地实际,拓展服务领域,创造性地开展工作。水利厅水管处领导在讲话中指出,要加强灌溉试验的规范化管理,年初有计划,年中有检查,年终有总结,并明确要求各市要把灌溉试验当做今后一个时期内的主要工作来抓,在资金上对试验站适当倾斜和扶持,对试验站工作予以重点支持。省中心站和重点站下达的各项试验任务,同时要在规定的时间内达到部颁标准,迎接部农水司和总站的验收。各重点站所在灌区的负责人在会议上向水利厅领导作了表态发言,表示大力支持和加强此项工作。

会议期间传达了全国灌溉试验站工作会议精神,并对四项任务的落实提出了具体而明确的要求。为确保任务完成,省水利厅以晋水管[2004]142 号文下达了灌溉试验计划,把灌溉试验总站下达的任务列为第一任务,并确定了各站完成任务的负责人。由于领导重视、措施得力,到 2004 年底,省中心站和重点站除完成协作课题"主要作物节水高效灌溉制度研究"和承担省水利厅项目"经济作物与小杂粮节水灌溉试验研究"、"小麦生理调控高效用水技术研究"外,承担的试验站代表区域背景数据调查、灌溉农业年度基础数据采集和山西省 1987~2003 年灌溉试验资料整编三项任务基本整理完毕,并把所有资料整编成电子文档,上报到省中心站进行审核汇总。

2　完成任务采取的方法与步骤

2.1　业务培训

为了按时完成上级下达的各项任务,针对基层试验站人员缺乏培训、业务素质普遍较低的实际,水利部灌溉试验总站于 2004 年 4 月到 5 月底先后对全国各省中心站和重点站的业务骨干进行了培训,我省各重点站分两批参加了培训。与此同时,考虑到我省试验站 20 多年来连续开展试验研究,试验项目和试验资料积累多、工作量大的实际,为了适应灌溉试验新形势的发展,尽快提高试验人员的素质,在省水利厅的支持下,省中心站多方努力,于 2004 年 5 月 20~31 日在省汾管局举办了灌溉试验新技术培训班,培训前省中心站提前从总站购置了 100 套灌溉试验教材,培训采取集中授课的形式。

省水利厅领导对培训工作特别重视,分别在开班和结业时到场讲话,并为考试合格的学员颁发了由省人事处盖章的结业证书。通过培训,全省基层试验人员的业务素质有了明显的提高,为顺利完成总站四项任务奠定了技术和人才保障。

2.2　各级领导下基层检查指导

为了落实全省灌溉试验会议精神和省水利厅年度试验计划,全面了解各站试验工作进展情况,及时发现和了解试验工作中存在的困难和问题,确保全省试验计划的顺利进行,省水利厅领导十分重视此项工作,裴群副厅长亲自到省中心站检查指导,询问全省灌溉试验工作进展情况;厅水管处和中心站 9 月份抽出近一个月的时间,先后由南向北到长治、忻州、大同、朔州、运城、临汾、吕梁及省直潇河管理局对 16 个试验站进行了全面检查。重点检查 5 个重点站试验项目和水利部下达的四项任务的完成情况,针对各站均缺少试验站代表区域背景数据调查中要求的 30 年以上气象资料,而需花钱购买的实际困难,积极督促市局和灌区领导支持解决,对个别站资料整理中不理解的表格现场或在网上给予解答。由于检查及时,全省各重点站都按时完成了下达的任务。

3　几点体会

3.1　领导重视是关键

试验站是只有支出而没有收入的部门。绝大多数灌区把试验站作为负担,个别领导只强调经济效益,而不重视科学研究。所以,我们认为,只有各级领导重视此项工作,才能搞好灌溉试验。

3.2　增加投入是前提

我省的试验站,虽然经过了几次淘汰和核减,但数量在全国也算是较多的省份。虽然试验站不少,但真正高标准(设备先进、人员素质高、测试手段先进)的试验站几乎没有。分析原因,主要是科研投入不足。要想把全省的灌溉试验工作做好,须从上到下加大科研投资力度,购置更新先进的仪器和设备,采用先进的测试手段,淘汰过去陈旧的设备仪器,只有这样,才能跟上形势发展要求,才能真正发挥科技的作用。

3.3　提高人员素质是保障

我省灌溉试验工作,经过 20 多年坚持不懈的努力,取得了一大批重要的理论数据,在全省的水利工程规划设计及其他方面发挥了重大作用。随着形势的发展,特别是节水灌溉理论的发展,灌溉试验也要开拓新的试验领域。要进行更高层次的研究,光靠现有人员的知识水平,远不能适应形势要求,我们要搞出一批有价值的科研成果,就需有一批高素质的人才。如何才能尽快培养出优秀人才,除全省每年组织培训外,各站要走出去,多和全国高等院校联合进行项目研究,这样不仅锻炼和提高了本站业务人员的水平,而且还能引进科研设备和资金。

4　建　议

　　(1)建议水利部农水司把灌溉试验工作作为考核各省水利工作成绩的一项重要内容,以引起各省的重视。

　　(2)建议每年的灌溉试验总结会议在各省轮流召开,以促进试验工作的发展,从重点站开始。

　　(3)建议水利部农水司出台鼓励和支持一线人员的优惠政策,以稳定科研队伍,并加强业务培训,提高人员素质。

立足实际　克服困难
努力完成灌溉试验任务

俞建河

（安徽省水利厅天长二峰灌溉试验站）

天长二峰灌溉试验站地处安徽省东部江淮丘陵区,该地区粮食作物种植面积较大,是安徽省主要产粮区之一。为探讨该区主要粮食作物需水规律,在上级有关部门的大力支持下,于1980年成立灌溉试验站,试验站行政上隶属天长市二峰电力灌溉总站领导,业务上由安徽省水利厅农水处、科技处和安徽省水科院直接管理。

天长二峰灌溉试验站自成立以来,已先后承担了如下7个试验项目:①水稻需水量试验(1980～1989年);②水稻耐旱试验(1981～1989年);③灌区量水试验(1991～1993年);④小麦高产排灌技术和土壤水肥关系试验(1993～1998年,与省水科院合作);⑤水稻覆膜旱作试验(1997～2000年,与河海大学、南京农大、省水科院合作);⑥棉花灌溉制度试验(1999～2000年,与省水科院合作);⑦江淮丘陵地区节水灌溉技术试验(1999～2000年,与省水科院合作)等。其中,水稻耐旱、小麦高产排灌技术与土壤水肥关系和江淮丘陵地区节水灌溉技术等3个试验项目获省级科技成果奖,水稻耐旱试验还获省科技进步二等奖。

1　前期灌溉试验工作开展情况

2000年以后,由于受资金等因素的影响,我站没有开展有关灌溉试验,2003年我站被水利部列为灌溉试验重点站,特别是2004年6月参加全省灌溉试验工作会议,并接受省中心站布置四项任务回来,站领导十分重视,多次向局领导汇报,要求重新组建试验站,在省水利厅农水处、科技处及省水科院和省中心站领导关心支持下,我站于2005年3月重新恢复试验站工作,按要求完成了灌溉试验站代表区域背景数据的调查整理、灌区农业年度基础数据采集和灌溉试验资料1987～2003年整编三项任务,并于2005年6月份开展全省主要作物节水高效灌溉制度协作研究。总的来说,我们做了一些工作,取得了一些成绩,但也存在不少问题,离重点站的要求还有一定距离,比其他先进的兄弟站还有差距,现将我站一年多来的工作开展情况做一小结。

1.1　立足实际,抓好原有基础设施改造

我站经过20多年来的不断完善和发展,目前拥有占地34亩的中心试验站1座(其中试验农田15亩),可供示范推广的原郑庄低产田改造片1 000亩。中心试验站目前主要设施有:20 m×25 m试验观测场1座;1 m×1 m×1.5 m有底混凝土可自动控制测坑30个;2 m×2 m的混凝土无底测坑12个;40 m×8 m的冬暖式温室大棚2个;1 000 m³的浆砌石量水试验池1座;300 m²办公楼一栋及日常生活和管理设施等。这些基础设施虽

然 4 年多未用,但破坏不是很严重,稍加维修和改造,即能投入使用,我站在上级资金还未到位的情况下,不等不靠,向主管部门二峰电力灌溉总站借款 10 万元,对原有基础设施进行改造,并添置必要的试验设备。

2005 年 3 月份,利用一个月时间,搞好办公场所和气象场地的维修,购置气象、土壤水分测定仪器和办公设备,并从 4 月 1 月起,恢复正常气象观测。

2005 年 4～5 月份,对原 30 个有底测坑和 12 个无底测坑进行维修,搭建简易防雨大棚,并从 6 月份开始在测坑和大田安排试验。

2005 年 10 月份,对原 30 个有底测坑的排水管道全部更换,铺设轨道,焊 4.2 m×9 m 移动式彩钢瓦大棚 2 个。

1.2　多方筹集,积极争取各方面资金

灌溉试验是一项服务于社会的纯公益性、长期的、基础性的研究工作,其人员编制和经费应纳入财政预算,我站在目前关系未理顺的情况下,想方设法,利用我站处于节水灌溉示范县的有利契机,积极申报节水示范项目,每年可解决试验经费 10 万元,另外省水利厅每年还安排灌溉试验专项资金 5 万～10 万元,用于课题试验研究补助,现在我们正着手编制"二峰灌区节水改造工程规划",并把灌溉试验规划纳入其中。

1.3　精心组织,积极开展灌溉试验研究

我站组建后,采用边改造,边开展试验的办法,按照全国灌溉试验站网统一要求,努力完成灌溉试验总站和省中心站安排的试验任务。具体开展项目有:

(1)灌溉试验站代表区域背景数据的调查整理。我站处于二峰灌区中部,其地形地貌在二峰灌区具有代表性,这次调查范围为整个二峰灌区,覆盖天长街道、城南街道、谕兴、关塘、冶山、郑集、秦楠、官桥 8 个乡(镇、办事处),总面积 338 km²,耕地面积 31.6 万亩,设计灌溉面积 30.54 万亩,属皖东丘陵区,土质以黏壤土为主。该项工作从 2005 年 3 月份开始实施,走访了各乡镇、统计局、水利局和气象局等有关部门,到 7 月底已基本完成。并于 2005 年 8 月整理出二峰灌区代表区域背景数据的调查报告。

(2)灌区农业年度基础数据采集。我们在二峰二级站、三级站和四级站灌区内分别设立代坝、大营、红山 3 个村为基本数据采集点,3 个采集点分布在灌区前、中、后部,在水利、地形、土壤、经济、作物种类等方面具有较好的代表性。2004 年度基础数据采集工作从 2005 年 6 月份开始实施,在每个采集点调查了 3～5 个代表农户,到 7 月底已基本完成。并于 2005 年 8 月整理出二峰灌区 2004 年农业年度基础数据采集报告。

(3)灌溉试验资料(1987～2003 年)整编。1987～2003 年 16 年间,我站共开展过水稻需水量(1987～1989 年,3 年)、水稻耐旱(1987～1989 年,3 年)、小麦排灌技术和土壤水肥关系(1993～1998 年,4 年)、水稻覆膜旱作栽培(1997～1999 年,3 年)、水稻与节水灌溉制度(2000 年,1 年)、棉花灌溉制度(2000 年,1 年)等 6 项试验,但由于水稻耐旱、水稻覆膜旱作栽培、小麦排灌技术和土壤水肥关系三项试验属专项课题研究,不再此整编范围内,而水稻与节水灌溉制度和棉花灌溉制度两项试验仅进行过 1 年,不符合连续 3 年的要求,因此这次只对水稻需水量试验(1987～1989 年)3 年资料进行整编,该项工作从 2005 年 4 月份开始实施,到 6 月底已基本完成,并于 2005 年 8 月整理出二峰站历年灌溉资料整编报告。

（4）全省主要作物节水高效灌溉制度协作研究。2005年我们按照中心站的建议，利用已有的30个1 m×1 m×1.5 m有底测坑中的26个，外加13个0.4 m×0.4 m×0.4 m有底混凝土测盆进行水稻和小麦两种主要作物节水高效灌溉制度试验研究。处理设计详见表1、表2。

表1　水稻灌溉制度试验处理设计

处理编号	处理内容	各生育阶段稻田水分状况					
		返青期	分蘖期	拔节期	抽穗期	灌浆前期	黄熟期
1	分蘖期轻旱	正常	80	正常	正常	正常	正常
2	分蘖期重旱	正常	60	正常	正常	正常	正常
3	拔节期轻旱	正常	正常	80	正常	正常	正常
4	拔节期重旱	正常	正常	60	正常	正常	正常
5	抽穗期轻旱	正常	正常	正常	80	正常	正常
6	抽穗期重旱	正常	正常	正常	60	正常	正常
7	灌浆前期轻旱	正常	正常	正常	正常	80	正常
8	灌浆前期重旱	正常	正常	正常	正常	60	正常
9	分蘖期+拔节期中旱	正常	70	70	正常	正常	正常
10	拔节期+抽穗期中旱	正常	正常	70	70	正常	正常
11	抽穗期+灌浆期中旱	正常	正常	正常	70	70	正常
12	传统灌溉（CK$_1$）	0～50 mm	0～70 mm	0～100 mm	0～100 mm	0～70 mm	干湿
13	浅、湿、间歇（CK$_2$）	0～40 mm	0～40 mm 间歇5天	0～60 mm 间歇3天	0～60 mm 间歇3天	0～50 mm 间歇5天	落干

注："正常"为传统模式进行水分管理；"80"、"70"、"60"为生育期灌水控制下限（占田间持水量的百分比），下同。

表2　小麦灌溉制度试验处理设计

处理编号	处理内容	各生育阶段麦田水分状况					
		苗期	越冬期	返青期	拔节期	抽穗期	灌浆期
1	非关键50,关键55	50	50	50	55	55	50
2	非关键50,关键65	50	50	50	65	65	50
3	非关键50,关键75	50	50	50	75	75	50
4	非关键60,关键55	60	60	60	55	55	60
5	非关键60,关键65	60	60	60	65	65	60
6	非关键60,关键75	60	60	60	75	75	60
7	非关键70,关键55	70	70	70	55	55	70
8	非关键70,关键65	70	70	70	65	65	70
9	非关键70,关键75	70	70	70	75	75	70
10	非关键50,关键50	50	50	50	50	50	50
11	非关键60,关键60	60	60	60	60	60	60
12	非关键75,关键75	75	75	75	75	75	75

(5)主要作物需水量试验。作物需水量研究是一项灌溉试验最基础的试验研究,需进行多年连续的试验,才有可能得出有价值的结论,我站利用多余的测坑,对本地区主要作物水稻、小麦、油菜、大豆和棉花等进行需水量试验,积累基础数据。

1.4　强化管理,确保灌溉试验工作正常运转

管理出效益,管理出成绩,一个单位工作的好坏,关键在于管理。我站狠抓内部管理,规范办事规则,强化服务意识,充分调动职工的积极性和能动性,从以前人管人的模式变为用制度来约束人,各项工作有章可循、有据可依。我们在管理上主要采取以下几种方法:

(1)制定岗位责任制,分工明确。我站目前有人员 5 人,其中行政管理人员 1 人,负责全面和资料整理分析等工作;项目负责人 1 人,负责站业务和各项试验实施等工作;试验员 1 人,负责基础数据采集、整理等工作;气象员 1 人,负责田间气象和档案管理等工作;试验辅助工 1 人,负责田间管理和防雨设施等工作。每个岗位都制定了明确的岗位责任制,年终进行考核,不称职的调离试验岗位。

(2)坚持学习,提高自身业务水平。我站人员是从各站抽调过来的,有的没有搞过试验,我们利用空余时间对站内人员进行《灌溉试验规范》、《地面气象规范》等知识学习,边干边学,另外派技术人员积极参加灌溉试验总站举办的各种培训班,如:2004 年 5 月和2006 年 2 月河南新乡学习班,2005 年湖南长沙和湖北漳河学习班。通过不断学习,努力提高试验人员自身业务素质。

(3)严格财务制度、实行专款专用。我站收到 3 项资料调查与整编费和 2005 年节水灌溉资金共计 15 万元,对科研经费实行分户管理,各项支出都履行严格审批手续,实行专款专用。

2　目前存在的主要问题

尽管我站目前已正常开展工作,并取得了一些成绩,但要持续、稳定、健康地发展下去,必须解决以下两个问题。

2.1　人员编制问题

我站人员目前是从上级单位抽调过来的,没有编制,人员经费完全依赖于水管单位的投入,人员素质也是参差不齐,整体水平不高,很难保证灌溉试验准确性、可靠性、连续性的要求。

2.2　经费问题

我站目前试验维持经费是通过节水示范县的节水示范项目经费变相得来的,很不稳定,需建立灌溉试验专项经费的主渠道。

3　今后的工作打算

下一步试验工作总的思路是:抓住机遇、争取项目、强化管理、稳步发展。具体如下。

3.1　坚持不懈,继续开展灌溉试验研究

根据《全国灌溉站网的建设与协作研究规划》和省中心站的要求与部署,我站结合目前实际,按照最初制定的 5 年工作计划,下一步灌溉试验研究主要开展以下四方面的工

作：

(1)继续开展已进行的全国协作项目——水稻和小麦灌溉制度试验研究；

(2)完成本区域内主要作物(水稻、小麦、油菜、大豆、玉米、棉花)需水量试验；

(3)继续开展 2006～2009 年度基础数据采集工作，完成二峰灌区基础数据采集报告；

(4)在可能的情况下，开展一些全省协作项目或专项课题研究工作。

3.2　抓住机遇，争取人员定编定岗

我们将抓住当前水管单位体制改革的有利时机，多方联系，积极争取将试验人员编制和经费纳入各级财政预算，从而解决试验人员后顾之忧，稳定灌溉试验队伍。

3.3　争取资金，继续搞好站基础设施建设

我站目前使用的许多设备和设施普遍存在着设施陈旧、设备简陋的现象，已严重影响到试验数据的准确性和可靠性，我们下一步将多方筹集资金，加强站内的基础设施建设，逐步改善灌溉试验设施条件。

加强站网建设　发展节水灌溉

许亚群　刘方平

（江西省赣抚平原水利工程管理局灌溉试验站）

1　试验站概况

江西省赣抚平原水利工程管理局灌溉试验站建于 1977 年，是本省唯一长期坚持灌溉试验研究的一个基层站。本站位于江西省最大灌区和主要产粮区赣抚平原灌区内，建有水稻试验基地、温室大棚和花卉苗木试验基地、气象场、土化实验室及综合办公大楼等基础设施。现有试验人员 18 人，其中高级职称 2 人、中级职称 4 人、初级职称 3 人、高级技工 6 人、中级技工 3 人，包括农田水利、农学、水工、水文、土壤、气象等专业人员。

本省灌溉试验工作主要由本站承担，此外还承担赣抚平原灌区总干渠 37.9 km 渠道管理、灌区供水水质监测、灌区渠道测流量水等灌区管理工作。试验主要作物是针对本省大面积种植的双季水稻及棉花开展灌溉试验研究，主要项目有：双季水稻需水量及灌溉制度试验、节水增产农田灌溉技术试验研究推广、灌区渠系配套研究、作物需水量测坑工程项目、棉花需水量研究、水稻需水量新(老)测坑对比应用、灌区量水自动测报系统研究及应用等多项研究课题。

本站先后获省科技进步奖、省农科教人员突出贡献奖、省水利科技成果奖、水利科技进步奖 10 余项。上述研究成果为本灌区及全省灌溉用水管理、灌排工程规划设计及水资源配置和宏观调控提供了重要的科学指导，促进了本省农业节水增产、农民增收，为本省发展节水灌溉做出了贡献，2002 年获全省水利科技先进集体荣誉称号。

2　认真完成水利部下达的各项任务，扎实有效推进灌溉试验站网建设

2.1　积极努力抓好灌溉试验中心站建设

水利部于 2003 年 4 月主持召开了全国灌溉试验工作会，翟浩辉副部长亲临大会发表重要讲话，强调加强灌溉试验工作是当前和今后一个时期必须抓好的一项重要基础性工作；同时，水利部又分别以水农[2003]252 号、2004 农水灌函字第 11 号、农水灌函[2004]6 号三次发文，下达关于加强灌溉试验站网建设和加强灌溉试验站工作的意见，经水利部批准，确定我站为本省灌溉试验中心站，为贯彻上述会议和文件精神，我站在省水利厅领导及有关部门关怀和支持下，按照水利部的要求，认真开展了站网规划建设。

2.1.1　高标准搞好中心站建设规划

由于我站原有试验场地面积小，并且受到当地建开发区和小城镇建设影响，代表性差，达不到省级中心站的标准。为高质量、高标准把我省中心站建设好，我站于 2004 年 9 月委托武汉大学专家教授对中心站建设进行规划，并配合武汉大学搜集有关设计资料，在

赣抚平原灌区内多处选择试验场地,进行实地测量,对比分析,优选试验场地。根据规划,我站将购置土地 69 亩作为中心站试验基地主试区;同时与省红壤研究所合作,建设占地 58 亩的南方红壤旱地作物灌溉试验场。中心站建设规划完成后,我站将规划稿交市水利局领导及相关科室以及省水利厅相关处室征求意见,多次进行修改,并两次召开中心站建设规划报告咨询会,分别征求市水利局及省水利厅相关处室领导的意见,进一步修改完善规划报告,并及时上报省水利厅主管部门审批。

为广泛征求专家教授合理化建议,今年我站配合省水利厅在南昌召开了《江西省灌溉试验中心站建设规划报告》审查会。参加审查会的有来自武汉大学、河海大学、广西灌溉试验中心站、江西农业大学、江西省农科院、江西省水利厅、江西省水科院等单位的领导及专家。由《灌溉试验站规范》审查技术负责人、工程院院士茆智任专家委员会主任委员。专家委员会实地考察了中心站选址现场,听取了规划编制单位武汉大学的汇报,认真审阅了规划报告,经充分讨论,同意规划报告,并提出了合理化建议。我站将根据专家意见,配合武汉大学进一步修改完善规划报告,并尽快启动中心站建设,努力建设国内一流水平的省级灌溉试验中心站。

2.1.2　积极筹集中心站建设资金

我站经费来源一直是从灌区水费收入中列支,经费紧张,仅能维持简单运行,中心站建设缺乏资金。经过我站努力争取上级领导的关心支持,多次请示汇报达成共识,明确中心站建设资金渠道,从大型灌区续建配套节水改造资金中列支专项资金,其中 2004～2005 年已安排 250 万元,2006 年计划安排 255 万元用于中心站建设,此后几年陆续安排建设资金,满足高质量、高标准建设中心站的资金需要。

2.1.3　认真落实中心站人员机构及编制

为妥善解决中心站试验人员编制问题,我站积极争取上级领导支持,按照水管单位改革实施意见和试验工作要求定岗定编,已将中心站试验人员纳入准公益事业编制之列,由省财政解决人员工资。目前,水管体制改革实施方案经省政府批复,解决我省中心站 10 名试验人员编制问题。

2.1.4　解决中心站日常运行经费来源

为维持中心站正常运行,中心站每年都应有固定运行经费,其中包括人员工资、福利、社会保障费、日常管理和维护费、水电费和设备折旧费等。我站积极争取上级的支持,在上级领导关心支持下,已确定中心站人员工资福利与日常管理费(含办公、水电费等)均纳入局财政预算,基本解决了日常运行经费来源问题,为中心站正常运行创造了条件。

为使中心站试验研究工作良性运行和开展,我站还将积极开展社会服务;并与有关农业、水利科技主管部门联系,争取试验研究项目,与有关高等院校、科研机构密切合作,争取研究经费。所得到的资助除主要用于试验研究外,并注重改善试验条件、扩大试验研究规模和范围。

2.2　认真完成水利部灌溉试验总站下达的任务

在省水利厅及有关主管部门领导的关怀和支持下,我站认真贯彻落实全国灌溉试验工作会议精神,在积极开展全省灌溉试验站网规划建设的同时,按照水利部灌溉试验总站布置的工作方案,认真开展灌溉试验代表区域背景数据调查整理等 4 项工作。

2.2.1 灌溉试验站代表区域背景数据调查整理

由于本站代表区域范围大,所在灌区设计灌溉农田 120 万亩,且具有防洪、排涝、航运、发电、养鱼和工业、生活、环境供水等综合效益,灌区情况复杂。为圆满完成背景数据调查整理工作,我站认真组织了本次调查整理工作,在方法上,我们采取按灌区县级管辖范围开展调研,分别由灌区所辖南昌县、进贤县、丰城市、南昌市青山湖区等 4 个管理站(局)组织由领导、技术人员组成各个调研小组,配合做好有关调查工作,由我站领导带领参加总站培训的技术人员深入各辖区内进行指导、检查,从各县水利、农业等部门进行了资料采集和现场调查。资料调查完成以后,我站及时组织专业技术人员进行各项资料的统计、分析和整编,在统计分析中遇到的问题,及时和各县水利部门进行联系,重新查证核实,经过多次统计分析,最后汇编成稿,再由领导和具有多年灌溉试验经验的专业人员审稿,并上交局主管领导和工程建设与管理科进行校核,经校核后定稿,上报灌溉试验总站。

2.2.2 全国主要作物节水高效灌溉制度协作研究

为搞好全国主要作物节水高效灌溉制度协作研究,针对我省南方主产粮区种植水稻的特点,我站开展了"南方双季稻水肥耦合与高效利用技术研究",在我站多年研究水稻节水增产灌溉技术基础上,重点研究水稻的水肥交互影响,寻求水稻高效利用水肥的综合调控模式,提高肥料的利用及水分生产率。目前,已进行两年试验研究,取得初步成果,同时,还为南京农业大学培养研究生提供试验基地。此外,根据我省赣南大力发展脐橙产业(计划 2015 年发展到 300 万亩),而对脐橙需水规律、节水灌溉制定和灌溉方法等方面缺乏研究,影响脐橙产量和质量的现状,开展脐橙优质丰产、节水灌溉制度模式和灌溉方法研究,重点研究脐橙在渗灌等先进灌溉技术条件下的节水高效灌溉制度。

2.2.3 1987～2003 年灌溉试验资料的整编

根据水利部灌溉试验总站制定的《全国灌溉试验资料(1987～2003)整编技术方案》的要求,我站组织有关技术人员对本站 1987～2003 年的水稻灌溉试验资料进行了整编分析,并汇编成册,上报灌溉试验总站。结合该项工作任务,我站积极争取科技主管部门的支持,开展"灌溉试验数据信息系统开发应用"课题研究,对本站及全省历年灌溉试验数据资料进行收集整理,研究适合我省情况的灌溉试验数据信息化系统,使我省许多珍贵的灌溉试验资料得到充分利用。同时,根据灌区需要,开展了灌区渠系水利用系数、田间水利用系数方面的调查研究,在此次资料整编中一并进行了整编分析。

3　认真搞好"十一五"灌溉试验站网建设规划与协作研究工作

根据水利部"十一五"时期水利工作的指导思想,全面贯彻落实科学发展观,按照构建社会主义和谐社会的要求,围绕全面建设小康社会的目标,坚持以人为本,坚持人与自然和谐相处,坚持全面规划、统筹兼顾、标本兼治、综合治理,坚持走资源节约、环境友好的路子,坚定不移地推进可持续发展水利,努力解决洪涝灾害、干旱缺水、水污染等问题,确保防洪安全、供水安全和生态安全,以水资源的可持续利用保障经济社会的可持续发展,制订我省灌溉试验站网建设规划及协作研究"十一五"规划。

3.1　高标准、高质量建设好中心站

我站将自 2006 年开始争取 2～3 年内建成符合《灌溉试验规范》标准的省级灌溉试验

中心站,逐步使观测、试验的数据采集自动化,做到试验资料信息化,并初步具备试验研究、技术开发、示范推广、数据采集和培训等多项职能。至 2010 年使本站在同类站中处于先进水平,承担和参与国家及本省重大科技项目的试验研究,具备开展应用性、理论性、探索性试验研究的能力,自动化、信息化程度进一步提高,试验手段方法及成果达到国内先进水平,成为江西省的灌溉试验研究中心。同时,提高科研人员科技创新和科技成果转化能力,创造条件使试验研究、示范推广、科技成果产业化形成规模,力争在创办高新科技型企业、科技开发方面有新的进展。

3.2　搞好 4 个重点站规划及建设

20 世纪 90 年代以来,由于各种原因,我省其他灌溉试验站相继停止了试验研究工作,仅保留一个试验站。自 2003 年水利部下发水农[2003]252 号文之后,我站积极与主管部门加强联系,依据全国灌溉试验站网建设规划,结合我省实际情况,我省计划建设 4 个重点站,初步选择在袁惠渠、柘林、章水、七一等 4 个大型灌区范围内建设,人员编制结合我省水管体制改革,列入水管单位体制改革中并纳入纯公益性人员范畴。近期内我站将配合省水利厅主管部门,完成本省灌溉试验重点站网规划,并建设好 4 个重点试验站,同时对各重点试验站进行技术管理和人员培训,使之能在总站及省中心站指导下,承担全国及本省协作项目,进行与灌溉农业相关资料的观测、试验与调查,积累基础资料,开展先进灌水技术推广与示范。

3.3　搞好全国主要作物节水高效灌溉制度协作研究

为了有力推动我省灌溉试验研究的全面发展,我站在提高现有技术人员素质的基础上,还将继续加强与高等院校、科研院所有关科研机构进行技术上的交流与合作,不断拓宽灌溉试验的研究领域和研究深度,为我省的灌溉事业结出更多硕果,也为我省灌溉试验培养更多人才。

鉴于我省红壤丘陵山地面积分布较广,大量种植旱作物和经济作物,开展这些作物的需水规律、节水灌溉制度及节水管理试验,对指导我省合理用水和夺取高产具有十分重要的意义。为使试验开展具有代表性,同时也充分利用其他科研机构的研究力量和试验基地,我站结合江西省红壤研究所的南方红壤旱地建设南方红壤旱作灌溉试验基地来加强合作研究,得到他们的大力支持。此项目已列入到我省中心站总体规划当中。同时,在重点站建成以后,将加强各重点站的技术指导,并就种植结构调整后的各种主要作物加强协作研究,逐步在全省获取具有各代表区域性的主要作物节水高效灌溉制度试验研究成果。

第二部分
作物需水规律与非充分
灌溉技术试验研究

香蕉需水量与节水灌溉试验研究

古璇清[1]　　马振荣[2]　　卢德宁[2]　　林建平[2]　　周良桂[2]　　伍秋玲[2]

（1.广东省水利水电科学研究院；　2.高州灌溉试验站）

　　广东是我国香蕉的主产区，"高州香蕉"在国内的知名度很高。香蕉适应性强，产量、经济收益高。广东大部分地区一年四季都可种植香蕉，分布面积较大的有粤西、粤中及粤东地带。据 2002 年资料统计，全省种植面积达 98 604 hm^2，为全省水果种植面积的 10.4%。其中种植面积最大的是茂名市，达 34 765 hm^2，其次是湛江市的 19 531 hm^2，两市香蕉占全省总种植面积的 55.1%。当地香蕉年亩产在 1 900 kg 左右。

　　香蕉喜湿润，高湿土壤环境利于生长。香蕉以吸芽繁殖为主，常常是母株成熟期与幼株苗期在同园重叠生长，所以香蕉几乎全年都在生长；香蕉有庞大的叶面积，肉质根系含水量大，根系主要分布于表土层，这些生物学特性决定了它需水量较大和对干旱现象十分敏感。粤西是我省降雨量偏少、季节性干旱缺水较严重的地区，研究香蕉的需水与灌溉，为当地政府合理利用水资源及指导农业节水灌溉提供科学依据，具有重要的现实意义。

　　为探索香蕉需水量、需水规律及节水灌溉制度，高州灌溉试验站从 1983 年以来对香蕉进行了多年的灌溉试验研究。

1　香蕉的植期、种植方式和生育期

　　香蕉的植期：香蕉周年生长，四季可种植，但更适合在温暖和湿润的环境下生长，所以在 2～4 月的春植和 8～9 月的秋植较适宜，以避开炎夏和寒冬。

　　香蕉种植方式：可有初次定植和接续蕉两种。初植是利用早生吸芽作母株，接续蕉是有计划地在上一年母株收获前将一定数量的母株分蘖茎留下，新株的苗期与母株的成熟期重叠生长。

　　香蕉的生育期：香蕉通常一年一熟，从试验资料看，初植春植蕉一般在 2～4 月间种植，次年 2～4 月间收获，全生育期平均天数 358 天；秋植一般在 7～8 月间种植，次年 8～

10 月收获,全生育期平均天数 432 天。香蕉生育期可分为苗期、伸长期、孕蕾期、现蕾期和成熟期 5 个生育阶段。通常苗期 30~35 天(采用试管育苗生长期较长),伸长期一般需150~200 天,孕蕾期一般 50~60 天,现蕾期 30~35 天,成熟期 60~80 天。

2 香蕉需水量与需水规律

香蕉的植期、种植方式或品种等不同,生育期长短差异较大,需水量的差异也很大。通常,初植蕉全生育期较长,且成熟期母株与接续蕉苗期重叠,叶面积大,因此全期需水量也较大,试验资料显示,香蕉全期需水量在 836.3~1 753.5 mm 之间,多年平均1 207.7 mm。资料分析表明,接续蕉全生育期天数比初植蕉少 30~40 天,全期需水量减少 6.0%~8.0%。

2.1 各月需水强度

春植蕉全生长期平均需水强度为 3.36 mm/d,其中最大年达 4.91 mm/d,最小年只有 2.49 mm/d;秋植蕉全期平均需水强度为 3.08 mm/d,其中最大年达 3.55 mm/d,最小年为 2.69 mm/d。从香蕉各月需水强度看,其变化规律是:处于夏秋季的 5~10 月份高,1~4 月及 11~12 月的冬、春季较低。但春植蕉和秋植蕉的变化过程有较大差异,春植蕉生长前期及后期处于低温、太阳辐射较弱的春季和冬季,需水强度变化在 1.99~3.88 mm/d 之间,在旺盛生长的中期则对应 5~9 月夏秋高温和强日照季节,需水强度较大,各月需水强度变化在 3.83~4.40 mm/d 范围。而秋植蕉生长前期和后期处于夏秋季相对高温和强日照阶段,虽叶面积小,叶面蒸腾相对较小,但气候因素利于土面蒸发和叶面蒸腾加速,5~9 月的需水强度在 3.32~3.93 mm/d;生长中期虽叶面积大,但处于冬春低温、辐射较弱的条件下,因此生长中期各月需水强度变化范围为 1.53~3.15 mm/d。所以,从各月需水强度的变化看,春植蕉高峰期明显,高峰延续时间较长,秋植蕉各月需水强度的变幅相对较小,高峰值不太明显(见图1)。

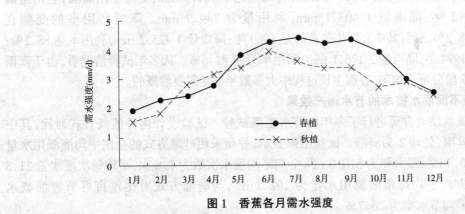

图 1　香蕉各月需水强度

2.2 香蕉需水与叶面积指数变化的关系

香蕉视品种不同株高和株型大小有差别,从高州试验站测试品种资料看,香蕉株高最大可达 3.2~3.6 m。由于株高和株型大,通常种植不宜太密,间距通常在 2.0 m×2.0 m左右,即每亩茎数在 160~170 株为宜。香蕉叶面积的变化规律是:苗期、成熟期小,孕蕾期到现蕾期最大。香蕉需水量变化与叶面积消长关系密切,图2为 2000 年度春植蕉需水强度与叶面积指数的变化过程线。

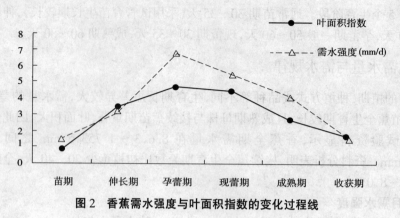

图 2　香蕉需水强度与叶面积指数的变化过程线

3　香蕉灌溉

3.1　香蕉生长期雨水利用量

南方降雨较丰沛,香蕉生长期间消耗的水分大部分由降雨补给,灌溉是雨水不能满足香蕉需水时的补充。香蕉灌溉定额因不同水文年或种植季节不同而变化很大,通常丰水年,或降雨在各生育阶段分配较均匀时,灌水量较少。从试验资料分析,春植蕉多年平均耗水量为 1 397.9 mm,而当地香蕉生长期降雨量变幅在 1 103.9～2 740.9 mm 之间,多年平均为 1 797.1 mm,从降雨总量看基本可满足香蕉生长过程的需水要求,但实际上香蕉生长期内雨水平均利用量只有 1 047.5 mm,平均利用率为 59.0%。一般来说,全期降雨量大,雨水利用量也较大,但因降雨类型复杂,香蕉根系层土壤的蓄水能力也有限,所以香蕉生长期内雨水利用量并不一定随降雨量增大而增大。多年试验中,雨水利用量最大年是 2002 年:全期降雨量 2 291.1 mm,利用量达 1 489.5 mm,全期不用灌溉;利用量最小年为 1992 年:降雨量 1 403.1 mm,利用量为 749.9 mm。降雨利用率的变幅在 41.6%～88.2% 之间,其中利用率最高的是 1989 年:降雨量 1 425.2 mm,利用率达 88.2%;最低的是 1994 年:降雨量 2 176.1 mm,利用率只有 41.6%。从多年试验情况看,由于降雨在各生育阶段分配不均匀,香蕉生长过程中大多数年份是需要灌溉的。

3.2　香蕉不同灌水技术的节水增产效果

高州试验站对香蕉进行了多年的节水灌溉试验。试验设计两种灌溉方式对比,其中处理 1 为畦灌,处理 2 为滴灌。试验结果显示,香蕉采用畦灌方式的全期平均灌溉用水量为每亩 170.4 m³,最大年为 510.0 m³,全期平均灌水次数为 7.8 次,平均每次灌水量 21.8 m³。滴灌方式平均每亩灌溉用水量为 102.1 m³,与畦灌方式对比每亩可节省灌溉水 68.3 m³,平均节水率为 26.7%。

香蕉产量较高,增产潜力大。试验结果表明,滴灌比畦灌的增产效果明显。畦灌处理年亩产量在 1 495.0～3 085.3 kg 之间,平均为 2 192.0 kg;滴灌处理年亩产量在 1 561.0～3 098.7 kg之间,平均为 2 310.3 kg;与畦灌方式对比,滴灌处理平均每亩增产量为 118.3 kg,增产率为 5.4%(见表 1)。

表1　不同灌溉技术的节水增产效果比较

试验年	年灌水量(mm)				每亩产量(kg)			
	畦灌	滴灌	滴灌节水	节水率(%)	畦灌	滴灌	滴灌增产	增产率(%)
1984	224.1	192.4	31.7	14.1	1 894.5	1 946.0	51.5	2.7
1985	311.4	150.6	160.8	51.6	1 665.7	1 828.2	162.5	9.8
1986	405.4	278.3	127.1	31.4	2 592.0	2 748.0	156.0	6.0
1989	766.3	524.6	241.7	31.5	1 546.7	1 623.7	77.0	5.0
1990	722.5	298.6	423.9	58.7	1 495.0	1 561.0	66.0	4.4
1991	206.2	133.2	73.0	35.4	1 976.0	2 156.0	180.0	9.1
1992	111.5	53.2	58.3	52.3	2 928.0	3 256.0	328.0	11.2
1992	194.1	114.1	80.0	41.2	2 023.0	2 120.0	97.0	4.8
1994	134.3	80.8	53.5	39.8	2 034.0	2 187.0	153.0	7.5
1996	282.3	107.2	175.1	62.0	2 300.7	2 442.0	141.3	6.1
1997	262.9	112.7	150.2	57.1	2 233.2	2 324.0	90.8	4.1
1998	81.4	50.1	31.3	38.5	2 377.7	2 527.8	150.1	6.3
1999	0	0	0	—	2 197.4	2 245.4	48.0	2.2
2000	87.3	37.3	50.0	57.3	2 730.2	2 709.8	−20.4	−0.7
2001	299.6	201.0	98.6	32.9	1 991.8	2 191.0	199.2	10.0
2002	0	115.7	−115.7		3 085.3	3 098.7	13.4	0.4
平均	255.6	153.1	102.5	40.1	2 192.0	2 310.3	118.3	5.4

3.3　香蕉根系的纵向分布

　　根系湿润层深度是实施节水灌溉技术过程不能缺少的控制指标之一,因此有必要掌握香蕉根系在土壤中的纵向分布情况。高州试验站对香蕉根系在土壤中的分布进行了试验测试,结果为:以活根鲜重计,0～20 cm 土层的根量占 85.5%,20～40 cm 土层的根量占 12.7%,40～60 cm 土层根量占 1.8%。以根干物重计,0～20 cm 土层的根量占 87.3%,20～40 cm 土层的根量占 11.2%,40～60 cm 土层根量占 1.5%。可见由于占 85%以上的根系都在 0～20 cm 的表土层,设计香蕉灌溉的计划湿润层可考虑 20～25 cm,这样不但可适当减少每次灌溉用水量,还利于降雨时提高土壤蓄水能力,提高雨水利用率,以达到节水效果。

4　香蕉产量与水分利用效率

　　香蕉的水分利用效率,即消耗 1 m³ 水生产香蕉果实的千克数(即 kg/m³)。香蕉水分利用效率是香蕉节水效益比较评价的重要指标之一。从 1984～2002 年的香蕉试验资料分析,畦灌方式平均亩产为 2 192.0 kg,耗水量为 939.1 m³,水分利用效率为2.55 kg/m³;

滴灌方式平均亩产为 2 310.3 kg,耗水量 800.1 m³,水分利用效率 3.08 kg/m³。香蕉不同植期的水分利用效率有较大差异,其中春植蕉为 2.87 kg/m³,秋植蕉为 2.46 kg/m³。水分利用效率在年际间变化也较大,其中最大年达 4.53 kg/m³(1998 年滴灌),最小年只有 0.93 kg/m³(1990 年畦灌),可见提高当地香蕉水分利用效率还有很大的空间,也就是说还有很大的节水和增产潜力(见表 2)。

表 2　不同灌溉技术的水分利用效率比较

试验年	畦灌			滴灌		
	耗水量 (m³)	亩产量 (kg)	水分利用效率 (kg/m³)	耗水量 (m³)	亩产量 (kg)	水分利用效率 (kg/m³)
1984	771.5	1 894.5	2.46	722.3	1 946.0	2.69
1985	988.1	1 665.7	1.69	932.1	1 828.2	1.96
1986	965.1	2 592	2.69	864.7	2 748.0	3.18
1989	965.1	1 546.7	1.60	864.7	1 623.7	1.88
1990	1 610.3	1 495	0.93	1 169.0	1 561.0	1.34
1991	1 549.5	1 976	1.28	1 093.3	2 156.0	1.97
1992	886.5	2 928	3.30	751.9	3 256.0	4.33
1993	643.9	2 023	3.14	535.3	2 120.0	3.96
1994	819.1	2 034	2.48	651.1	2 187.0	3.36
1996	754.5	2 300.7	3.05	627.3	2 442.0	3.89
1997	951.0	2 233.2	2.35	706.9	2 324.0	3.29
1998	649.3	2 377.7	3.66	557.5	2 527.8	4.53
1999	644.3	2 197.4	3.41	616.4	2 245.4	3.64
2000	712.5	2 730.2	3.83	651.7	2 709.8	4.16
2001	1 119.9	1 991.8	1.78	1 058.9	2 191.0	2.07
2002	995.07	3 085.3	3.10	997.7	3 098.7	3.11
平均	939.1	2 192.0	2.55	800.1	2 310.3	3.08

5　讨　论

香蕉在广东周年可种植,从试验结果看,因品种、植期、灌溉方式等不同,需水量及其变化规律有较大差异,香蕉产量及水分利用效率也因植期、灌溉方式等条件不同而变幅较大。从产量、需水量的变化幅度也可看出,香蕉的节水、增产和提高水分生产效益的空间还很大,如何通过实施节水灌溉,提高生产技术和水分管理水平,以达到增产节水和提高水分生产效益、土地产出效益的目的,很多问题值得我们通过灌溉试验或改进试验方法进一步研究。

汾河灌区夏大豆耗水规律及其
节水灌溉制度研究

武朝宝　段树强　李金玉

（山西省中心灌溉试验站）

　　汾河灌区所辖的晋中、吕梁和太原等两年三熟地区,在每年6月下旬冬小麦收获后到9月底冬小麦播种,这段时期小麦田有大约90天的空闲时间,农民为了充分利用土地资源,增加收入,在小麦收获后一般都要进行复播,夏大豆是主要复播作物之一,占复播面积相当大的比例,是汾河灌区的主要夏粮作物之一。在水资源供需矛盾日渐突出的今天,为了研究和探索夏大豆的需水规律及其节水灌溉制度,为农民增产增收提供技术保障,为水利工程规划设计提供科学依据,2005年在山西省中心灌溉试验站进行了夏大豆耗水规律及其节水灌溉制度的研究试验。在该区域,夏大豆的播种方法一般为机播,小麦收获后旋耕和播种一次完成。行距30 cm左右,播量一般在300 kg/ hm² 左右,6月中下旬至7月上旬播种,9月下旬至10月上旬收获。

1　材料与方法

1.1　试验基本情况

　　试验在山西省中心灌溉试验站进行,该站地处山西省文水县刘胡兰镇,位于东经112°02′,北纬37°04′,海拔749.6 m。试验地气候属典型的大陆性季风气候,年平均气温11 ℃,气温在0 ℃以上的总积温为4 300 ℃,无霜期171天,多年平均降水456 mm,平均蒸发量750 mm。土壤0~30 cm为中壤土,30~90 cm为重黏土,90~150 cm为细砂土。0~100 cm土壤平均干密度为1.38 t/m³,田间持水量26.9%(重量百分比),地下水矿化度为787 mg /L,pH值为8.12,全盐量0~80 cm平均0.617 4%,0~50 cm有机质含量为0.85%,速效磷含量为0.31%,夏大豆生长期6月17日至10月10日共116天,降雨量224.3 mm,有效降雨210.2 mm,同期水面蒸发量600.0 mm(20 cm口径蒸发皿),夏大豆生长期地下水平均埋深5.20 m。

1.2　试验方法和处理设计

　　作物的耗水规律、田间耗水量及产量要素是制定灌溉制度的基础。试验依据水利部颁发的《灌溉试验规范》(SL13—90)要求进行,试验安排在2 m×2 m的测坑中进行,测坑无遮雨棚。用取土烘干法测量表层0~20 cm土壤含水率,用中子测量仪(L520-D型智能,江苏农科院原子能所)测量20~80 cm内土壤含水率。每10天观测1次,并在作物生育期转换时、灌水前后、降大雨后、播种前、收获后加测,从而计算出各时刻土壤储水量。同时及时观测、记载每次灌水时间和灌水量以及降雨时间和降雨量,运用水量平衡法原理,计算出全生育期田间总耗水量和各生育期阶段耗水量,再用各生育阶段天数除阶段耗水量求得各生育阶段日耗水强度。对于降雨或灌水超过 1 m 土层田间最大持水量的部分或一次降雨小于 2 mm 的雨量都作为无效水量扣除。

作物耗水量计算依据水量平衡原理计算,公式为:

$$ET_c = \Delta W + P + I + S_G - D_P$$

式中:ET_c 为耗水量,mm;ΔW 为计算时段内土壤储水变化量,mm;P 为时段内降雨量,mm;I 为时段内灌水量,mm;S_G 为时段内地下水补给量,mm;D_P 为时段内深层渗漏量,mm。

生育期地下水平均埋深 5.20 m,忽略地下水补给;试验中没有发生深层渗漏,深层渗漏量为 0。

灌溉制度是指作物从播种到收获全生育期内的灌水次数、每次的灌水时间和灌水定额以及灌溉定额。其中某一次单位面积上的灌水量叫灌水定额,各次灌水定额之和叫灌溉定额。根据灌溉供水是否满足作物的需水要求,可分为充分供水的灌溉制度和非充分供水的灌溉制度。充分供水灌溉制度能够充分满足作物的需水要求,不因供水不足而使作物减产,其追求的目标是充分满足作物的需水要求,尽量达到高产。非充分供水灌溉制度是指因灌溉水源不足,或者水价太高而被迫或有意减少灌水量或灌溉次数,导致作物不同程度地减产。根据灌溉水源情况,或追求目标不同(产量最高、产值最大等),非充分灌溉制度又可分为经济用水的灌溉制度、限额供水灌溉制度、省水灌溉制度,以及调亏灌溉条件下的灌溉制度。节水灌溉是相对于传统的、现有的灌溉水平而采用较先进的灌溉技术、灌溉设备、灌溉管理方法,以提高水资源的有效利用系数。节水灌溉制度是一种节水灌溉管理措施,它包括各种灌溉技术(如畦灌、沟灌等)、灌溉设备(如喷灌、滴灌、微灌等)条件下可以节约用水、提高水资源有效利用率、提高水分生产率的各种灌溉制度。不同的灌溉制度有不同的标准。本文所述节水灌溉制度是以较小的灌水量获得相同的产量,即单方灌水效益最大;或以相同的灌水量取得最大的产量,即灌区总产量最大。

根据夏大豆生长发育规律,试验把夏大豆整个生育期划分为出苗期、苗期、分枝期、花荚期、成熟期五个生育阶段。试验将出苗期和苗期划分为需水非关键期,设了 50%(占田间持水量的百分比,下同)和 65% 两个灌水下限;将分枝期、花荚期和成熟期划分为需水关键期,设了 55% 和 70% 两个灌水下限;另设全生育期各阶段供水不足(50%)、供水中等(60%)和供水充足(70%)的处理各 1 个,总处理数为 2×2+3=7。所有水分下限的土壤计划控制层次设定标准是:出苗期和苗期 60 cm,分枝期、花荚期和成熟期 100 cm。设计处理见表 1。田间布置从小到大的顺序依次排列处理。每个处理重复 3 次。每小区面积 2 m×2 m=4 m²。

1.3　田间操作管理情况

试验田前茬作物为小麦,6 月 15 日灌播前水,灌水定额 45 mm,大豆 6 月 17 日人工播种,锄开沟深 10 cm 左右,手溜籽下种,大豆品种为晋豆 12 号,种子播量为 187.5 kg/hm²,底肥施磷肥 750 kg/hm²,钾肥 750 kg/hm²。7 月 14 日中耕除草一次,10 月 10 日收获。

大豆生长期间灌水依据处理设定的水分下限灌水,当设计控制层次土壤水分低于下限时,灌水至田间持水量。在当年的试验中,各处理灌水情况见表 2。

表1　大豆处理设计

处理编号	灌水水平(%)				
	出苗期	苗期	分枝期	花荚期	成熟期
1	50	50	55	55	55
2	50	50	70	70	70
3	65	65	55	55	55
4	65	65	70	70	70
5	50	50	50	50	50
6	60	60	60	60	60
7	70	70	70	70	70

表2　夏大豆灌溉制度

处理编号	播前水		灌水日期	灌水量(mm)	灌水日期	灌水量(mm)	灌溉定额(mm)
	灌水日期	灌水量(mm)					
1	6月15日	45.0	7月14日	174.0	—	—	219.0
2	6月15日	45.0	7月14日	67.5	7月26日	88.4	200.9
3	6月15日	45.0	—				45.0
4	6月15日	45.0	—	—	7月26日	118.5	163.5
5	6月15日	45.0	—				45.0
6	6月15日	45.0	—		7月26日	160.5	205.5
7	6月15日	45.0	—	—	7月26日	111.0	156.0

1.4　测量内容

土壤水分:观测到1 m,每隔20 cm一层,表层0~20 cm用土钻取土,烘干称重法测水分,表层以下用土壤水分中子测量仪(L520-D型智能,江苏农科院原子能所)测定。观测时间在每旬开始的第一天观测,灌水前后、生育阶段和降雨后加测。

土壤盐分、养分观测:在大豆播种和收获期观测土壤养分和盐分状况,盐分观测层次是0~10 cm、10~30 cm、30~50 cm和50~80 cm四层;养分观测层次是0~20 cm和20~50 cm二层。

叶面积指数:每个处理区一行中固定5株,观测叶面积指数。每片叶面积测量采用叶片长度和宽度的乘积乘以常数0.80得出。

考种测产:大豆成熟后,单打单收,考种测产。

2 结果与分析

2.1 夏大豆耗水规律

表 3 列出了不同的处理各生育阶段日均耗水量值,据此绘制了不同水分下限处理夏大豆耗水规律图,见图 1。

表 3　不同水分下限处理夏大豆各生育阶段日均耗水量

处理	播种—出苗 (mm/d)	出苗—分枝 (mm/d)	分枝—开花 (mm/d)	开花—鼓粒 (mm/d)	鼓粒—收获 (mm/d)	总耗水量 (mm)
1	1.72	2.98	3.24	6.81	3.19	376.03
2	1.66	2.88	3.12	5.64	3.18	336.28
3	1.38	1.89	2.25	4.30	2.19	186.44
4	1.62	2.70	2.76	5.11	3.00	329.53
5	1.47	2.53	2.58	4.05	2.83	192.29
6	1.68	2.85	2.89	6.24	3.22	362.08
7	1.59	2.47	2.83	4.98	2.77	325.93

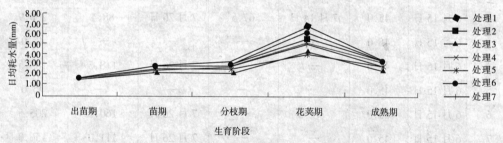

图 1　不同水分下限处理夏大豆耗水规律

从表 3 可以看出,不同水分下限处理夏大豆总耗水量各不相同,其耗水量从 186.44～376.03 mm 不等。夏大豆日平均耗水量的阶段性变化:播种—出苗期 7 天,日均耗水量为 1.38～1.72 mm,出苗—分枝期 21 天,日均耗水量为 1.89～2.98 mm,分枝—开花期 7 天,日均耗水量为 2.25～3.24 mm,开花—鼓粒期 31 天,日均耗水量为 4.05～6.81 mm,鼓粒—成熟收获期 50 天,日均耗水量为 2.19～3.22 mm。尽管各处理不同生育阶段日均耗水量各不相同,但是从图 1 可以看出其耗水规律变化趋势基本一致,即中间高、两头低,在从开始播种到开花结荚期缓慢增长,到花荚期达到耗水顶峰,而在鼓粒之后的时期内又急速下降。

夏大豆日耗水量的变化规律,与其生长发育是分不开的。播种至苗期,大豆叶面积很小,其耗水量也主要用于棵间蒸发。苗期至分枝期,植株逐渐生长,叶面积指数从 0.2～0.5,耗水量也随之增大。到分枝—开花期,叶面积指数达到 1.8～3.4,营养生长和生殖生长并进。进入开花—鼓粒期时,营养生长和生殖生长达到最旺盛,叶面积指数达到

4.4～6.8。此时是夏大豆耗水最多的时期,日耗水量达到高峰。鼓粒—成熟期,植株各部器官生长逐渐减弱,有的叶片枯黄凋落,叶面积指数下降至1.80～3.54,蒸腾量减少,日耗水量逐渐下降。

2.2 夏大豆耗水量与产量的关系

表4是2005年夏大豆不同水分处理产量和耗水量结果,图2是根据此结果绘制的耗水量与产量关系图。试验结果表明,夏大豆的经济产量与耗水量之间存在着十分密切的关系,当产量由1 864.5 kg/hm² 递增到4 392.0 kg/hm² 时,耗水量也随之由186.4 mm 渐次提高到376.0 mm。

表4　不同水分下限处理夏大豆产量与耗水量

处理编号	1	2	3	4	5	6	7
耗水量(mm)	376.0	336.3	186.4	329.5	192.3	362.1	325.9
经济产量(kg/hm²)	4 392.0	3 724.5	1 864.5	2 869.5	1 894.5	4 101.0	2 838.0
单位耗水产量(kg/(hm²·mm))	11.7	11.1	10.0	8.7	9.9	11.3	8.7

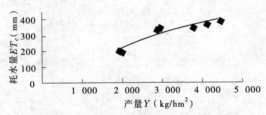

图2　夏大豆耗水量与产量的关系

夏大豆经济产量与耗水量的具体相关形式,经过对比不同的拟合曲线,以对数函数方程式相关系数最高。其回归方程为

$$Y = -1\ 418.1 + 215.23 \ln ET_c \quad (R^2 = 0.914\ 7)$$

式中:Y 为夏大豆经济产量,kg/hm²;ET_c 为夏大豆耗水量,mm。

2.3 灌溉效益及夏大豆节水灌溉制度

由于夏大豆生长时期特别是中后期适逢当地降雨较多的汛期,因此夏大豆一生的灌水次数不需要太多,从表2可以看出,因水分下限的不同,除去播前水外,在夏大豆生长期,只有处理2灌了2水,处理1、4、6和处理7灌了1次水,处理3和处理5夏大豆生长期间没有灌水。本年度试验夏大豆灌溉定额从45.0～219 mm 不等。从表4结果比较分析,不同水分下限各处理夏大豆的耗水量、经济处理和单位耗水产量以处理1最优,其耗水量最大,为376.0 mm,经济产量最高,为4 392.0 kg/hm²,单位耗水产量也是最大,为11.7 kg/(hm²·mm)。从此结果做直观的比较分析,可以得出,本年度的最佳灌溉方式当以处理1的灌水方式为最优灌溉方式,即:夏大豆一生灌水2次,分别是灌播前水45 mm,分枝—开花期灌1水,灌水定额174 mm,全生长期灌溉定额219.0 mm。

3　结　论

通过试验得出以下结论：

(1)夏大豆日耗水强度出苗期为 1.38～1.72 mm/d,苗期为 1.89～2.98 mm/d,分枝期为 2.25～3.24 mm/d,花荚期最高,为 4.05～6.81 mm/d,鼓粒成熟期为 2.19～3.22 mm/d,花荚期为夏大豆需水临界期。

(2)夏大豆耗水量在 186.4～376.0 mm 范围内,耗水量越大,产量越高,产量随着耗水量的增加而增加,其相关方程式为：$Y = -1\ 418.1 + 215.23 \ln ET_c\ (R^2 = 0.914\ 7)$。

(3)夏大豆生长期降雨较多,特别是开花以后,因此其后期生长一般不需要补充灌溉。在夏大豆播前和分枝期分别灌水一次,灌水定额分别为 45 mm 和 174 mm,灌溉定额 219.0 mm 为本水文年的节水灌溉制度。

参 考 文 献

[1] 王仰仁,孙小平.山西农业节水理论与作物高效用水模式.北京:中国科学技术出版社,2003
[2] 陈玉民,郭国双,王光兴,等.中国主要作物需水量与灌溉.北京:水利电力出版社,1995

油葵高效节水灌溉制度研究

孟　翀[1]　孟伟超[2]　赵国盛[3]

（1.山西省中心灌溉试验站；　2.中国农业大学水利与建筑工程学院；
3.平陆县红旗灌区试验站）

随着农业生产结构的调整,经济作物种植面积呈几何级数的方式在各灌区增长,农民的生产观念也随之发生根本的转变,由满足自给自足的小农经济思想转向追求单位面积上经济效益最高为目标。本研究就是针对以上宗旨提出的。油葵作为经济油料作物,产值高、耗水量少、易管理、生长周期短等优点备受农民的喜爱,种植面积逐年递增,油葵的试验研究内容为:在正常生长,产量不受水分影响的条件下,提出作物灌溉制度与土壤含水量的关系、作物产量与耗水量及灌水量的关系,以及不同灌水模式下,作物适宜的灌水定额及合理的计划湿润层深度。

1　试验田基本情况

本试验在山西省南部的平陆县红旗灌区中部进行,海拔 395 m,地处北纬 34°50′,东经 111°12′。土壤质地为壤土,100 cm 内土壤平均密度 1.41 t/m³,孔隙度 45.8%,田面坡度 1/500,田间最大持水量 23.4%。灌溉水为井水,流量为 0.011 m³/s(40 t/h),用水表量水,土壤肥力一般。

2　设计处理

以当地农民灌溉经验为依据,通过计算机模拟,提出 6 个处理,如表 1 所示。

表 1　试验处理设计

处理编号	灌水定额(m³/亩)	次数	备注
1	60	1	
2	60	2	
3	60	3	
4	80	2	增加灌水定额 1/3
5	40	2	减少灌水定额 1/3
6	0	0	全生育期不灌溉

灌水时间参照当地群众灌水实践分析确定,本灌区秋作物平均灌水次数为 2 次,平均灌水定额为 60 m³/亩。

3　管理措施

3.1　农业管理措施

各处理之间农业管理措施完全一致。

油葵 2005 年 6 月 6 日播种,播量 0.25 kg/亩,人工穴播,亩理论株数 3 600 株。试验小区长 15 m、宽 2.2 m。6 月 27 日、7 月 28 日各中耕除草一次。6 月 28～30 日追大粪 1 000 kg/亩,羊粪 1 500 kg/亩。

3.2　灌水情况

油葵播前灌底墒水 40 m³/亩,6 月 24 日 5 个处理同时灌第一次水,7 月 21 日,2～5 处理灌第二次,8 月 12 日灌第三次,灌水定额均按照设计进行。

3.3　生育状况

油葵各生育阶段的记载如下:播种 6 月 6 日,出盘 7 月 10 日,开花 7 月 31 日,灌浆 8 月 10 日,收获 9 月 5 日,全生育期 91 天。

4　气象要素

灌溉试验主要参考气象因素有降雨、蒸发、日照、气温等。

4.1　降雨

油葵全生育期降雨 146.1 mm,经频率分析保证率为 88%,属于干旱年。有效降雨 141.1 mm。各生育阶段具体分布为:播种至出盘 51.8 mm,出盘至开花 17.0 mm,开花至灌浆 13.0 mm,灌浆至收获 59.3 mm。在油葵生育期中,大于 10 mm 的连续降雨出现 5 次,其中苗期 6 月 9 日 20.6 mm,6 月 24 日 10.5 mm;灌浆期 8 月 13 日 13 mm,8 月 16 日 14 mm,8 月 17 日 30.5 mm。

4.2　蒸发

全生育期水面蒸发 637.1 mm,其中苗期 264.4 mm,出盘期 161.6 mm,开花期 76.8 mm,灌浆期 134.3 mm。全生育期蒸发量折合 318.6 m³/亩。

4.3　日照和气温

油葵全生育期日照累计 585.5 h,积温 2 384.3 ℃,日均 26.2 ℃,主要生长在全年的高温季节,也是一年的主汛期。

5　成果分析

2005 年油葵测试阶段,主要气候条件是降雨量少,但降雨时间多,全生育期降雨日多达 35 天,占全生育期的 1/3 多。气温偏高,日均达 26.2 ℃,为节水灌溉试验创造了客观条件,使本试验保质保量按照设计方案圆满地完成。试验成果见表 2。

5.1　节水高效灌溉制度的生产成果及其机理

节水高效灌溉制度定义为某种灌水方法条件下单方水产量最大的灌溉制度。在我国地面灌溉占总灌水方法的 90% 以上,研究地面节水高效的灌溉制度是十分紧迫的工作,同时也具有一定的推广应用价值。

表 2　灌溉试验成果

处理编号	降雨			蒸发			灌水 (m³/亩)	耗水 (m³/亩)	产量 (kg/亩)	系数	
	总量 (mm)	有效		20 cm (mm)	80 cm					K	α
		(mm)	(m³)		(mm)	(m³)					
1	146.1	141.1	94.0	637.1	477.8	318.6	60	177.5	112.4	1.58	0.56
2	146.1	141.1	94.0	637.1	477.8	318.6	120	219.7	137.7	1.60	0.69
3	146.1	141.1	94.0	637.1	477.8	318.6	180	253.3	151.6	1.67	0.80
4	146.1	141.1	94.0	637.1	477.8	318.6	160	249.3	143.2	1.74	0.78
5	146.1	141.1	94.0	637.1	477.8	318.6	80	189.1	123.8	1.53	0.59
6	146.1	141.1	94.0	637.1	477.8	318.6		122.2	74.3	1.64	0.38

5.2　增产效果

根据试验结果分析,在干旱年份,实施的灌溉定额越大,作物的产量相对越高,以 60 m³/亩的处理为基础,依次比较,灌 80 m³/亩的增加 20 m³/亩灌水量,产量增加 11.4 kg,单方灌水增产 0.57 kg;灌 120 m³/亩的处理增加灌水 40 m³/亩,产量增加 13.9 kg,单方灌水增产 0.35 kg;灌 160 m³/亩的处理增加灌水 40 m³/亩,产量增加 5.5 kg,单方水增产 0.14 kg;灌 180 m³/亩的处理增加灌水 20 m³/亩,产量增加 8.4 kg,单方水增产 0.42 kg。

从以上试验结果的数据分析可以看出,随着灌水量的递增,产量依次递增,但单方水的增产不同,单方水的边际效益也不呈规律性变化。从试验结果分析我们可以得出,灌溉定额越小,灌水效益越大,随着灌溉定额的递增,作物产量也随之递增,但随着灌溉水量的增加,产量也不是无限地增加,有一定的临界值。

5.3　节水增产机理

2005 年油葵试验设计的 6 个处理结果分析可以看出,灌水量的增加,使田间蒸发量增加,作物的耗水量增加,从而使有限的水资源不能发挥其潜在的最大经济效益。

5.4　阶段耗水规律的分析

从表 2 中可以看出油葵的耗水规律特征,处理 1 全生育期耗水量 177.5 m³/亩,处理 2 全生育期耗水量 219.7 m³/亩,处理 3 全生育期耗水量 253.3 m³/亩,处理 4 全生育期耗水量 249.3 m³/亩,处理 5 全生育期耗水量 189.1 m³/亩,处理 6 全生育期耗水量 122.2 m³/亩。处理 6 为旱地全生育期灌水值最小,经济效益最低,再一次证明灌溉对农业的重要性。

6　节水灌溉制度下作物产量与水量的关系

6.1　节水灌溉参数的时空变化

某一种作物是否需要灌溉,灌水次数、灌水时间、灌溉定额等参数的确定主要取决于耗水与作物需水情况。而耗水和需水又取决于气候、地域等时空因子以及降雨和需水的年际、年内分布等时间因子。因此,灌溉参数的取值决定于时空变化。

节水灌溉制度试验结果分析表明,在某一区域,灌水次数和灌溉定额随降雨频率的增大而增加,特别是降雨频率大于 75%,灌溉次数和灌溉定额增加值明显高于 75% 以下降雨年份的增加值。2005 年油葵试验说明了这一点。

6.2 产量与耗水量关系

通过对不同产量水平对应的耗水量进行回归分析,求出节水灌溉制度情况下油葵的产量与耗水量之间的关系($Y = f(ET)$),油葵的产量与耗水量呈二次抛物线趋势变化(见图1):

$$Y = -0.002\,3 \times ET^2 + 1.412\,2 \times ET - 64.917$$

边际产量 M 为:

$$M = \mathrm{d}Y/\mathrm{d}ET = -0.004\,6 \times ET + 1.412\,2$$

水分生产率 WUE 为:

$$WUE = Y/ET = -0.002\,3 \times ET + 1.412\,2 - 64.917/ET$$

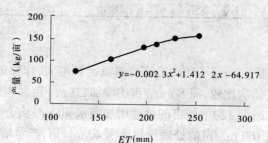

图 1　产量与耗水量关系曲线

通过对油葵的产量与耗水量分析,可以得出,在产量相同或相近时,采用节水灌溉制度进行灌溉可以明显减少作物耗水量和灌溉用水量,提高水分生产率(见图2),与常规灌溉制度相比,在可供灌溉水量相同的条件下,实施优化灌溉可使单方水效益显著增长。因此,在油葵生长期内优化水资源量,提高水资源的利用率,节水增产效果显著。

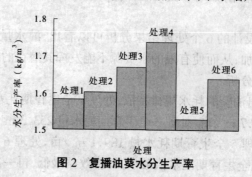

图 2　复播油葵水分生产率

7　结　论

对作物实行节水灌溉是在目前水资源日益紧缺的情况下,保证农业生产可持续发展的一种有效的方法,也是水利科学工作者义不容辞的责任。从目前的情况看,节水灌溉包括工程措施和非工程措施两大类,工程措施投入较大,难以推广;非工程措施包括强化水资源管理调配措施、提高水的利用率、推广非充分灌溉。从 2005 年干旱年的结果来看,处理3为优化设计,其 α 值为 0.80,但耗水量也最大,故应继续进行试验确定不同水文年的节水灌溉制度。

节水灌溉对水稻强化栽培制度的影响

王建漳[1]　郑传举[1]　陈金山[2]　贺天忠[2]　何先望[2]

(1.湖北省灌溉试验中心站；2.湖北省漳河工程管理局)

1 引　言

　　水稻强化栽培制度是一项已被国际水稻种植研究人员和水稻种植者认可的先进的栽培制度。照字面上理解它是一种体系而不是一种技术，因为各个水稻种植区的气候、土壤、灌溉条件和栽培、管理技术均不一致，所以它不可能形成一套完整的和固定的方法。要想根据水稻强化栽培制度的原理，在不改变品种和增加额外投入的情况下使稻谷产量在原有水平上有所增加，必须依照本地的条件进行反复的试验和改进，探求一套符合本地实际的栽培管理方法和与本制度相关的技术。

　　水稻强化栽培制度是国际水稻专家 Fr. Henri de Laulanié 经过多年研究国外农民种植水稻技术，提出的一套水稻栽培理论。他试图去寻找怎样利用水稻最佳的生长环境进行水稻栽培。1983 年水稻强化栽培制度被具体化，但是在 10 多年的时间里没有得到大范围的认可，直到 1999 年以后才在部分国家的水稻种植区进行试验和传播。目前，水稻强化栽培制度已在 10 多个国家的水稻种植区进行了试验，大部分都取得了较好的结果。

　　水稻强化栽培制度是 21 世纪初才从国外引进到中国的。近年来，国内部分科研单位进行了一些试验研究和技术改进，也取得了较好的结果。2002 年 4 月水稻强化栽培制度国际研讨会在海南省三亚市召开，参加会议的中国工程院院士、武汉大学教授茆智等专家在会后向湖北省灌溉试验中心站及时传递了水稻强化栽培制度的基本原理和相关技术信息。他们认为，正确理解水稻强化栽培制度的基本原理并进行技术改进，可以使水稻种植区获得更大的土地利用率，减轻劳动强度，增加利润和水分生产率，使农民和粮食消费者获得更大的利益。

　　2002～2005 年，湖北省灌溉试验中心站在湖北省水利厅的关心和支持下，在武汉大学有关教授的技术指导下，针对节水灌溉对水稻强化栽培制度的影响等方面的问题进行了 4 年的试验和研究，取得了预期的成果。

　　本文结合在湖北省灌溉试验中心站开展的专项试验研究，根据水稻强化栽培制度的基本原理，探讨在节水灌溉条件下，不同施肥及种植密度对水稻的产量、水平衡要素及水分生产率的变化规律的影响，总结出了水稻强化栽培制度在本地适用的栽培模式及灌溉管理技术和方法。

2 试验处理及方法

2.1 试验场地的基本情况

　　湖北省灌溉试验中心站位于荆门市南 18 km 的团林镇，漳河水库三干渠灌区中游偏上。地理位置处于东经 111°15′,北纬 30°50′,海拔约 90 m。该地区地形起伏,为典型的丘陵地带。土壤质地为黏壤土,有机质少,土壤的物理与化学性质见表 1。

表 1　试验站试区土壤的物理与化学性质

密度 (g/cm³)	孔隙率 (%)	pH 值	有机质 (%)	全氮 (%)	速效氮 (mg/kg)	全磷 (%)	速效磷 (mg/kg)
1.35	45.5	6.8	1.25~1.85	0.10~0.13	81.5~101.5	0.11~0.15	2.5~5.5

当地气候温暖,年无霜期 260 天。年平均气温 16 ℃,最高月平均气温 27.7 ℃,出现在 8 月份,最低月平均气温 3.9 ℃,出现在 1 月份。多年平均年降水量 947 mm,年内与年际分配极不均匀,约 60%降水集中在春季与初夏,在中稻和晚稻生长期的盛夏至秋季,干旱少雨,特旱年的年降水量仅有 280 mm。年平均蒸发量(20 cm 蒸发皿)1 300~1 800 mm。年日照时数 1 300~1 600 h。

漳河水库灌区设计灌溉面积 260.5 万亩,是国家主要的商品粮基地之一。灌区 85%以上农田种植水稻,其中一季中稻占 80%以上。由于灌区多年平均蒸发量远大于多年平均年降水量,加上年内与年际降水分配极不均匀,所以灌区水资源十分紧缺。随着城镇建设的快速发展,城镇工业和生活用水量不断增加,农业灌溉和国民经济其他行业争水的矛盾日渐突出,为了保证灌区国民经济的可持续发展,必须大力开展水稻节水灌溉。

2.2　试验处理、重复及农业措施

2002 年、2003 年、2004 年试验在试验站内廊道式测坑中进行,测坑面积 4 m²,2005 年试验在大田小区中进行,小区面积 60 m²。根据强化栽培的技术要求(合理稀植、多施有机肥、小苗移栽),设 2 种肥料处理,F1:底肥[磷肥(12%P₂O₅)89.84 kg/亩,钾肥(60% K₂O) 9.33kg/亩];F2:底肥[碳铵(16.8%N)21.33 kg/亩,磷肥(12%P₂O₅)89.84 kg/亩,钾肥(60%K₂O)9.33 kg/亩] + 追肥[返青期追尿素(46.4%N)7.83 kg/亩,幼穗分化期追尿素(46.4%N)7.83 kg/亩,抽穗期追尿素(46.4%N)2.67 kg/亩]。两种密度处理:D1: 20 cm×20 cm;D2:25 cm×25 cm。灌水采用间歇灌溉,各生育期水分控制标准见表 2。共 4 个处理,每处理 3 次重复,共 12 个测坑。各测坑处理顺序采用随机排列。

表 2　间歇灌溉模式水稻强化栽培试验田间水分控制标准(中稻)

生育阶段	返青期	分蘖 前期	分蘖 后期	拔节 孕穗期	抽穗 开花期	乳熟期	黄熟期
灌前下限(占土壤饱和含 水率的百分比,%)	100	85	65~70	90	90	85	65
灌后上限(mm)	30	40	晒田	40	40	40	落干
雨后极限(mm)	40	50	晒田	80	80	50	落干
间歇脱水天数		3~5	晒田	1~3	1~3	3~5	落干
田间生育时间 (月-日)	05-14~ 05-20	05-21~ 07-09	07-10~ 07-17	07-18~ 08-06	08-07~ 08-19	08-20~ 08-30	08-31~ 09-09

注:分蘖后期视土壤条件、气候条件及作物长势适时晒田 10 天左右。

试验品种为杂交水稻Ⅱ优 725,泡田前期每个测坑施有机肥 12 kg(2 000 kg/亩)。5月 14 日插秧,插秧时秧龄为 20 天(两叶一心至三叶一心)。6 月 4 日、7 月 3 日、8 月 10 日追肥,6 月 17 日用硫酸铜、杀草猛、追杀螟杀虫除草,6 月 18 日、7 月 28 日用追杀螟、BT杀虫。9 月 9 日收割。

2.3　观测项目及方法

测坑的灌水量用水表计量;排水量采用从测坑水龙头排出后量杯计量;渗漏量采用自制的测渗筒观测;每天用测针观测稻田水层变化,计算逐日耗水量;用自制的地下水位观测井观测田间地下水位变化情况;各个生育期观测水稻的生理生态性状指标;收割后进行考种测产;气象资料由试验站的气象观测场观测。

3　试验结果及分析

3.1　不同处理条件下水稻产量

各年各处理水稻产量分别见表 3、表 4。

表 3　2002～2005 年中稻不同处理水稻产量

处理编号	处理名称	2002 年		2003 年		2004 年		2005 年	
		产量(kg/亩)	产量百分比(%)	产量(kg/亩)	产量百分比(%)	产量(kg/亩)	产量百分比(%)	产量(kg/亩)	产量百分比(%)
1	F1D1	360.16	100	196.48	100	403.91	100	323.3	100
2	F1D2	371.51	103	232.98	119	406.63	101	501.6	155
3	F2D1	637.04	176	318.86	162	478.45	118	574.9	178
4	F2D2	647.04	180	385.33	196	542.81	134	620.7	192
5	大田	471.9	131	373.3	190	460	113	588.9	182

注:2003 年病虫害很严重,试验站及周边地区均大幅度减产。

表 4　相同追肥模式下不同密度处理的水稻产量

处理名称	2002 年		2003 年		2004 年		2005 年		4 年平均	
	产量(kg/亩)	产量百分比(%)	产量(kg/亩)	产量百分比(%)	产量(kg/亩)	产量百分比(%)	产量(kg/亩)	产量百分比(%)	产量(kg/亩)	产量百分比(%)
F2D1	637.04	135	318.86	85.4	478.45	104	574.9	98	502.3	106
F2D2	647.04	137	385.33	103	542.81	118	620.7	105	548.97	116
大田	471.9	100	373.3	100	460	100	588.9	100	473.5	100

其中,2002 年、2003 年、2005 年农户大田的产量为本站工作人员在周边农田测产所得的最大值,2004 年农田产量为相关粮食部门提供的平均数据。

根据表 3 数据,按各种施肥处理平均数分析可得:4 年内,稀植比密植的产量平均高出 3%～19%;在不追肥的情况下,稀植比密植增产幅度不是很大,但是在追肥的情况下,稀植比密植的增产幅度相对较大,平均高出 17%;农户大田产量在稀植处理的两种不同肥料处理之间,但 4 年里都没有超过追肥稀植处理的产量。

表 4 表明,在相同的追肥模式下,D1(高密度)处理和农民大田产量差距不大,而 D2

(低密度)处理的产量是农民大田产量的 1.16 倍。由此表明,稀植可增加水稻产量。

3.2 灌水次数与灌水量

各年不同处理条件下田间水量平衡情况见表 5。可见不同处理下水稻灌水量及耗水量没有本质区别,表明稀植在增加水稻产量的同时,并不会增加灌水量和人工投入。

表 5 各年各处理灌水量、灌水次数及其他水量平衡情况

年份	处理名称	蒸腾量(mm)	渗漏量(mm)	耗水量(mm)	有效降水(mm)	灌水量(mm)	灌水次数
2002 年	F1D1	523.25	155.2	678.45	367.1	311.4	10
	F1D2	514.27	155.2	669.47	367.3	302.2	10
	F2D1	527.57	155.2	682.77	367.3	315.5	10
	F2D2	513.00	155.2	688.20	368.0	300.3	9
2003 年	F1D1	502.10	154.1	656.20	269.5	386.7	13
	F1D2	521.9	154.1	676.00	266.5	409.5	13
	F2D1	511.65	154.1	665.75	262.0	403.8	12
	F2D2	511.00	154.1	665.10	262.0	403.1	13
2004 年	F1D1	492.43	150.0	642.43	221.1	421.3	14
	F1D2	477.77	150.0	627.77	271.0	356.8	12
	F2D1	482.20	150.0	632.20	273.0	359.3	12
	F2D2	481.43	150.0	631.43	239.3	392.1	12
2005 年	F1D1	592.70	100.3	693.00	251.7	441.3	11
	F1D2	542.30	108.0	650.30	251.7	398.6	11
	F2D1	584.60	108.0	692.60	251.7	440.9	12
	F2D2	643.00	108.0	751.00	251.7	499.3	11

3.3 灌溉水的水分生产率

根据各处理的灌水量及水稻产量,求得不同处理条件下的中稻灌溉水生产率,如表 6 所示。可见,在相同水肥条件下,稀植与密植相比,灌溉水生产率可平均提高 16%(变化范围为 6%~36%),平均提高 0.26 kg/m³。

表 6 不同年份不同处理中稻灌溉水的水分生产率

年份	产量(kg/亩)		灌溉定额(m³/亩)		水分生产率(kg/m³)		D2/D1
	D1	D2	D1	D2	D1	D2	
2002 年	498.6	509.28	208.96	200.83	2.39	2.54	1.06
2003 年	257.67	309.16	261.43	271.27	0.71	1.14	1.61
2004 年	441.18	474.72	259.81	251.28	1.70	1.89	1.11
2005 年	449.1	561.2	259.3	238.4	1.73	2.35	1.36
平均	411.63	463.59	247.38	240.45	1.67	1.93	1.16

3.4 考种及增产原因分析

从表 7 可以看出,在稀植情况下,单株分蘖数、单株穗数和千粒重都比密植处理要高,从而使稀植增产。

表7　不同处理考种结果

年份	平均单株分蘖数		平均单株穗数		千粒重(g)	
	D1	D2	D1	D2	D1	D2
2002 年	10.7	12.6	10	11.5	22.3	23.7
2003 年	12.08	12.6	10.4	10.7	22.19	22.75
2004 年	10.9	14.1	10.7	13.6	24.6	24.6
2005 年	9.8	11.9	9.3	11.3	23.38	25.55
平均	10.87	12.8	10.1	11.78	23.1	24.15

以上分析表明,在相同的肥料处理下,稀植比密植处理产量要高;在相同的密度处理下,适当增加施肥量可提高产量;和周边农田相比,在相同的施肥条件下,两种不同密度的种植模式产量都要比农田产量高;在植株生理生态方面,稀植比密植处理要表现得优良。究其原因是,通过稀植强化栽培技术措施,强化了植株个体生长环境,充分挖掘了植株个体生产潜力,植株地下部分发根力增强,地上部分分蘖优势明显,单株最高分蘖数和成穗数都有所增加,穗型大,使每亩有效穗数、穗粒数及千粒重增加,个体生长潜能得到充分发挥,从而为高产奠定了基础。

4　结　语

通过 4 年的试验研究,可以得出强化栽培具有以下几方面的优点:

(1)节水。采用间歇灌溉技术,其大田水分的腾发量与渗漏量之和仅为常规栽培的 1/4~1/6,并且可以比较充分地利用有效降水,可节约一半左右的灌溉用水(约 200 m³/亩)。

(2)增产。4 年试验观测表明,采用稀植的强化栽培模式,平均可增加水稻产量约 16%,提高灌溉水的水分生产率 16%。

(3)省工省本。由于幼苗早栽和单本稀植能节省 30% 左右的用种量和秧田,并且每亩可减少育秧和移栽用工 1.5 个工日和灌溉用工 1.5 个工日;稻田通风透光,植株健壮,抗病虫、抗倒伏能力增强,有利于减少农药使用量,节约用药成本。

(4)减少环境污染。强化栽培强调施有机肥为主,稻田病虫危害轻,有利于引导生产者收集、制备、施用有机肥料,减少生活垃圾和农业垃圾的污染,减少化肥和农药用量;同时,采用间歇灌溉技术,减少了稻田的排水量,有利于减轻农业面污染和改善生态环境。

参 考 文 献

[1] 李远华 . 节水灌溉理论与技术 . 武汉:武汉水利电力大学出版社,1999

[2] 茆智,崔远来,李远华 . 水稻水分生产函数及其时空变异理论与应用 . 北京:科学出版社,2003

[3] 崔远来,李远华,李新健,等 . 非充分灌溉条件下稻田优化灌溉制度研究 . 水利学报,1995(10)

[4] 茆智 . 水稻节水灌溉及其对环境的影响 . 中国工程科学, 2002,4(7)

[5] SL13—90　灌溉试验规范 . 北京:水利电力出版社,1990

[6] SL207—98　节水灌溉技术规范 . 北京:中国水利水电出版社,1998

平原井灌区主要农作物适宜灌溉模式试验研究

李宝玖

（山东省桓台县水务局）

　　桓台县是一个平原老井灌区,是全国江北第一个吨粮县,多年来以大肥大水的种粮习惯获得高产,以消耗灌溉水为主,忽视了土壤水的作用。实际上,适宜灌水量、灌水时间对作物获得高产、提高水分生产率很重要。特别是关键灌水时间、灌水量对作物产量影响很大,灌水量大,不一定产量高,当灌水量达到一定限度时,再增加灌水量反而减产。作物不同生育期的灌水对作物发育及土壤水的利用程度也具有差别。因此,研究工程节水、农艺节水的同时,深入研究这一地区主要农作物的适宜灌溉模式,为有限的水资源合理分配提供技术依据。3 年来,对小麦、玉米在不同灌水时间、不同灌水量下的土壤水利用情况、根系发育、作物生长状况、耗水量、产量等进行了试验研究与分析,取得了大量资料,提出了该井灌区适宜的节水灌溉模式。

1　主要农作物不同灌水试验处理方案

　　试验区分别位于桓台县索镇镇的西镇村、耿桥镇的任庄村、唐山镇的郭家村,自 2000年 10 月~2003 年 6 月,用了近 3 年的时间,对冬小麦和夏玉米进行了不同灌水处理的灌溉试验(见表 1、表 2)。

表 1　2000~2003 年冬小麦、夏玉米不同灌水试验处理方案

试验地点	试验作物	试验时间	处理	冬小麦						夏玉米		重复（次）
				跟种水	越冬水	返青水	拔节水	灌浆水	麦黄水	起身水	抽穗水	
索镇镇西镇村	冬小麦套夏玉米	2000~2001 年	1	√	√					√		3
			2	√	√	√				√		
			3	√	√	√	√			√		
			4	√	√	√	√		√	√		
			5	√	√	√	√	√		√		
唐山镇郭家村	冬小麦	2001~2002 年	1	√	√							4
			2	√	√	√						
			3	√	√	√	√					
			4	√	√	√	√					
			5	√	√	√						
			6	√	√	√						

续表1

试验地点	试验作物	试验时间	处理	冬小麦						夏玉米		重复(次)
				跟种水	越冬水	返青水	拔节水	灌浆水	麦黄水	起身水	抽穗水	
耿桥镇任庄村	冬小麦套夏玉米	2000~2001年	1	√	√			√	√	√	√	3
			2	√	√	√		√	√	√	√	
索镇镇西镇村	冬小麦	2002~2003年	1	√			√	√	√			4
			2	√	√		√	√	√			
			3	√	√		√	√	√			

表2　2000~2003年冬小麦、夏玉米不同灌水试验实际灌水量　（单位:mm）

处理	冬小麦						夏玉米	总灌水量	说明
	2000-10-06	2000-12-18	2001-03-31	2001-05-06	2001-05-18	2001-05-27	2001-06-09		
1	60	60					143	263	
2	60	60	75				125	320	索镇镇西镇村
3	60	60	75	50			120	365	试验区冬小麦
4	60	60	75	50		85	60	390	套夏玉米
5	60	60	75				90	360	

处理	冬小麦					总灌水量	说明
	2001-10-03	2001-11-22	2002-03-25	2002-04-30	2002-05-19		
1	60	75				135	
2	60	75	75			210	
3	60	75	75			210	唐山镇
4	60	75	75	75		285	郭家村
5	60	75	75	75		285	冬小麦
6	60	75	75	75	75	360	

处理	冬小麦					夏玉米		总灌水量	说明
	2001-10-01	2001-11-02	2002-03-25	2002-05-07	2002-05-30	2002-07-07	2002-08-06		
1	60	75		100	90	75		385	耿桥镇任庄村冬小麦套夏玉米
2	60	75	100	75	75	75	30	490	

处理	冬小麦					总灌水量	说明
	2002-10-07	2002-11-28	2003-04-09	2003-05-07	2003-05-27		
1	63		100	75	63	301	索镇镇西镇村冬小麦
2	63	57		100	60	280	
3	63	57	100	75	55	350	

2 试验资料分析

2.1 不同灌水处理与土壤水利用的关系

不同灌水处理直接影响到土壤水的利用程度,当灌水量较少时,作物根系深扎吸取深层水占较大比例,灌水量较多时,作物根系主要分布在表层,消耗表层水。2001～2002 年在唐山镇郭家村专门进行了不同灌水处理与 3 m 深不同土层的土壤水耗水量试验,结果见表 3、图 1。

表 3 　试验区 3 m 土体内冬小麦消耗土壤水垂直分布

剖面层次(cm)	处理 1(春无水)		处理 3(春 1 水)		处理 5(春 2 水)		处理 6(春 3 水)	
	耗水量(mm)	(%)	耗水量(mm)	(%)	耗水量(mm)	(%)	耗水量(mm)	(%)
0～40	68.2	26.38	66.0	31.61	63.8	45.25	57.1	56.04
40～80	76.1	29.42	68.8	32.96	32.3	21.47	31.0	30.42
80～120	49.6	19.18	34.0	16.29	23.7	16.81	9.2	9.03
120～160	29.4	11.36	17.7	8.5	17.2	12.20	3.4	3.34
160～200	17.9	6.93	14.8	7.10	4.9	3.45	1.2	1.18
200～300	17.4	6.73	7.4	3.54	1.2	0.82	0	0
合计	258.6	100	212.7	100	148.1	100	101.9	100

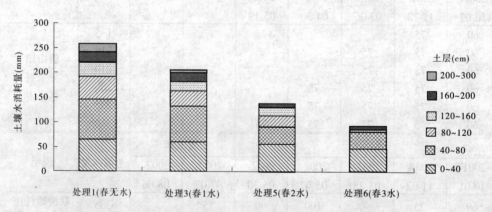

图 1 　不同灌水处理不同土层的土壤水消耗量

试验证明,随着灌水量的增加,0～300 cm 内土壤水的利用量明显降低。春天不灌水的土壤水利用量为 258.6 mm,而灌 3 次水处理土壤水利用量却只有 101.9 mm。但表层 0～80 cm 土壤水利用率却随着灌水次数的增加而增加。春天不灌水 0～80 cm 占土壤总耗水量的 57.8%,而处理 6 春灌 3 水却占到 86.46%。但随着土壤深度的增加,春天不灌水在 80 cm 以下的土壤水利用率却远高于灌水 3 次的土壤水利用率。如 80～160 cm 春天不灌水土壤水利用率占总耗水量的 30.54%,而灌水 3 次的仅占 12.37%,而 160～200 cm 春天不灌水土壤水利用量为 17.9 mm,而春灌 3 水仅为 1.2 mm。200 cm 以下,春灌 3 水已经利用不上土壤水,而春天不灌水却仍消耗 17.4 mm。其原因是根的向水性,由于灌水次数增多,表层土壤湿润,根系多生长在表层。而灌水次数少、表层土壤水分少,造成作物根系下扎吸取深部土壤水和肥。所以适时灌水、灌关键水不仅能促使根系深扎,还易于吸收溶解于土壤深层可利用的肥料。

2.2　不同灌水处理对冬小麦根系生长的影响

与其他因素相比,土壤水分对根系生长发育、空间分布的影响较大。

通过测定发现,浇过返青水后 0～20 cm 土壤表层,处理 1 的根量所占比例为 83.01%,处理 3、5、6 的根量所占比例均为 92.6%。在拔节期 0～20 cm 表层,处理 1 的根量所占比例为 83.04%,处理 3、5、6 的根量所占比例均为 89.32%。返青期至抽穗期是冬小麦发育旺盛季节,根系生长快,对土壤缺水敏感,灌水次数少时,表层土壤干旱抑制了次生根的发生,根系深扎,故 20 cm 以下各层次的根量却表现为处理 1 大于其他几个处理。所以,浅层土壤干旱可以促进深层根系的生长。

灌浆期,总根量大小顺序为处理 6>处理 5>处理 3>处理 1。灌水量越多总根量越大。但与拔节期、抽穗期相比,各处理的总根量都有所减少,这主要是由浅层根量减少引起的,深层根量虽也有所减少,但减少的速度并不快。而表层 0～20 cm 浅层根所占比例相差不大。

由以上分析可知,在小麦整个生育期,根量的 80% 以上全部集中在 0～20 cm,灌浆前 0～10 cm 的根量占 61% 以上,进入灌浆期 0～10 cm 根量比例下降,占 50% 以上。根量随灌水量增加而增加,拔节期表现最大,灌浆期小。灌水次数少的总根量少于灌水次数多的,但深层根量较灌水次数多的要大。表层根量所占比例随灌水量增加而增加,深层根量随灌水量增加而减少。

2.3　不同灌水处理的冬小麦、夏玉米产量及水分生产率、灌溉水生产率和增产效果分析

由西镇村试验一和试验二可以看出,冬小麦春后浇水的任一处理的产量均高于春后没浇水的产量,这说明平原井灌区只靠降水是不行的,必须补充灌溉。由试验四可知,任一时期的水分亏缺,对产量总有一定程度的影响,总的趋势是灌水次数多、灌水量大,产量高。但并不是说灌水量越大,产量就越高。冬小麦试验一的处理 4 灌水 330 mm,但低于处理 2 灌水 195 mm、处理 5 灌水 270 mm 的产量。试验二的处理 6 中,总灌水量 360 mm 比处理 4、5 的 285 mm 明显增大,但产量增加不明显,这说明灌水量有个适度问题,并不是越多越好。因此,灌关键水很重要。

夏玉米生育期由于降水较多,基本能满足其需水要求,如果降水时空分布均匀,灌水次数的多少,对产量不会影响很大。但在试验三中由于 6 月下旬至整个 7 月份降水偏少,作物的生长需要灌溉,随着灌水次数的增多,产量增加,由试验一可知,夏玉米处理 1 由于早期土壤含水量较小,反而产量高,这说明玉米苗期干旱会促进根系下扎,增加了吸收土壤水的能力(老百姓也叫"蹲苗"),从而提高了土壤接纳降水的能力。根系的发达,也促进了植株的生长和干物质积累。

各试区不同处理增产幅度表(见表 4)中的试验一的各处理增产幅度之所以较小,是因为 2001 年冬小麦生育期降水较多,而灌水量的不同对产量影响的作用变小,小麦总体产量较其他年份偏低,所以水分生产率逐渐减小,灌溉水生产率也逐渐减小。

表 4　各试验不同灌水处理的主要作物产量、水分生产率及灌溉水增产率

地点、时间 作物	处理	耗水量 (mm)	灌溉水量 (mm)	产量 (kg/hm²)	增产 (%)	水分生产率 (kg/hm²)	灌溉水生产率 (kg/hm²)
试验一 2000～2001 年 西镇冬小麦	1	419	120	6 815	0	1.63	5.68
	2	476	195	7 369	8.1	1.55	3.78
	3	524	245	7 119	4.5	1.36	2.91
	4	491	330	7 241	6.3	1.48	2.19
	5	488	270	7 564	11.0	1.55	2.80
试验一 2000～2001 年 西镇夏玉米	1	378	143	9 315	0	2.46	6.51
	2	378	125	9 250	−0.7	2.45	7.40
	3	376	120	9 268	−0.5	2.46	7.72
	4	429	60	9 219	−1.0	2.15	15.36
	5	406	90	9 217	−1.0	2.27	10.24
试验一 2000～2001 年 西镇冬小麦套 种夏玉米	1	797	263	15 505	0	2.02	6.13
	2	854	320	15 843	3.0	1.95	5.19
	3	900	365	15 640	1.6	1.82	4.49
	4	920	390	15 680	2.0	1.79	4.22
	5	894	360	16 065	4.0	1.88	4.66
试验二 2001～2002 年 郭家冬小麦	1	433	135	6 013	0	1.39	4.45
	2	354	210	6 879	14.39	1.52	3.28
	3	462	210	7 052	17.38	1.53	3.36
	4	468	285	7 511	24.91	1.60	2.61
	5	472	285	7 511	24.91	1.60	2.64
	6	501	360	7 566	25.81	1.51	2.10
试验三 2001～2002 年 任庄冬小麦	1	351	325	6 593	0	1.88	2.03
	2	430	385	7 725	17.17	1.80	2.00
试验三 2001～2002 年任庄 冬小麦套夏玉米	1	389	75	8 910	0	2.29	11.88
	2	400	105	9 330	4.71	2.33	8.88
试验三 2001～2002 年任庄 冬小麦套夏玉米	1	740	400	15 503	0	2.10	3.87
	2	830	490	71 055	10.01	2.05	3.48
试验四 2002～2003 年 西镇冬小麦	1	419	301	6 615	−13.6	1.58	2.20
	2	390	280	5 565	−27.3	1.43	1.99
	3	471	350	7 658	0	1.63	2.19

　　试验二中由于小麦生育期降水偏少,小麦单靠降水和土壤水不能满足生理需求,因此灌水量的不同对小麦生育影响很大,随着灌水次数的增加,增产幅度增大,水分生产率逐步提高,灌水生产率逐渐减小。

试验三中由于小麦生育期降水偏少,玉米生育期降水时空不均匀,少灌一水的小麦和少灌一水的玉米分别减产 18% 和 5%,说明灌关键水对作物产量影响起着很大作用。

试验四中冬小麦不同时期的水分亏缺,对产量造成不同程度的减产,越冬期的水分亏缺,造成减产 13.6%,返青拔节期的水分亏缺,造成减产 27.3%。这说明在小麦生育期降水量较少时,灌越冬水和返青拔节水很关键,特别是返青拔节水对产量影响很大。

3 适宜的灌水量与作物不同生长期变化关系的机理分析

3.1 对冬小麦出苗影响

俗话说,麦喜 8、10、3 场雨(指古历),这说明了小麦生育期的关键需水时间。当播种前墒情不足时,应当在播种 1~2 天后马上灌溉(即跟种水),使土壤水分保持在 17%~20% 之间,达到出苗率最高,出苗后分蘖数最多。所说 8 月份一场雨,指播种前土壤水分要满足要求。

3.2 对冬小麦越冬期生长发育的影响

冬小麦越冬期一般在 12 月中旬至次年 2 月初,长达 2 个多月,此期土壤水分需保持在 16%~18% 为宜。土壤水分充足不仅满足苗株生长对水分的要求,还可平抑地温,免除小麦冻害,此期土壤含水量如果不能满足小麦的生长要求,就应灌越冬水,冬灌后由于冻融交替作用,表层土壤疏松,对抑制土壤水分蒸发与保护分蘖安全越冬有利。10 月份这场雨,指越冬期要满足小麦生长需水要求。

3.3 对冬小麦返青期、抽穗期生长变化的影响

冬小麦返青后开始复苏生长,新的分蘖与叶片陆续长出。返青期土壤水分充足时会形成第二个分蘖高峰,不仅有利于保证小麦有较高的成穗数,而且穗粒数有所增多。小麦拔节至抽穗,植株由营养生长转为营养生长与生殖生长并进的阶段,生长速度加快,生长发育重心已转入以茎穗为主的阶段,此间光合作用主要用于茎穗的生长,是小麦需水、需肥的关键阶段,称为需水临界期或水分敏感期。此时灌水对作物生长至关重要,是影响作物产量的一次关键水。试验结果也证明这一规律。因此,此期即阳历 4 月份灌水很重要,古历 3 月份这场雨指此时。

3.4 对冬小麦灌浆后期的影响

灌浆后期,即乳熟期,小麦籽粒含水量下降到 40% 左右。干物质增加逐渐减慢,籽粒体开始收缩。此间对水分不太敏感,土壤水分应降低。一般在 13% 左右为好,过高的土壤水分不利于籽粒成熟,甚至因土壤水分过高而贪青、晚熟,反而影响籽粒增重,造成千粒重降低。此时,一般不需灌溉,对于套种玉米的小麦,为了保证出苗,应视小麦土壤墒情灌溉。

4 结 论

根据试验研究和农业水资源优化配置分析冬小麦、夏玉米适宜灌水模式如下。

4.1 冬小麦各生育期适宜灌水时间及灌水量

(1)越冬后期—返青初期:小麦越冬后,一般在 2 月末 3 月初开始,进入第二个分蘖高峰。为了减少春季过多的无效分蘖和水分消耗,可在 3 月下旬至 4 月初灌水,灌水量宜为

75 mm 左右。

（2）拔节至抽穗期：此时正是冬小麦需水的关键时期，是生长对水分最敏感的时期，应在 4 月中下旬开始灌水，灌水量不少于 75 mm。

（3）灌浆水：灌浆期为小麦籽粒形成的重要阶段。是夺取小麦高产的最后一关。灌浆期灌水对促进灌浆十分有利。研究结果表明，灌水后 3 天，灌浆速度为 2.86 g/d，而未灌水地段仅为 1.66 g/d，灌水明显加快了灌浆速度，但为防止后期贪青、倒伏，灌水时间一般在 5 月中旬，灌水量以 60 mm 为宜。

一般年份灌以上 3 水，总灌水量 200 mm 左右小麦即可丰产。

4.2　夏玉米适宜灌水时间及灌水量

夏玉米生长期内，降水一般较充足，可根据降水的时空分布情况，一般年份灌水 1～2 次，灌水定额为 50～100 mm。

大田作物非充分灌溉实施效果分析评价

路振广

（河南省水利科学研究院　河南省灌溉试验中心站）

非充分灌溉在美国等国家研究应用历史较长，技术相对比较成熟。我国在这方面研究起步较晚，但发展较快，也取得了不少试验研究成果，但在大田作物中推广应用较少。本文将已有的研究成果应用在大田作物中，进行中间性推广试验，分析评价这种新型的节水灌溉技术的风险性和适用条件以及实际效果，为非充分灌溉技术的推广应用提供依据。

1　试区概况

试区位于河南省长葛市石固镇，包括合作李、祥符梁两个行政村，人口 3 689 人，耕地 287 hm²，其中试验与示范区面积 100 hm²。试区地势平坦，交通便利。

试区属暖温带季风气候，年平均气温 14.3 ℃，日平均气温≥10 ℃ 的日数 218 天，年均积温 4 670 ℃，日照 2 346.6 h，全年无霜期 214 天，适宜多种作物生长。试区多年平均降水量 680.0 mm，其中汛期（6～9 月）降水量 442.8 mm，占年降水量的 65.1%。试区土壤为中壤土，土壤肥力属中等水平。农作物种植以冬小麦和夏玉米为主，间有少量花生、黄豆、芝麻等经济作物，一年两熟，主要作物复种指数 1.8。

试区多年平均水资源量（地下水资源）58.5 万 m³，年均可开采量 55.6 万 m³，折合可开采模数 12.9 万 m³/(km²·a)。地下水可开采量中扣除乡镇企业及生活年用水量 19.7 万 m³，目前可用于农田灌溉的地下水资源量为 35.9 万 m³，单位面积可供灌溉水量 1 250.9 m³/hm²。试区人均占有水资源量 265.8 m³，分别为全省和全国人均占有水资源量的 60% 和 12%，水资源严重缺乏。随着开采量的增加，地下水位逐年下降，开采难度日益增大，已成为农业可持续发展的主要障碍。

2　非充分灌溉制度优化设计成果

非充分灌溉制度优化设计准则和方法是，以试区总产量或总效益最大为目标函数，以地下水资源采补平衡或略有回升作为约束条件，综合考虑试区生活、工业和农田灌溉用水要求，联合应用作物水分生产函数的绝对值模型（二次函数模型）和相对值模型（Jensen 模型），采用大系统分解协调动态规划方法，将可供开采的灌溉水资源在年际间、作物间和同一作物不同生育期间进行优化配置，得到主要作物冬小麦和夏玉米不同水文年型的非充分灌溉制度（见表 1）。

3　试验设计与方法

试验作物为冬小麦与夏玉米。整个试验在大田进行，试验区面积 0.75 hm²，分设非充分灌溉（Ⅰ）和非充分灌溉（Ⅱ），以充分灌溉作对照，每个试验处理及对照均重复 3 次，每个小区面积 8 m×80 m，随机区组排列，小区之间设保护区。各个试验处理的灌水下限按表 2 进行，非充分灌溉（Ⅰ）处理灌水量根据表 1 确定。灌溉方式为低压管道输水，窄短畦（沟）或微喷带灌溉，水表量水。土壤含水量采用烘干法测量。有效降水量采用测量降水前后作物根系层土壤含水率变化的方法来确定。作物耗水量根据水量平衡原理计算。作物收获后考种。试验作物除灌水按要求进行外，其他同一般大田管理。

表 1　试区不同水文年冬小麦和夏玉米非充分灌溉制度

水文年	地下水资源可采量（万 m³）	作物净灌水量（万 m³）		生育期灌水量（m³/hm²）				最大相对产量
				苗期	拔节期	抽穗期	灌浆成熟期	
一般年	40.3	冬小麦	21.5	0	0	750	0	0.975
		夏玉米	14.3	0	0	625	0	0.954
中旱年	59.2	冬小麦	30.1	0	0	525	525	0.937
		夏玉米	22.5	490	0	490	0	0.937
特旱年	88.2	冬小麦	47.4	450	0	1 200	0	0.945
		夏玉米	31.0	450	450	450	0	0.920

表 2　夏玉米和冬小麦非充分灌溉土壤水分下限控制指标

作物	试验处理	非需水关键期灌水下限标准	需水关键期灌水下限标准
夏玉米	非充分灌溉（Ⅱ）	50%	60%
	非充分灌溉（Ⅰ）	55%	70%
	充分灌溉（CK）	60%	70%
冬小麦	非充分灌溉（Ⅱ）	45%	60%
	非充分灌溉（Ⅰ）	50%	65%
	充分灌溉（CK）	55%	65%

注：非充分灌溉（Ⅱ）为重度水分胁迫指标；非充分灌溉（Ⅰ）为轻度水分胁迫指标；充分灌溉为适宜水分指标。

　　按照原定方案，在大田连续进行 3 年非充分灌溉试验。但由于后两年降水量大，属丰水年，两季作物基本未进行灌溉，各试验处理间产量差别不大。实际上仅在 1999 年玉米季和 1999～2000 年冬小麦季做了非充分灌溉试验。该两季作物整个生长期内降水量仅455.9 mm，属特旱年，夏春旱比较严重。

4　试验结果分析与评价

4.1　不同试验处理作物耗水量计算

　　夏玉米和冬小麦耗水量计算见表 3。表中数据说明，夏玉米和冬小麦各处理间耗水量差异较大，两季作物都是充分灌溉耗水量最大，分别达到 4 374.0 m³/hm² 和 4 419.0 m³/hm²；非充分灌溉（Ⅰ）耗水量居中，夏玉米和冬小麦耗水量分别为 3 891.5 m³/hm² 和

表3　夏玉米与冬小麦不同试验处理耗水量计算

试验处理	夏玉米不同试验处理耗水量			冬小麦不同试验处理耗水量		
	有效降水量 (mm)	灌水量 (m³/hm²)	耗水量 (m³/hm²)	有效降水量 (mm)	灌水量 (m³/hm²)	耗水量 (m³/hm²)
非充分灌溉(Ⅱ)	221.6	953.5	3 481.0	201.5	1 039.5	3 538.5
非充分灌溉(Ⅰ)	221.6	1 430.0	3 891.5	191.0	1 605.0	3 932.0
充分灌溉(CK)	221.6	1 940.0	4 374.0	171.3	2 300.5	4 419.0

3 932.0 m³/hm²,分别较充分灌溉减少12%和10%;非充分灌溉(Ⅱ)耗水量最小,夏玉米和冬小麦耗水量分别为3 481.0 m³/hm²和3 538.5 m³/hm²,分别较充分灌溉减少21%和19%。不同处理间作物耗水量的差异主要是由于作物生长状况和土壤含水量的差别造成的。

4.2　非充分灌溉对作物产量与水分生产率影响分析

试验年份夏玉米和冬小麦生长季节降水量都较少,夏春旱严重,大旱之年水量就是产量。因此,两季作物产量都有随灌溉定额增大而增加的趋势(见表4),非充分灌溉(Ⅱ)产量最低,非充分灌溉(Ⅰ)产量居中,充分灌溉产量最高。但是,由非充分灌溉(Ⅱ)向充分灌溉过渡,产量增加幅度在减小。夏玉米由非充分灌溉(Ⅱ)到非充分灌溉(Ⅰ)再到充分灌溉,产量分别增加2 528.0 kg/hm²和381.5 kg/hm²;冬小麦由非充分灌溉(Ⅱ)到非充分灌溉(Ⅰ)再到充分灌溉,产量分别增加2 115.0 kg/hm²和444.0 kg/hm²。从水分生产率方面看,夏玉米和冬小麦水分生产率均是非充分灌溉(Ⅰ)最高,分别为1.96 kg/m³和1.62 kg/m³,其次是充分灌溉和非充分灌溉(Ⅱ)。由非充分灌溉(Ⅱ)向充分灌溉过渡,两季作物边际灌溉水生产率均大幅度递减。其中,夏玉米边际灌溉水生产率由2.65 kg/m³减为0.47 kg/m³;冬小麦边际灌溉水生产率由1.87 kg/m³减为0.32 kg/m³。

表4　夏玉米与冬小麦不同试验处理产量与水分生产率

作物	产量与水分生产率	非充分灌溉(Ⅱ)	非充分灌溉(Ⅰ)	充分灌溉(CK)
夏玉米	产量(kg/hm²)	5 094.5	7 622.5	8 004.0
	产量增幅(kg/hm²)	0	2 528.0	381.5
	水分生产率(kg/m³)	1.46	1.96	1.83
	边际灌溉水生产率(kg/m³)	0	2.65	0.47
冬小麦	产量(kg/hm²)	4 263.5	6 378.5	6 822.5
	产量增幅(kg/hm²)	0	2 115.0	444.0
	水分生产率(kg/m³)	1.20	1.62	1.54
	边际灌溉水生产率(kg/m³)	0	1.87	0.32

以上分析说明,由非充分灌溉(Ⅱ)到非充分灌溉(Ⅰ)增加灌水量在经济上是合理的,但从非充分灌溉(Ⅰ)到充分灌溉再增加灌水量,经济效益已不显著。

4.3　非充分灌溉对作物产量构成要素分析

作物产量的高低是由其产量构成要素决定的。在其他农业生产条件基本相同的情况下,作物产量构成要素与其生育期内受旱状况有着密切的关系。夏玉米与冬小麦不同试验处理生育期内受旱天数统计结果列于表 5,产量构成要素及实产列于表 6。

表 5　夏玉米与冬小麦不同试验处理生育期内受旱天数统计

作物	试验处理	非需水关键期受旱		需水关键期受旱		全生育期受旱天数
		天数	占全生育期受旱天数（%）	天数	占全生育期受旱天数（%）	
夏玉米	非充分灌溉（Ⅱ）	15	63	9	37	24
	非充分灌溉（Ⅰ）	13	100	0	0	13
	充分灌溉（CK）	0	0	0	0	0
冬小麦	非充分灌溉（Ⅱ）	63	80	16	20	79
	非充分灌溉（Ⅰ）	44	100	0	0	44
	充分灌溉（CK）	0	0	0	0	0

表 6　夏玉米与冬小麦不同试验处理产量构成要素及实产

处理	夏玉米产量构成要素及实产				冬小麦产量构成要素及实产			
	结实株（株/hm²）	穗粒数（粒/穗）	千粒重（g）	实产（kg/hm²）	穗数（万穗/hm²）	穗粒数（粒/穗）	千粒重（g）	实产（kg/hm²）
非充分灌溉（Ⅱ）	40 190	457.3	291.1	5 094.5	561.5	27.9	28.9	4 263.5
非充分灌溉（Ⅰ）	44 755	524.7	327.0	7 622.5	567.5	33.3	35.5	6 378.5
充分灌溉（CK）	45 075	546.0	338.7	8 004.0	583.0	34.6	36.2	6 822.5

由表 5 和表 6 可以看出,夏玉米与冬小麦非充分灌溉（Ⅱ）在整个生育期内分别有 24 天和 79 天时间土壤含水量低于适宜值,其中非需水关键期分别缺水 15 天和 63 天,需水关键期分别缺水 9 天和 16 天。与充分灌溉相比,夏玉米穗粒数减少 88.7 粒/穗,千粒重下降 47.6 g,减产 36.4%;冬小麦穗粒数减少 6.7 粒/穗,千粒重减少 7.3 g,减产 37.5%。两种作物减产均比较严重,说明需水关键期缺水对作物产量影响较大。夏玉米与冬小麦非充分灌溉（Ⅰ）在非需水关键期分别有 13 天和 44 天时间土壤含水量低于适宜值,需水关键期未缺水。与充分灌溉相比,夏玉米穗粒数减少 21.3 粒/穗,千粒重减少 11.7 g,减产 4.8%;冬小麦单位面积穗数、穗粒数以及千粒重变化不大,减产 6.5%。两种作物产量略有下降,说明非需水关键期缺水对产量也有一定的影响,但影响不大。

4.4　非充分灌溉节水增产效果分析与评价

在维持试区地下水资源采补平衡亦即可持续利用条件下,非充分灌溉的节水增产效果主要从两方面来衡量:一是从单位面积上看,非充分灌溉与充分灌溉相比所节约的水量;二是从试区范围看,非充分灌溉与充分灌溉相比因扩大灌溉面积所增加的总产量或总效益。

4.4.1 非充分灌溉节水量和扩大灌溉面积

非充分灌溉节水量和节水率计算方法如下:

$$\Delta M_k = A_k(M_{ck} - M_{fk}) \text{ 或 } \Delta M_k = [(M_{ck} - M_{fk})/M_{ck}] \times 100\% \quad (1)$$

式中:ΔM_k 为某作物非充分灌溉节水量或节水率,万 m^3 或%;M_{ck}、M_{fk} 分别为某作物充分灌溉定额和非充分灌溉定额,m^3/hm^2;A_k 为某作物种植面积,hm^2;k 为作物种类。

非充分灌溉节约的水量既可用于扩大灌溉面积,也可满足工业和生态需要。若节约的水量主要用于扩大灌溉面积,其计算方法如下:

$$\Delta A_k = A_{fk} - A_{ck} = W_k(1/M_{fk} - 1/M_{ck}) \text{ 或 } \Delta A_k = [(A_{fk} - A_{ck})/A_{ck}] \times 100\% \quad (2)$$

式中:ΔA_k 为某作物非充分灌溉扩大灌溉面积或比例,hm^2 或 %;A_{ck}、A_{fk} 分别为某作物充分灌溉面积和非充分灌溉面积,hm^2;W_k 为某作物净灌溉水量,m^3;其余符号意义同前。

将表 1 和表 3 数据代入公式(1)和公式(2),与充分灌溉相比,非充分灌溉(Ⅱ)、非充分灌溉(Ⅰ)节水量和扩大灌溉面积计算结果见表 7。

表 7 夏玉米与冬小麦非充分灌溉节水量和扩大灌溉面积计算结果

作物	非充分灌溉节水效果 ΔM_k				非充分灌溉扩大灌溉面积 ΔA_k			
	节水量(万 m^3)		节水率(%)		扩大灌溉面积(hm^2)		面积扩大率(%)	
	(Ⅱ)	(Ⅰ)	(Ⅱ)	(Ⅰ)	(Ⅱ)	(Ⅰ)	(Ⅱ)	(Ⅰ)
夏玉米	19.5	9.0	48.2	22.3	178.9	55.2	93.0	28.7
冬小麦	35.3	19.5	54.8	30.2	226.7	81.0	121.3	43.3
合 计	54.8	28.5	51.9	26.7	405.6	136.2	106.9	35.9

由表 7 可见,试区实行非充分灌溉(Ⅱ)、非充分灌溉(Ⅰ)较实行充分灌溉年可节水量分别为 54.8 万 m^3 和 28.5 万 m^3,节水率分别为 51.9% 和 26.7%,扩大灌溉面积分别为 106.9% 和 35.9%。

4.4.2 非充分灌溉增产效益分析

非充分灌溉增产效益由两部分组成:一部分为原充分灌溉地上的增产效益(与充分灌溉相比为负值),另一部分为扩大灌溉面积产生的效益。计算方法如下:

$$B = \sum_{k=1}^{N}(Y_{fk} - Y_{ck})P_k A_{ck} + \sum_{k=1}^{N}(Y_{fk} - Y_{bk})P_k \Delta A_k \varepsilon \quad (3)$$

式中:B 为非充分灌溉增产效益,万元;Y_{fk}、Y_{ck}、Y_{bk} 分别为非充分灌溉、充分灌溉和不灌地作物产量,kg/hm^2;ε 为灌溉效益分摊系数,根据我省中部地区不同水文年的试验成果,干旱年 ε 取 0.50;P_k 为作物单价,夏玉米 1.2 元/kg,冬小麦 1.4 元/kg;其他符号意义同前。

根据上述方法和表 5、表 6 及表 7 中有关数据,非充分灌溉较充分灌溉增产量与效益计算结果如表 8 所示。

表 8　夏玉米与冬小麦非充分灌溉增产量与效益

作物	非充分灌溉总增产量(万 kg)		非充分灌溉总增加效益(万元)	
	(Ⅱ)	(Ⅰ)	(Ⅱ)	(Ⅰ)
夏玉米	−15.8	12.0	−18.9	14.4
冬小麦	−12.1	13.0	−16.9	18.3
合　计	−27.9	25.0	−35.8	32.7

　　由上可见,从整个试区范围衡量,在可灌溉水资源一定条件下与充分灌溉相比,非充分灌溉(Ⅰ)总产量或总效益增加 25.0 万 kg 或 32.7 万元,而非充分灌溉(Ⅱ)总产量或总效益减少 27.9 万 kg 或 35.8 万元。其原因在于,尽管非充分灌溉(Ⅱ)的年节水率和扩大灌溉面积比例分别达到 51.9% 和 106.9%,均远高于非充分灌溉(Ⅰ)的年节水率和扩大灌溉面积比例 26.7% 和 35.9%,但作物减产幅度均在 36.4% ~ 37.5% 之间,远高于非充分灌溉(Ⅰ)的减产率 4.8% ~ 6.5%,造成总体效益不佳。这说明一个问题,实行非充分灌溉也是有限度的,并不是灌溉越非充分越好,土壤水分及其胁迫对作物生理生态及产量的影响存在着阈值反应。就本试区而言,采用非充分灌溉(Ⅰ)在节水量为 26.7% 条件下,现有水资源不但可以满足需要,而且增效显著。

5　主要结论

　　(1)试区水资源供需矛盾突出,实行非充分灌溉势在必行。通过对非充分灌溉(Ⅱ)、非充分灌溉(Ⅰ)和充分灌溉的试验研究对比,认为试区采用非充分灌溉(Ⅰ)节水灌溉技术是合适的,节水增效显著。

　　(2)非充分灌溉技术的实施存在着一定的风险,为使该项技术取得良好的效果,具体应用中应注意以下几点:①避免作物需水关键期缺水受旱,特别是受重旱;②避免两个生育阶段连旱,即便是轻旱,也要避免;③非需水关键期可使作物短期缺水,避免长期受旱;④非充分灌溉制度的实施必须与天气预报和土壤墒情监测密切结合,才能把产量损失的风险降至最小。

　　(3)按照试区水资源三级优化配置成果,实施非充分灌溉(Ⅰ)节水技术,依靠当地年均 680 mm 的降水量,配合其他农业技术措施,基本可以实现吨粮田,并维持地下水资源采补平衡,实现水资源可持续利用。

参 考 文 献

[1] 路振广,曹祥华,李慎群.北方平原井灌区地下水资源可持续利用与优化配置技术.华北水利水电学院学报,2002,23(3)
[2] 陈玉民,肖俊夫,王宪杰,等.非充分灌溉研究进展与展望.灌溉排水,2001,20(2)
[3] 赵永,蔡焕杰,张朝勇.非充分灌溉研究现状及存在问题.中国农村水利水电,2004(4)

非充分灌溉对夏玉米耗水特性及水分生产率的影响

刘祖贵 段爱旺 孙景生 肖俊夫

王景雷 张寄阳 李晓东 刘小飞

（中国农业科学院农田灌溉研究所）

玉米是我国北方大面积种植的夏季生长作物,具有生长期短、发育进程快、对水分亏缺状况反应敏感等特点。玉米虽然生长在雨水较多的夏秋季节,但由于降水分布不均,时常发生季节性干旱。高产玉米离不开科学合理的灌溉制度,粗放的灌溉方法和落后的灌溉技术已不能适应"两高一优"农业的要求。随着水资源紧缺状况的加剧,采用非充分灌溉是实现农业节水的必然选择。许多研究结果表明,作物遭受水分胁迫时,营养生长受到抑制,株高和叶面积的生长减缓,表现在株高低、叶面积指数小;在生殖生长时期的水分胁迫影响籽粒的发育,造成穗小、穗粒数少、粒重低,最终导致作物的生物量、经济产量和水分利用效率的下降;不同的供水条件对玉米的耗水量、耗水规律及其水分生产率均有影响;在特定时期进行适度的水分亏缺处理,并不一定降低产量,反而会提高产量和水分利用效率。在夏玉米生长发育期间如何通过合理的灌溉进行土壤水分的调控以提高作物产量和水分利用效率,是实现夏玉米节水高产、高效的关键措施之一。本试验通过对防雨棚下测坑中种植的夏玉米设置不同的土壤水分控制下限指标,研究了不同生育期干旱对夏玉米耗水特性、产量性状和水分生产率的影响,以期为夏玉米的节水高产灌溉及配套栽培管理技术提供理论基础和技术支持。

1 试验材料与方法

试验于 2005 年 6～9 月在中国农业科学院农田灌溉研究所的作物需水量试验场 2 号棚下的无底测坑中进行,测坑上方有电动防雨棚。测坑上口面积为 7.68 m^2（2.4 m×3.2 m）,每个测坑四周的防侧渗墙深 2.0 m,测坑上方的防雨棚在降雨之前关闭,雨后开启,有效地隔绝降雨,排除降雨对试验处理的影响。试验地土壤为粉沙壤土,密度 1.38 g/m^3,田间持水量为24.0%（占干土重的百分比）。土壤的养分含量分别为:有机质 0.976×10^4 mg/kg,全氮 8.76×10^2 mg/kg,碱解氮 89.1 mg/kg,速效磷 21.40 mg/kg。整地时每公顷施用 600 kg 二铵作为底肥,夏玉米于 6 月 12 日点种,品种为"郑单 958",行距 60 cm、株距 30 cm,每穴播 2～3 粒,播后灌水,6 月 18 日出苗,6 月 26 日定苗,每穴定苗 1 株。在夏玉米试验过程中设置了苗期轻旱、苗期重旱、拔节期轻旱、拔节期重旱、抽雄期重旱、灌浆期重旱、全生育期连旱、全期适宜水分共 8 个处理,每个处理重复 3 次,共用 24 个测

基金项目:"863"重大专项(2002AA2Z4071),"粮食丰产科技工程"项目(2004BA520A06 - W9)资助。

坑,各处理的土壤水分下限控制标准见表 1,当各处理土壤水分达到下限时,就采用低压管道进行灌水,灌水定额为 750 m^3/hm^2,用水表计量。不同处理除土壤水分控制标准不同外,其余农业栽培管理措施相同。玉米于 9 月 25 日收获,收获前,各处理均随机取样进行室内考种,测定穗部性状和产量构成因素。

表 1　夏玉米的灌水试验处理设计

处　理	测坑编号	播种—拔节	拔节—抽雄	抽雄—灌浆	灌浆—成熟
苗期轻旱	47、48、49	60%	70%	75%	70%
苗期重旱	44、45、46	50%	70%	75%	70%
拔节期轻旱	50、51、52	70%	60%	75%	70%
拔节期重旱	53、54、55	70%	50%	75%	70%
抽雄期重旱	59、60、61	70%	75%	50%	70%
灌浆期重旱	41、42、43	70%	75%	75%	50%
全生育期连旱	56、57、58	55%	55%	60%	50%
全期适宜水分	62、63、64	70%	70%	75%	70%

注:表中的数值为土壤水分控制下限指标(土壤水分含量占田间持水量的百分数)。

2　试验结果分析

2.1　夏玉米的耗水特性

夏玉米耗水量与灌水量、降雨量、地下水位埋深以及土壤储水量的变化有关,一般采用水量平衡方程进行计算,其公式为:

$$ET = I + Pe + G - S - \Delta W \tag{1}$$

$$\Delta W = W_t - W_0 \tag{2}$$

式中:ET、I、Pe、G、S、ΔW 分别为耗水量、灌水量、有效降雨量、地下水补给量、渗漏量和土壤储水变化量;W_0、W_t 分别为时段初和时段末的土壤储水量,mm。

因本试验是在防雨棚下的测坑中进行的,降雨未参与作物的生长发育,因此 $Pe = 0$。由于试验地的地下水位较深(>8.5 m),作物无法吸收利用地下水,故 $G = 0$。此外本试验采用小定额灌溉,通过灌水前和灌水后取土计算,每次灌水后均未发生深层渗漏,即 $S = 0$。为此,夏玉米耗水量的计算公式可以简化为:$ET = I - \Delta W$。通过分析计算,夏玉米不同处理的阶段耗水量和日耗水量见表 2。

由表 2 得知,夏玉米日耗水量变化规律为:从播种出苗后开始日耗水量逐渐增大,拔节期迅速增加,到抽雄—灌浆期达到最大值,随后又逐渐降低;在任一生长阶段受旱,都会降低该阶段耗水量和日耗水量,受旱越重阶段耗水量和日耗水量越小,前一阶段的受旱将对以后生长阶段的耗水产生一定的持续影响。从全生育期的耗水量来看,凡是受旱的处理,其耗水量都会减少,受旱越重,耗水量越少,全期适宜水分处理的耗水量最大,为459.11 mm,其次为抽雄期重旱的处理,全生育期连旱处理的最小,为 210.3 mm。

2.2　不同生育期干旱对夏玉米产量性状的影响

2.2.1　对穗部性状的影响

从夏玉米不同处理收获时随机取样进行的考种结果可看出(见表 3),不同生育期干

表2 夏玉米不同干旱处理的阶段耗水量与日耗水量 （单位:mm）

处理		苗期轻旱	苗期重旱	拔节期轻旱	拔节期重旱	抽雄期重旱	灌浆期重旱	全生育期连旱	全期适宜水分
播种—拔节	阶段耗水量	82.74	66.79	112.4	110.2	110.28	101.75	62.3	113.39
	日耗水量	2.85	2.30	3.88	3.80	3.80	3.51	2.15	3.91
拔节—抽雄	阶段耗水量	91.92	82.96	71.78	67.4	124.75	116.7	60.73	122.93
	日耗水量	4.38	3.95	3.42	3.21	5.94	5.56	2.89	5.85
抽雄—灌浆	阶段耗水量	71.03	66.47	70.16	60.68	62.13	78.2	40.7	82.87
	日耗水量	5.07	4.75	5.01	4.33	4.44	5.59	2.91	5.92
灌浆—成熟	阶段耗水量	109.7	91.2	120.06	89.92	109.54	56.3	46.57	139.92
	日耗水量	2.69	2.22	2.93	2.19	2.67	1.37	1.14	3.41
全期耗水量		355.39	307.42	374.4	328.2	406.7	352.95	210.3	459.11

旱使得穗长变短、秃尖长增加、穗粗变小、穗行数减少、百粒重降低,受旱越重,受到的影响越大,全生育期连旱的穗部性状最差,全期适宜水分处理的最好;从不同生育阶段的干旱处理来看,抽雄期重旱对穗长、秃尖长、穗粗、穗行数影响最大,其次是拔节期干旱,苗期干旱影响最小。灌浆期重旱对百粒重影响最大,其次是抽雄期重旱。

表3 夏玉米不同干旱处理下的穗部性状

处理	穗长(cm)	秃尖长(cm)	穗粗(cm)	穗行数	百粒重(g)
苗期轻旱	17.71	0.40	5.31	14.56	33.73
苗期重旱	17.31	0.76	5.29	14.53	32.23
拔节期轻旱	17.13	0.73	5.25	14.67	32.76
拔节期重旱	16.91	0.89	5.13	14.40	31.95
抽雄期重旱	15.09	1.21	4.78	13.40	31.49
灌浆期重旱	17.35	1.07	5.17	14.54	29.56
全生育期连旱	14.13	1.62	4.37	14.27	26.88
全期适宜水分	18.21	0.66	5.32	14.80	34.41

2.2.2 对产量构成因素的影响

夏玉米的产量由单位面积有效穗数、穗粒数和百粒重决定,其生育期间土壤水分状况的好坏直接影响其营养生长和生殖生长,从而影响其产量构成因素,受旱的时间及程度不同,夏玉米产量构成因素受到的影响也因此而异。由表4可以看出,土壤水分亏缺对有效穗数影响较小,主要影响玉米的穗粒数、穗粒重和产量;全生育期连旱对有效穗数、穗粒数、穗粒重和产量的影响最大,减产最多,减产率达到55.47%,其次是抽雄期重旱的处理,减产37.74%,苗期轻旱的处理减产最少,全期适宜水分的处理产量最高,达到7 770.49 kg/hm²。为此,夏玉米不同生育期干旱对产量影响由大到小的顺序为:抽雄期＞拔节期＞灌浆成熟期＞苗期。

对不同处理产量结果进行的方差分析表明,重复间的差异不显著,而处理间的差异达到了极显著水平。对各处理的平均产量用Duncan新复极差法(SSR)进行的显著性检验

表 4　夏玉米不同干旱处理下的产量构成

处理	有效穗数(个/hm²)	穗粒数(粒/穗)	穗粒重(g/穗)	产量(kg/hm²)	减产率(%)
苗期轻旱	55 526.9	422.5	142.5	7 537.64 ab A	3.0
苗期重旱	55 286.7	417.3	134.5	7 103.37 b A	8.59
拔节期轻旱	55 176.8	395.0	129.4	6 679.09 b A	14.05
拔节期重旱	54 868.2	344.9	110.2	5 833.38 c B	24.93
抽雄期重旱	55 527.6	302.3	95.2	4 837.76 d C	37.74
灌浆期重旱	55 538.4	432.0	127.7	6 653.38 b B	14.38
全生育期连旱	53 278.6	258.9	69.6	3 459.93 e D	55.47
全期适宜水分	55 545.2	428.1	147.3	7 770.49 a A	0

注:表中不同的小写和大写字母分别表示处理间的产量差异达到显著水平($P=0.05$)和极显著水平($P=0.01$)。

表明,苗期轻旱处理的产量与全期适宜水分处理之间的差异不显著,而其他处理与适宜水分处理间的差异都达到了显著水平;苗期重旱与拔节期轻旱处理间的差异不显著,全期适宜水分、苗期轻旱、苗期重旱和拔节期轻旱处理相互间的产量差异均未达到极显著水平,但它们与拔节期重旱、抽雄期重旱、灌浆期重旱、全生育期连旱相互间的差异都达到了极显著水平(见表 4)。因此,夏玉米的苗期可以忍受一定的干旱,受旱后减产不大,而拔节期和抽雄吐丝期是形成产量的关键时期,在这两个阶段出现干旱会造成显著的减产,在灌浆成熟期也应避免一定程度的水分胁迫;在任一生育时期受旱,都会影响夏玉米的产量构成,受旱越重,减产越多。

2.3　对水分生产率的影响

夏玉米的水分生产率(WUE)是指每消耗 1 m³ 水所能生产的籽粒产量($WUE = Y/ET$),是反映用水效益的最可靠指标,水分生产率越高,表明用水效益越好。由表 5 可以看出,在苗期受旱越重,水分生产率越高,为 2.121~2.311 kg/m³;灌浆成熟期受重旱的处理次之;抽雄期受重旱减产很多,而耗水量减少不多,造成水分生产率最低,只有 1.19 kg/m³;拔节期轻旱和重旱处理的水分生产率相当;全期适宜水分处理的水分生产率居中,为 1.693 kg/m³。因此,在苗期(播种—拔节)实施一定程度的水分胁迫,玉米的产量虽稍有所减少,但可以显著地提高其水分生产率,使得其水分生产率最高,均在 2.1 kg/m³ 以上。

表 5　夏玉米不同处理下的水分生产率 WUE

处 理	苗期轻旱	苗期重旱	拔节期轻旱	拔节期重旱	抽雄期重旱	灌浆期重旱	全生育期连旱	全期适宜水分
产量 Y (kg/hm²)	7 537.64	7 103.37	6 679.09	5 833.38	4 837.76	6 653.38	3 459.93	7 770.49
耗水量 ET (m³/hm²)	3 553.88	3 074.2	3 744.0	3 282.0	4 067.0	3 529.5	2 103.01	4 591.1
WUE (kg/m³)	2.121	2.311	1.784	1.777	1.190	1.885	1.645	1.693

3 结论与讨论

夏玉米是高产、高光效、耗水量较高的夏秋季作物,对水分的需求比较敏感,是大田作物中比较不耐旱的作物。夏玉米的耗水量与灌水量、作物的生长发育状况(叶面积大小)、气象条件等密切相关,在任一生育阶段发生干旱都会造成该阶段耗水量的减少,从而降低总耗水量,受旱越重,耗水量越小。夏玉米的日耗水量从播种出苗开始逐渐增大,拔节期随着叶面积的增加和气温的升高,日耗水量迅速增加,到抽雄吐丝期达到最大值,随后又随着植株下部叶片的衰老死亡和气温的下降,日耗水量快速降低;在任一生长阶段受到水分胁迫,都会降低该阶段耗水量和日耗水量,受旱越重,其阶段耗水量和日耗水量越小。

试验结果还表明,发生在任一生育阶段的干旱都会对玉米的生长发育产生不良影响,因不同生长阶段对水分亏缺的敏感性存在差异以及不同生长阶段的生长中心不同,使得发生在不同时期的干旱对作物生长性状的影响存在差异。任一生育时期的干旱均使得夏玉米的穗长变短、秃尖长增加、穗粗变小、穗行数减少、百粒重降低,受旱越重,受到的影响越大;苗期受旱对各种性状的影响最小;抽雄吐丝期干旱对有效穗长、秃尖长、穗粗、穗粒重和产量的影响最大,其次是拔节期干旱;灌浆成熟期和抽雄吐丝期的干旱主要影响百粒重。全生育期连旱对夏玉米的各种性状影响最大,致使其产量最低,故应避免玉米遭受连旱的危害。在玉米的苗期受旱减产最少,与适宜水分处理相比,减产不显著,因而可在夏玉米的生长前期适当进行干旱处理,进行蹲苗,有利于根系下扎,提高其抗旱能力,苗期干旱结束复水后,玉米可产生补偿效应,使得其各种生长性状基本上能赶上适宜水分的处理。夏玉米不同生育期干旱对产量的影响由大到小的顺序为:抽雄期>拔节期>灌浆成熟期>苗期。

在生产实际中,如何实施优化供水及配套技术措施以提高作物产量及水分利用效率(WUE),是当今节水农业追求的最终目标。不同生育阶段的干旱和不同生育阶段的灌水对作物的水分利用效率影响较大,试验结果表明,在夏玉米的苗期进行一定的干旱处理,可控制群体的生长,抑制叶面积的快速增加,减少蒸发蒸腾量,促进根系下扎,提高水分的利用率,使得在较轻的减产下,大大减少了水分消耗,获得了最高的水分生产率($2.121\sim2.311$ kg/m^3),在抽雄吐丝期干旱减产很多,而耗水量减少不多,造成水分生产率最低(1.19 kg/m^3)。因此,在有灌溉条件的地方,应实行非充分灌溉,通过灌溉管理合理地调控灌溉水的分配,即在夏玉米的苗期可适当控水(灌水的土壤水分控制下限为50%~60%)进行蹲苗,在拔节—灌浆期这一需水关键期应尽量满足作物的需水要求,土壤水分应保持在田间持水量的70%~75%,在灌浆的中前期,土壤水分应保持在田间持水量的70%左右,而在灌浆的后期可保持在60%~65%。只有这样,夏玉米不仅能获得高产,而且水分生产率能达到2.1 kg/m^{3}以上,可实现夏玉米节水高产高效的目标。

参 考 文 献

[1] 陶世蓉,东先旺,张海燕,等.土壤水分胁迫对夏玉米植株性状整齐度的影响.西北植物学报,2000,20(5)

[2] 梁宗锁,康绍忠,李新有.有限供水对夏玉米产量及其水分利用效率的影响.西北植物学报,1995,15(1)

[3] 王密侠,康绍忠,等.调亏对玉米生态特性及产量的影响.西北农业大学学报,2000,28(1)

[4] 郭相平,刘才良,等.调亏灌溉对玉米需水规律和水分生产效率的影响.干旱地区农业研究,1999,17(3)

水稻灌溉效益试验成果分析

吴端普

（福建省泉州市灌溉试验站）

　　开展农田灌溉效益试验,能够较可靠地解决灌溉效益的定量分析等实际问题。泉州市灌溉试验站 1991 年开始水稻灌溉效益试验研究,经过 2 年 4 季的试验成果表明,有灌溉的水稻都增产增收,经济效益显著。在农业与水利的综合技术措施栽培下所增收的稻谷中,水利灌溉效益分摊系数占 44.6%,可增产稻谷 28%,灌溉经济效益占总收入的14.2% 左右。

1　试验方法

　　小区面积 0.1 亩,用 200 号混凝土现场整体浇筑作防渗田埂,埋深 60 cm,高出田面20 cm,土质为沙壤土。设计水稻灌溉与不补水、一般农业措施与高产农业措施作两因素两水平试验,分析高产和一般农业技术条件下,因灌溉而增产的经济效益,探求水稻灌溉效益与农业措施效益的分摊比例。采用全面试验法安排以下 4 个处理,各处理有 3 次重复,应用随机排列法布置试区。①一般农业技术措施,不补水处理（复苗期后不灌溉）;②一般农业技术措施,浅水灌溉处理;③高产农业技术措施,不补水处理;④高产农业技术措施,浅水灌溉处理。

　　浅水灌溉水层设计:灌水上限 40 mm,下限 10 mm 即补水。降雨超过 60 mm 排水,分蘖后期落干烤田一次,黄熟后期落干收割。不补水处理在水稻复苗期保留一定薄水层,使秧苗成活,以后直到收割均打开排水闸阀,不蓄降雨不补给灌溉,模拟无水利设施。农业技术措施采用施肥量不同等方法控制模仿栽培,使之达到高产和一般水平的水稻长势。

2　成果分析

　　早、晚稻各生育阶段降雨量分布见表 1。早稻生长期雨水较多,晚稻则较少。降雨在各生育阶段分布很不均匀,例如 1991 年早季,乳熟期 8 天降雨量 285.1 mm,而在拔节孕穗期需水高峰的 18 天只降雨 30.3 mm。因此,水稻栽培靠自然降水满足不了需水要求,必须有一定的水利设施,才能种好水稻。

　　两年试验结果表明,浅水灌溉水稻田,无论是一般栽培或者是高产栽培,年补水量均在 1 350～1 414 m³/亩,而不补水（复苗期后不灌溉）的水稻田,早、晚两季的复苗期尚需供水 100 m³/亩左右,浅水灌溉增加灌水量一般在 1 250～1 310 m³/亩。

　　注:本论文已在《灌溉排水》1994 年第 3 期上发表。

表 1　水稻各生育阶段降雨量分布　　　（单位：mm）

项目			复苗期	分蘖期		拔节孕穗期	抽穗开花期	乳熟期	黄熟期	全生育期
				前期	后期					
早稻	1991 年	天数	6	14	11	18	10	8	20	87
		雨量		55.5	5.8	30.3	21.5	285.1	21.4	419.6
	1992 年	天数	7	8	13	18	11	6	18	81
		雨量	3.6	52.4	51.8	103.0	133.5		178.8	523.1
晚稻	1991 年	天数	6	8	14	21	11	10	33	103
		雨量		37.3	11.4	154.7	4.4	26.1	16.8	250.7
	1992 年	天数	6	8	13	19	13	10	30	99
		雨量	0.3	26.8	75.2	213.8	1.4		3.4	320.9

水稻有灌溉的处理，稻苗群体结构及生态表现都有增产的特征，试验成果见表 2。株高增长 3.4～8.4 cm，每亩实粒数增加 11.4%～40%。试验产量结果采用方差分析，用 T 测验法进行显著性检验，增产差异分别达到一定效果、显著效果和高度显著效果，试验成果数据可靠。单因素对比，有灌溉比不补水的每亩水稻一季增产 23.4～114 kg。

表 2　水稻灌溉效益试验成果

年份	稻作	处理		株高（mm）	实粒数（万粒/亩）	结实率（%）	千粒重（g）	产量（kg/亩）
1991 年	早稻	一般栽培	不补水	84.2	1 071.3	80.1	29.5	299.7
			浅水灌溉	89.7	1 246.6	87.9	30.6	388.5
		高产栽培	不补水	87.7	1 266.5	85.0	29.0	360.0
			浅水灌溉	96.1	1 824.2	86.2	29.2	504.0
	晚稻	一般栽培	不补水	74.2	738.3	86.1	34.8	246.1
			浅水灌溉	77.6	862.0	90.9	35.1	318.2
		高产栽培	不补水	80.4	1 087.1	87.4	34.9	375.1
			浅水灌溉	87.9	1 263.2	89.6	35.2	398.5
1992 年	早稻	一般栽培	不补水	75.1	812.0	81.1	28.9	278.0
			浅水灌溉	79.1	1 053.6	82.0	28.9	341.6
		高产栽培	不补水	81.4	1 183.4	79.5	28.0	383.5
			浅水灌溉	85.5	1 318.6	71.0	26.5	443.7
	晚稻	一般栽培	不补水	69.8	738.3	93.3	33.8	209.3
			浅水灌溉	77.8	1 017.6	93.3	34.3	281.3
		高产栽培	不补水	78.5	1 044.6	90.4	33.8	281.3
			浅水灌溉	81.9	1 182.2	92.3	34.5	334.9

注：不补水处理为复苗期后不灌溉。

3 灌溉效益分析

根据本地区情况,一般每亩水稻田一年征收水费 10 元,或者每立方米水征收水费 0.02 元,稻谷市场价格每吨 700 元,采用以下公式,分别计算水稻灌溉经济效益成果(见表 3)。

表 3 水稻年灌溉效益成果

年 份	农业措施	净 效 益(元/亩)		每立方米水量增 收(元)	增 收 率(%)	
		按方收水费	按亩收水费		按方收水费	按亩收水费
1991 年	一般栽培	86.86	102.63	0.06	17.5	20.7
	高产栽培	92.23	107.18	0.07	14.6	17.0
1992 年	一般栽培	69.37	84.92	0.05	15.9	19.5
	高产栽培	53.54	69.66	0.04	9.8	12.8

每亩水稻灌溉净效益表达式:

$$D = C(Y_a - Y_b) - V(m_a - m_b) \tag{1}$$

或

$$D = C(Y_a - Y_b) - W \tag{2}$$

式中:D 为水稻灌溉净效益,元/亩;Y_a 为有灌溉的稻谷产量,kg/亩;Y_b 为不补水的稻谷产量,kg/亩;V 为每立方米水量的价格,元/m^3;m_a 为水稻灌溉水量,m^3/亩;m_b 为不补水的水稻复苗期用水量,m^3/亩;C 为稻谷价格,元/m^3;W 为稻田征收水费,元/亩。

以上试验说明,水稻灌溉比不补水栽培均能达到增产增收,每亩水稻有灌溉净效益 53.54~107.18 元,每立方米水的灌溉效益达 0.041~0.074 元,灌溉效益占总收入的 10%~21%,经济效益显著。

4 水稻灌溉效益分摊系数

实际生产中,水稻栽培不仅有水利设施配套和灌溉技术的发展,同时农业技术也不断发展。因此,大田生产中,水稻增产包含着水利灌溉效益与农业灌溉效益两部分,分析两者各占比例可用以下公式计算:

$$K_w = \frac{(Y_2 - Y_1) + (Y_4 - Y_3)}{2 \times (Y_4 - Y_1)} \times 100\% \tag{3}$$

$$K_a = \frac{(Y_3 - Y_1) + (Y_4 - Y_2)}{2 \times (Y_4 - Y_1)} \times 100\% \tag{4}$$

式中:K_w、K_a 分别为灌溉效益、农业效益的分摊系数;Y_1、Y_2 分别为一般农业措施中不补水、浅水灌溉水稻产量;Y_3、Y_4 分别为高产农业措施中不补水、浅水灌溉水稻产量。

两年试验结果表明,水稻灌溉效益占综合技术措施增产中的 44.6%,每亩年增收稻谷 144.4 kg,增产 28%,增加净收入 83.28 元,占总收入的 14.2%。综合因素试验分摊计算效益的结果与上面单因素分析的每亩增加净收入 53.34~107.18 元和占总收入的

10%～21%等指标相一致,即试验分析成果可靠,可供有关水利灌溉效益分析参考应用。各年的水稻灌溉效益分析成果见表4。

表4　水稻灌溉效益分摊统计

项目		综合措施增产（kg/亩）	水利灌溉效益				
			分摊系数（%）	增收稻谷（kg/亩）	增产率（%）	增收率（元/亩）	增收比值（%）
1991年	早稻	204.3	57.0	116.4	38.8	73.26	20.8
	晚稻	152.4	31.3	47.7	19.4	23.92	8.6
	全年	356.7	46.0	164.1	30.1	97.18	15.4
1992年	早稻	165.7	37.4	61.9	22.3	37.51	12.1
	晚稻	125.6	50.0	62.8	30.0	31.86	13.6
	全年	291.3	42.8	124.7	25.6	69.38	12.7
平　均		324.0	44.6	144.4	28.0	83.28	14.2

海南省水稻高产节水灌溉技术研究

林道钊

（琼海市塔洋灌溉试验站）

1　概　况

民以食为天,而粮食生产离不开充足的水源。生命之水的日益匮乏将给粮食生产和人类生存带来危害。经过几年来的农业产业结构的调整,水稻生产目前还是海南省农业用水的大户。搞好水稻节水灌溉技术,对缓解海南省水资源的供需矛盾起着举足轻重的作用。因此,建立节水型社会、走农业节水灌溉的道路是历史的必然。

当然,节水灌溉技术的研究,不是以农作物的正常生长发育为代价的非充分灌溉,也不等于无视农作物的需水特点而采取的全生长期内充分供水的充分灌溉,而是指在不同的水文年内,为保证农作物高产稳产,所应采取适时、适量的灌溉。适时,是指水稻在不同的生育期内对水分的第三期,即需水临界期灌溉适量的水分,以满足农作物生长发育所需的适宜的水量,保证水稻生产向高产、高效、优质的方向发展的节水灌溉。

水稻是海南省的主要农作物,水稻灌溉是主要用水大户,在占用水量 70% 的农业用水中占很大的份额,是灌溉工程供水的主要对象。虽然海南省地处南方多雨湿润地区,年平均降雨量约 1 785 mm,但地形地貌形成了集雨面积小、源短流急的特点,降雨所形成的径流难以充分控蓄利用,水源工程投资大,数量上一时难以适应需水要求,灌溉供水缺口较大。一方面,降雨的时空分布很不均匀,旱情几乎年年均有发生。降雨的间歇性和农作物需水的连续性,形成了供需矛盾,必须进行灌溉才能获得水稻高产。根据海南省水中长期供水计划报告,全省年总需水量为 62.42 亿 m^3,目前水的缺口仍较大。另一方面,传统的水稻灌溉以淹水灌溉为主,每年亩用水量高达 1 200~1 500 m^3/亩,灌溉水浪费现象较为普遍,水的利用率低,不仅影响了水稻产量的进一步提高,而且与农业生产产业结构调整中蔬菜等经济作物灌溉用水及工业、城镇生产生活用水产生争水矛盾,制约了地区经济发展。因此,研究水稻高产节水灌溉技术,在灌区中进行推广应用,对于提高海南省水稻产量、扩大灌溉面积及抗旱减灾、节约宝贵的灌溉供水、发展更高产值的经济作物、促进全省农村经济发展,均具有十分重要的现实意义及应用价值。

2　技术方案的制定

根据塔洋灌溉试验站 20 多年的灌溉试验成果,结合海南省水稻生产及气候条件的特点,引进国内外最先进的学术思想,综合采用调亏灌溉及非充分灌溉的优点,制定出海南省水稻高产节水灌溉技术方案。即在水稻非关键生长期,依据作物调亏理论,进行非充分灌溉,充分调动水稻自身生长的调节机能及抗逆性能力,控制水稻地上部株形生长,促进根系发育,减少无效的生理生态耗水。在水稻关键生长期,实行适时适量的控制灌溉,进行科学合理的水肥调控,发挥水稻生长的补偿效应,形成高产群体优势的株形,最终形成高产。

技术方案的制定中充分考虑两个方面:①采用先进的灌溉理论,较为深入系统地研究节水灌溉条件下水稻高产节水的机理与其需水规律;②经试验研究后形成先进实用、可操作的水稻高产节水灌溉模式,以便进行大面积示范应用。

2.1 研究内容

2.1.1 高产节水技术条件下,水稻需水量及需水规律

以蒸渗仪(测坑)和小区相结合的试验方法,进行对应于不同土壤水分控制标准的灌溉条件下水稻需水规律试验,确定高产节水灌溉的水稻需水新特点及关键生长期,寻求灌溉理论的新突破,并为制定科学合理的灌溉用水计划提供依据。

2.1.2 水稻高产节水灌溉制度研究

针对海南水稻生长、气候条件及土壤特性等实际情况,根据节水条件下水稻需水特点,以不同土壤水分控制标准进行小区组合试验,确定出海南水稻高产节水控制灌溉技术标准。

2.1.3 高产节水优质水稻水肥模式

研究中改变了水稻大水淹灌的方式,研究必须通过试验确定节水灌溉重要任务下新的水肥管理模式。为此,从水稻育秧开始,对水稻全生育期的用肥数量、用肥时间与节水灌溉制度的相互配合等方面进行组合试验,以形成高产节水优质的水肥模式,即旱育秧和控制灌溉的水肥模式。

2.1.4 水稻群体质量研究

水稻能否获得高产,很大程度上取决于科学灌水和合理用肥等手段的实施情况,但具体表现为水稻的群体质量控制,也就是水稻合理群体和高产株形的形成以及两者的协调发展。针对海南水稻因气候条件易倒伏、有效分蘖率较低、易引发病虫害等而影响高产的特点,对水稻旱育秧、稀植密度(不同株行距)基本苗控制、分蘖动态促控、水稻根系调控等进行试验研究,确定水稻高产群体质量促控技术。

通过上述诸方面的试验研究,最终形成包括节水灌溉、科学用肥模式及高产群体质量在内的水稻高产节水灌溉技术的实用模式,使灌区群众易接受、可操作,便于进行示范应用与推广,达到高产节水之目的。

2.2 试验处理设计

试验中以灌溉水(按田间土壤水分控制指标灌水)与旱育稀植密度作为主要试验因子。品种、肥料种类、耕作、植保等其他技术措施均保持一致。

灌溉方法设置了控制灌溉、控制灌溉+蓄雨、湿润灌溉、浅水灌溉4种处理,各处理3个重复,共12个小区。在蒸渗仪(测坑)中进行4种处理的需水量试验。具体技术参数见表1。

群体质量试验中主要包括了旱育稀植的不同株行距、基本苗及分蘖动态控制等内容,组合水肥模式进行试验。

经过3年试验和1年大面积的推广示范应用,该项成果历经了低温、高温、多雨、干旱

表1　水稻灌溉试验各处理不同水平设计　　　　　　　　（单位:mm）

处理	上下限		移植返青	分蘖前期	分蘖中期	分蘖后期	拔节抽穗前期	拔节抽穗后期	抽穗开花	青熟期	黄熟期	灌溉方法
1	雨后水深上限(mm)		30	30	30	100%	50	50	50	30	落干	控制灌溉+蓄雨
	灌水上限(mm)		30	100%	100%	100%	100%	100%	100%	100%		
	灌水下限	占饱和(%)	100	80	80	60	70	70	70	80		
		含水量(%)	100	34.2	34.2	25.7	30.0	30.0	30.0	25.7		
2	灌水上限(mm)		30	100%	100%	100%	100%	100%	100%	100%	落干	控制灌溉
	灌水下限	占饱和(%)	100	80	70	60	80	70	70	60		
		含水量(%)	100	34.2	30.0	25.7	34.2	30.0	30.0	25.7		
3	灌水上限(mm)		20	20	20	100%	20	20	20	20	落干	湿润灌溉
	灌水下限	占饱和(%)	100	100	100	70	100	100	100	100		
		含水量(%)	100	100	100	30	100	100	100	100		
4	灌水上限(mm)		40	40	40	100%	40	40	40	40	落干	浅水灌溉
	灌水下限	占饱和(%)	100	100	100	80	100	100	100	100		
		含水量(%)	100	100	100	34.2	100	100	100	100		

注:1.处理1雨后蓄水不得超过3天,即蓄水后第3天将田面水排干,土壤水分达到下限时灌水至饱和则停,灌后田面没有水层;

　　2.处理2无论是降雨还是灌水后,稻田均无水层存在,土壤水分达到下限时则灌至饱和;

　　3.处理3为本站丰水年成果对照区,整个生育期除黄熟期落干和晒田期至占饱和含水量70%外,均以灌水饱和至20 mm为主;

　　4.处理4为本地常规灌溉对照区,整个生育期除黄熟期落干和晒田至占饱和含水量80%外,均以灌水饱和至40 mm为主;

　　5.饱和含水量为42.8%,表中含水量为重量含水量(占土壤饱和含水量的百分数)。

等不利气候条件下的水稻生长季节,取得了预期的试验成果,由海南省科技厅组织有关部门进行了现场验收,被评为海南省科学技术进步奖。

2.3　技术关键及创新点

　　技术方案从农业灌溉用水面积广、节水潜力大和水资源紧缺的生产实际出发,根据水稻生理生态需水特点及其适应性能,将灌溉用肥、栽培等技术措施有机地结合在一起,对水稻在节水灌溉条件下的需水规律、水肥模式和节水高产机理等方面进行了深入探索,试验研究出具有高产、节水、优质、低耗、耐肥、抗倒伏等优点的水稻控制灌溉技术。

2.3.1　技术关键

(1)在水稻薄水返青后的各个生育阶段,灌水后田面均不建立水层,以根层土壤水分作为控制指标,确定相应于最优组合控制标准的灌水时间和灌水定额。

(2)解决土壤水分对水稻生长的有效性,用适时适量的补充灌水,调节土壤水分,促控水稻高产根系生长发育和株形的形成,获得节水条件下的水稻高产。

2.3.2　技术创新点

(1)在土壤—植物—大气—水分连续系统(SPAC)彭曼理论等灌溉理论方面取得突破,形成高产节水条件下水稻需水计算方法。

(2)减少水稻无效蒸腾、棵间蒸发和田间渗漏等耗水,实现水稻自身耗水中的生理生态节水。

(3)控制土壤水分的稻田无水层灌溉,使土壤中水、气、热及养分状况更加符合水稻高产要求,土壤中有毒有害物质积累减少,保肥改土作用明显。

(4)灌溉、用肥、栽培等综合试验研究,综合确定水稻高产节水的水肥模式。

3　技术特征

水稻控制灌溉是指秧苗本田移栽后,田面保持5~25 mm薄水层返青活苗,在返青后的各个生育阶段,田面不建立灌水层,以根系土壤含水量作为控制指标,确定灌水时间和灌水定额。土壤水分控制上限为饱和含水率,下限则视水稻不同生育阶段,分别取土壤饱和含水率的60%~80%。这是根据水稻不同生育阶段对水分需求的敏感程度和节水灌溉条件下水稻新的需水特点。在发挥水稻自身调节机能和适应能力的基础上,适时适量地科学供水的灌水技术。在非关键需水期,通过控制土壤水分造成适度水分亏缺,改变水稻生理生态活动,使水稻根系及株形生长更趋合理。在水稻需水关键期,通过合理供水改善根系土壤中水、气、热和养分状况及田面附近小气候,使水稻对水分和养分的吸收更加有效合理,促控水稻生长,形成合理的群体结构和较理想的株形,从而获得高产。控制灌溉技术在显著减少水稻棵间蒸发和田间渗漏大量耗水的同时,有效地减少了水稻无效蒸腾,使水稻蒸腾和光合作用处于一种新的协调状态。对水稻根系生长和株形形成具有显著的促控作用,可消除或减少土壤中有毒有害物质,具有良好的保肥保土作用,土壤水分和养分利用率高,既节水又增产,稻米品质明显改善。因此,水稻控制灌溉技术具有节水、高产、优质、低耗、耐肥、抗倒伏和抗病虫害等优点,是现代农业技术和现代水利灌溉技术的有机结合。

水稻高产节水控制灌溉技术的特征有以下几点:

(1)改变了传统的灌溉理论。传统灌溉是以作物全生长期需给予根层土壤充分的水分,且充分满足作物需水为前提的灌溉。认为在作物生长期内,如果不能够给作物根层土壤充分的水分,就必将导致作物的减产。控制灌溉技术试验研究结果表明,农作物仅仅在其关键需水期,才必须充分或较充分地供应水分。在非关键需水期,就不必要充分供水,按照作物各个生育期对水分的敏感程度,调节土壤水分的合理供应,能有效地减少作物无效蒸腾量、棵间蒸发量和田间渗漏量,水稻耗水量明显降低,腾发量的减少,不仅没有减产,而且略有增产。

(2)水稻耗水量大幅降低,符合高产水平下的水稻需水规律。由需水量计算公式和彭曼(Penman)原理可知,作物需水量与产量密切相关,当作物腾发量达到潜在腾发量时,获得最高产量。换言之,当土壤供水条件发生变化、腾发量减少时产量就会降低,然而,控制灌溉的水稻在获得高产的同时,需水量大幅下降。

根据历年蒸渗仪灌溉试验资料分析(见表 2),水稻全生长期及其各生育阶段的耗水量,除随着气象因素变化外,采用不同的灌溉技术,改变水稻生长期的水分条件和灌溉供水过程后,需水量也发生了很大的变化,即水稻需水量与灌溉技术紧密相关,控制灌溉与浅水灌溉(已比淹水灌溉节水)相比,水稻平均耗水量减少了 321.7 mm,降低 31.8%。其中蒸腾量减少 131.9 mm,降低 28.6%;棵间蒸发减少 74.1 mm,降低 21.9%;田间渗漏量减少 130.5 mm,降低 69.2%。

表 2　水稻耗水量　　　　　　　　　　(单位:mm)

项目	年份	控制灌			浅水灌			控制灌比浅水灌节水		
		早造	晚造	双季	早造	晚造	双季	早造	晚造	双季
蒸腾量	1995 年	142.2	194.6	336.8	242.7	252.2	494.9	100.5	57.6	158.1
	1996 年	—	170.0	—	—	224.2	—	—	54.4	—
	1997 年	141.0	226.3	367.3	187.7	285.2	427.9	46.7	58.9	105.6
	平均	141.6	197.0	352.1	215.2	257.3	461.4	73.6	60.3	131.9
棵间蒸发量	1995 年	99.5	134.8	234.3	162.0	169.1	331.1	62.5	34.3	96.8
	1996 年	—	164.8	—	—	217.4	—	—	52.6	—
	1997 年	141.3	154.2	295.5	166.6	180.3	346.9	25.3	26.1	51.4
	平均	120.4	151.3	264.9	164.3	188.9	339.0	43.9	37.6	74.1
渗漏量	1995 年	31.4	53.0	84.4	93.9	84.6	178.5	62.5	31.6	94.1
	1996 年	—	31.7	—	—	92.6	—	—	60.9	—
	1997 年	33.0	28.2	61.2	119.1	79.0	198.4	116.1	50.8	166.9
	平均	32.2	37.6	72.8	106.7	85.4	188.5	74.5	47.8	130.5
腾发量	1995 年	241.7	329.4	571.1	404.7	421.3	826.0	163.0	91.9	254.9
	1996 年		334.8			451.8			117.0	
	1997 年	282.6	380.5	663.1	354.3	465.5	819.8	71.7	85.0	156.7
	平均	262.2	348.2	617.1	379.5	446.2	822.9	117.3	98.0	205.8
田间耗水量	1995 年	273.1	382.4	655.5	498.6	505.9	1 004.5	225.5	123.5	349.0
	1996 年		366.5			544.4			177.9	
	1997 年	315.3	408.7	724.0	473.7	544.5	1 018.2	158.4	135.8	294.3
	平均	294.2	385.9	689.8	486.2	531.6	1 011.4	192.0	145.7	321.7

注:表中双季平均值取 1995 年与 1997 年数值计算。

(3)有效地减少了水稻灌溉用水量。水稻灌溉用水量的大小,取决于水稻耗水量和生长期天然降雨量的有效利用,一般而言,水稻耗水量愈大,则灌溉用水量就愈多,而生长期降雨量有效利用愈多,则水稻灌溉用水量就愈少。由于控制灌溉的水稻耗水量显著少于浅水灌溉,与此同时,控制灌溉的稻田土壤蓄存雨水的数量增多,使更多的天然降雨得以利用,因此水稻灌溉水量大幅减少。历年资料分析表明(见表3),控制灌溉的水稻亩均灌溉水量为:早造88.7 m³,晚造59.3 m³,双季148.0 m³,分别比浅水灌溉节约灌溉水量58.6%、55.4%、57.4%。平均灌水次数减少2.3次。

表3　水稻灌溉水量　　　　　　　　　　　　(单位:m³/亩)

年份	控制灌			控蓄灌			湿润灌			浅水灌		
	早造	晚造	双季	早造	晚造	双季	早造	晚造	双季	早造	晚造	双季
1995 年	94.2	31.3	125.5	90.6	31.2	121.8	248.1	100.0	348.1	272.5	81.6	354.1
1996 年	—	95.6	—	—	96.4	—	—	238.7	—	—	212.8	—
1997 年	83.1	51.0	134.1	81.2	50.3	131.5	145.2	106.5	251.7	156.3	104.7	261.0
平均	88.7	59.3	148.0	85.9	59.3	145.2	196.7	148.4	345.1	214.4	133.0	347.4
平均灌水次数	4.5	4.7	4.6	4.5	4.7	4.6	14.5	11.7	13.1	6.5	7.0	6.8
节水幅度(%)	58.6	55.4	57.4	59.9	55.4	58.2	8.3	−10.3	0			

注:不包括泡田与秧田灌水量,节水幅度是与浅水灌溉比。

(4)实现了水稻高产基础上的再增产。高产水稻的生长应符合"最佳生长状态"的要求,也就是水稻根系发育良好,保持后期较高的活力,群体结构好,茎秆粗壮,抗倒伏,叶面积指数增减过程合理,特别是成熟期,能维持较好的叶片功能,穗大、实粒多、千粒重高(见图1)。

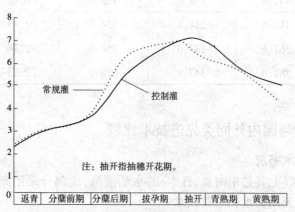

图1　水稻叶面积变化曲线

控制灌溉技术对水稻根系生长、株形及群体结构形成具有较好的促控作用,实现了水稻高产基础上的再增产。从表4中水稻产量对比分析可知,控制灌溉的水稻亩均产量为:早造454.5 kg,晚造436.9 kg,双季891.4 kg,分别比浅水灌溉增产9.9%、18.9%、14.1%。

表 4　水稻产量　（单位：kg/亩）

项目		1995 年	1996 年	1997 年	平均	平均增产	幅度（%）
控制灌	早造	430.0	—	478.9	454.5	41.1	9.9
	晚造	448.2	晚造	496.0	436.9	69.3	18.9
	双季	878.2	双季	891.4	891.4	110.4	14.1
浅水灌	早造	395.7	—	431.1	413.4	—	—
	晚造	404.7	293.4	404.7	367.6	—	—
	双季	800.4	—	835.8	781.0	—	—

(5)水稻水分生产效率高。消耗每单位水量所生产的稻谷重量称为水稻水分生产效率,这一指标可用于衡量水资源开发利用程度。而以单位灌溉水量所生产稻谷重量计算的水稻灌溉水分生产效率,则可以衡量属同一降水量范围内的灌区所采用灌溉技术的先进性和合理性,比较它们的增产节水效果。由表 5 试验结果可知,控制灌溉的水稻水分生产效率及灌溉水生产效率均高于浅水灌溉。因此,该项技术的推广应用,对缓解海南省水资源供需矛盾、促进水稻作物生产发展将具有十分重要的作用。

表 5　水稻水分生产效率

项目		3 年平均产量（kg/亩）	3 年平均灌水量（m³/亩）	3 年平均耗水量（m³/亩）	灌水生产效率（kg/m³）	耗水生产效率（kg/m³）
控制灌	早造	454.5	88.7	196.2	5.12	2.32
	晚造	436.9	59.6	257.4	7.37	1.70
	双季	891.4	148.0	453.6	6.02	1.97
浅水灌	早造	413.4	214.4	324.3	1.93	1.27
	晚造	367.6	133.0	354.6	2.76	1.04
	双季	781.0	347.4	678.9	2.25	1.15

4　总体性能指标与国内外同类先进技术比较

4.1　国内外先进技术概况

世界上许多国家(尤其是东南亚、日本)的水稻灌溉,大部分采用淹水灌溉技术,经情报文献检索,国际上无同类水稻灌溉技术。

中国是水稻生产大国,水稻灌溉技术历经了淹水灌溉、浅水勤灌、节水灌溉等过程。对淹水灌溉技术的深层水、中层水、浅水层淹灌及其晒田技术进行过分析研究。随着水资源日趋紧缺,农业用水供需矛盾日益突出,淹水灌溉耗水量大、不利于水稻高产优质等弊端逐渐显露,国内许多灌溉工作者先后对浅湿灌溉、湿润灌溉、间歇式灌溉及叶龄模式灌溉等技术进行了试验研究,取得了一系列成果,也具有一定的节水增产效果。

但是,这些技术有一些共同之处:①稻田仍实行水层管理,灌溉水层深度仍作为主要控制指标,水稻蒸腾蒸发及田间渗漏耗水仍较高,灌溉水量未能充分被水稻利用,存在水量浪费现象。②未能从土壤—植物—大气—水分连续地对灌溉供水,水稻生理生态需水和水肥吸收的调控作用等方面进行系统研究,对节水灌溉条件下,水稻高产优质机理、水稻抗逆环境能力的研究不够深入。③对水稻灌溉供水、群体质量、水肥模式的综合试验研究不多,未能形成大幅度节水—增产—节水的灌溉模式。④水稻水分生产效率较低。因此,进一步的研究就在于突破稻田水层管理模式,从灌溉理论到水稻灌溉控制指标,进行新的试验研究,确定水稻高产节水灌溉的定量指标。

4.2　总体性能指标比较

水稻控制灌溉技术不同于传统的淹水灌溉和浅、湿、晒的灌溉,也不属于水稻旱种、旱管,是一种以控制土壤水分状况,进而促控水稻生长,与相应农业技术措施相结合的新的灌溉技术。与已有同类先进技术相比,具有以下不同特点:

(1)已有先进技术均需持续保持或间歇保持田面水层,不仅浪费水量,而且影响水稻高产优质,而控制灌溉技术在返青后的各个生育阶段,灌水后不建立水层,突破了几千年来水稻有水层管理模式。

(2)节水幅度大。已有技术与淹灌相比,节水幅度为 10% ~42%,而控制灌溉技术与浅水灌溉相比,节水幅度平均为 57.4%。由于浅水灌溉已经比淹水灌溉省水,因此如果控制灌溉技术与淹水灌溉相比较,节水幅度则更大。

(3)增产幅度大。已有技术与淹水灌溉相比,增产幅度为 2.8% ~11.8%,而控制灌溉与浅水灌溉相比,增产幅度平均达 14.13%,如与淹水灌溉相比较,增产幅度则更大。

(4)耗水水分生产率高。已有技术的水分生产率为 1.01~1.88 kg/m³,而控制灌溉的水分生产率平均为 1.70~2.32 kg/m³。

(5)控制灌溉的水稻抗倒伏、抗病虫害能力增强,省工、省药、省本、效益高。

5　对社会经济发展和科技进步的意义

5.1　直接经济效益分析

经过 3 年的试验研究结果及 1998 年水稻示范区技术应用结果表明,应用水稻高产节水灌溉技术后,平均每造水稻增产稻谷 59.7 kg,按目前市场价格 1.2 元/kg,每造亩增产效益 71.64 元,全年双季增产效益 143.28 元,由于水稻生产中其他农业措施不变,仅是采用了先进的灌溉技术,因此按规范规定,年增产效益中不再进行分摊。

全年两造水稻平均节约灌溉水量 199.4 m³/亩。按现行水费征收标准 0.035 7 元/m³计算,每亩节约水费 7.12 元/亩。

因此,采用水稻高产节水控制灌溉技术后,仅增产节水的直接经济效益为每亩 150.4 元(见表6)。如琼海市在 16 万亩水稻灌区采用该项技术 ,每年可产生直接经济效益 2 406 万元。如在海南省 200 万亩水田全部采用该项技术,则可望每年产生直接经济效益 3 亿元。

表 6　控灌节水增产总效益

项目		灌水量 (m³/亩)	节水量 (m³/亩)	节水幅度 (%)	节水效益 (元)	产量 (kg/亩)	增产值 (kg/亩)	增产效益 (元)	节约工日 (个)	总效益 (元/亩)
1995年	早造	94.2	178.3	65.4	6.37	430.0	34.3	41.16	6.0	137.53
	晚造	31.3	50.3	61.6	1.80	448.2	43.5	52.2	4.0	114.00
	双季	125.5	228.6	64.6	8.17	878.2	77.8	93.36	10.0	251.53
1996年	早造	—	—	—	—	—	—	—	—	—
	晚造	95.6	117.2	55.1	4.18	366.4	73.0	87.6	5.0	166.78
	双季	—	—	—	—	—	—	—	—	—
1997年	早造	83.1	73.2	46.8	2.61	478.9	47.8	57.36	0	59.52
	晚造	51.0	53.7	51.3	1.92	496.0	91.3	109.6	0	111.48
	双季	134.1	126.9	48.6	4.53	974.0	139.1	166.9	0	171.00
3年平均	早造	88.7	125.7	58.6	4.49	454.5	41.1	49.32	2.0	83.81
	晚造	59.3	73.4	55.19	2.62	436.9	69.3	83.16	3.0	130.78
	双季	148.0	199.4	57.4	7.11	891.4	110.1	132.5	5.0	214.59
1998年	早造	136.1	192.6	58.6	6.88	404.1	96.1	115.3	2.0	152.20
	晚造	114.1	118.0	50.8	4.21	339.3	32.3	88.76	3.0	87.97
	双季	250.2	310.6	55.4	11.09	743.4	128.4	154.1	5.0	240.17

5.2　社会效益分析

采用水稻高产节水控制灌溉技术,每年两造水稻节约的灌溉水量可用来扩大灌溉面积,提高灌溉保证率,或用于反季节蔬菜灌溉,改善农业产业结构,获得更高的经济效益。

以琼海市为例,如在全市 20 万亩水稻田中应用该项技术后,每年可节约灌溉水量 3 190 万 m³,相当于 3 座中型水库的供水,这对于海南特殊的地形地貌,无疑节约了可观的工程投资。

应用该项技术后,减少了灌水次数,节约了机电灌溉的用电、用油、用工,使节省的能源用于工业生产,产生更大的经济效益。水稻抗病虫害能力增强,减少了农药量,节约了成本,水源污染及环境污染减少,有益于生态环境的改善。

因此,该项技术的示范应用,将有力地缓解海南省水资源紧张的矛盾,增加农民的收入,生活水平得以提高,有益于农村经济的发展,促进社会进步。

海南省高产水稻控制灌溉技术的研究成果,填补了我国多雨湿润地区水稻灌溉理论的空白,使得我国水稻高产节水灌溉研究在整体上处于世界领先水平,促进了科技进步。该项技术的大面积推广应用,将彻底改变传统的水稻灌溉习惯,为现代化农业做出贡献,对社会经济发展和科技进步均具有重要意义。

6 推广应用条件和前景分析

海南省水稻高产节水灌溉技术研究课题的技术方案设计中,采用理论研究与生产实际相结合,深化试验与小区示范相结合,走生产科研部门与高校相结合的技术路线,采用了国内外最先进的节水灌溉思想,在国际粮农组织(FAO)推荐的彭曼(Penman)理论的基础上,将调亏灌溉理论用于水稻灌溉技术的研究之中,形成了高起点、方法新的试验方案,使技术研究在理论上成熟可靠,所取得的研究成果实用性强,在综合试验的基础上,分析得到可供示范推广应用的高产节水模式,具有可操作性,并在水稻生产中得到验证,符合海南省水稻高产节水灌溉的生产实际。所形成的技术科技含量高,实用可靠,便于示范推广。

该项技术经过 3 年试验研究,1 年大面积推广示范,同时近年来在全省范围内推广应用,取得了可喜的成绩,在推广应用中,要针对不同的地区、不同的土壤、不同的灌溉供水条件(自流灌区、抽水灌区)不同的水稻生长季节,制定相应的技术操作规程、示范应用的技术要领与节水灌溉大田栽培技术简表(见表 7),对农民进行适当的技术培训和现场指导,让农民易于接受掌握。

表 7 水稻节水灌溉大田栽培技术

生长阶段	天数		土壤水分下限	田间状态	施肥量 (kg/亩)	防治病虫害
	早熟品种	晚熟品种				
返青期	7	7	30~5 mm	有水层	尿素 5	除草灭螺
分蘖前期	10	10	80%	田泥稍沉粘脚	尿素 7.5 钾 2.5	防鼠害 2 次
分蘖中期	10	10	70%	田泥不粘脚不陷脚		防治叶瘟病
分蘖后期	10	15	60%	田间有鸡爪裂纹 无脚印		防治纹枯病
幼穗分化	7	15	70%	一干一湿	尿素 3 钾肥 5	防治三化螟
孕穗期	10	15	80%	鸡爪裂纹变小		防鼠害 2 次
抽穗开花	7	10	90%	饱和状态	尿素 2.5	防治颈瘟、白叶枯、稻飞虱
青熟期	15	20	70%	一干一湿		防鼠害 2 次
黄熟期	12	12	60%	干爽		防鼠害 2 次
全生长期	88	114			尿素 18 钾肥 7.5	

注:1. 土壤水分下限为饱和含水量的百分数,上限为饱和含水量。

2. 亩用量:底肥量,农家肥 600 kg,磷肥 60 kg,钾肥 15 kg,二铵 7.5 kg。

3. 生长期不包括秧苗期,早熟品种苗期 25~30 天,晚熟品种苗期 40~45 天,抛秧早造 20 天,晚造 14 天。

4. 当田间状态达到土壤水分下限则至饱和状态,即过面水,否则不灌水。

示范应用技术要领如下：

(1)返青后田面始终不再建立水层，突破以往稻田建立水层的模式，不同于浅、湿、晒三结合的灌溉技术，也不属于水稻的旱种旱管。

(2)根据水稻生理生态需水特点，在调动水稻自身的调节机能和适应基础上，给予适量、适宜的灌溉供水，从而改变了水稻需水过程，减少水量的无效消耗。

(3)利用灌溉水量来调节土壤中水、肥、气、热诸因素，改善和协调了水稻田间生态环境和水稻生物体之间的关系，促进水稻生长，形成丰产型理想的植株形态。

(4)灌溉水系要相对独立，排涝水系健全，灌溉设备完好，即能灌、能排。

(5)土地要平整，做到寸水棵棵到。

(6)要做到五统一：统一耕作、统一品种、统一管水、统一播种时间、统一施肥及防治病虫害。

(7)要解决好稻田的化学除草技术，防治鼠害、病虫害及草荒。

从该项技术本身的特点及其适应性可以看出，这项成果不仅可以推广应用于全省水稻灌区，而且还可以广泛应用于多雨地区的双季稻灌区，具有广泛的推广应用前景。在应用中，应加强当地政府的职能行为，广泛宣传，开展技术培训，加大必要的投入，促进科技成果的转化。

果树非充分灌溉及节水灌溉制度试验研究

朱斌辉　龙喜平

（甘肃省平凉市水利中心试验站）

1 引 言

果树是平凉市发展经济的四大支柱产业之一，由于受西北季风气候的影响，降水量少且时空分布不均。因此，要满足果树的生长，提高果实品质，仅靠降水补充是不够的。非充分灌溉就是人为控制土壤水分的亏缺，使作物某一时段缺水或不供水，进而使植物内部发生生理调节，以适应水分不足的影响，使产量不变或损失降低到最小，以求得整体效益的最大。将非充分灌溉与滴灌结合起来，将可以大大提高水资源的利用效率，提高果树抗御干旱的能力，扩大灌溉面积，大幅度提高果树的产量，改善果实品质。为此，进行果树非充分灌溉及节水灌溉制度试验研究，建立科学、完善的果树灌溉制度，对平凉市林果业的发展具有很大的作用，同时也为平凉市农业高效用水和缓解水资源紧缺状况提供依据和技术支持。

2 试验地概况和试验设计

2.1 试验地概况

本试验在平凉市水利中心试验站滴灌示范园内进行，位于北纬 $35°30′$，东经 $106°41′$，试验区内土壤肥沃，试验对象为苹果树，参试果树 1996 年秋季定植，树龄 6 年，采用随机抽取共选 4 行，38 棵，顺序排列，行间铺设滴灌管。土壤密度 $1.31 g/cm^3$，田间最大持水量 26%，耕作层有机质含量 1.01%，碱解氮 58.6 mg/kg，速效磷 9.56 mg/kg，速效钾 221.6 mg/kg。示范园附近建有地面气象观测站，主要观测记录与计算参考作物腾发量（ET_0）有关的气象资料。

2.2 试验方案设计

果树水分生产函数及节水灌溉制度试验共进行了 4 年，于 2002 年初实施，至 2005 年底结束，本试验分 A、B 两个试验进行。

A 试验以不同生育时期、不同土壤湿度为因素进行研究，果树生长期灌水从花芽期开始，按花芽期—幼果期、幼果期—果实膨大期、果实膨大期—采收期 3 个生育时期进行灌水，湿度控制水平为土壤田间最大持水量的 75%、65%、55% 三个水平。对生育时期和土壤湿度两个因素三个水平采用正交试验，选用 $L_9(4)^3$ 正交试验设计表，设 9 个处理进行非充分灌溉，研究不同时期不同土壤湿度下的果树需水量、滴灌水量、需水规律，探求优化的滴灌灌溉制度。

B 试验以土壤湿度和灌水时间为因素进行亏水灌溉研究，土壤湿度为田间最大持水量的 65％、55％、45％，灌水时间为达到控制下限时适期灌水、推迟 10 天灌水、推迟 20 天灌水，采用二因素三水平完全试验，以土壤湿度 85％为对照，研究果树适应亏水的生理机制、光合产物的分配、产量及果实品质，以此探求最优的供水方法，进行边际效益分析。

　　试验设置 2 个重复，生育期灌水均采用滴灌灌水方式，每 10 天测定一次土壤水分，灌溉前和逢生育期加测，取土深度 60 cm。利用水量平衡方程计算作物需水量。各年度各月灌水量及降水量见表 1。

表 1　各年度各月灌水量和降水量统计　　　　　　　　（单位：mm）

年份	项目	月 份							全年合计
		4	5	6	7	8	9	10	
2002 年	降水量	37.8	75.7	199.6	70.8	93.5	74.7	32.0	584.1
	灌水量	—	30.0	—	—	30.0	22.5	—	82.5
2003 年	降水量	6.1	77.1	24.7	99.4	143.1	139.0	88.2	577.6
	灌水量	22.5	45.0	22.5	—	22.5	—	—	112.5
2004 年	降水量	3.0	36.4	36.0	65.9	102.5	112.8	20.4	377.0
	灌水量	67.5	—	60.0	60.0	—	—	—	187.5
2005 年	降水量	—	3.8	59.3	74.1	153.9	54.8	74.3	420.2
	灌水量	30.0	—	45.0	—	—	—	—	75.0
平均	降水量	15.6	48.3	79.9	77.6	123.3	95.3	53.7	493.6
	灌水量	40.0	37.5	42.5	60.0	26.3	22.5	—	114.4

3　结果和讨论

3.1　直观分析

　　对 4 年的资料综合分析，A 试验结果表明，花芽期—幼果期土壤湿度对产量的影响最大，其次是幼果期—果实膨大期，最后是果实膨大期—采收期。这是因为花芽期是果树经过一个冬季的休眠期，土壤水分消耗量大，所以果树转入生长后急需补充土壤水分。幼果期后树冠达到最大，树叶生长旺盛，气温回升，所以对水分的要求也相当敏感。果实膨大期后，虽然对水分的需要仍很迫切，但由于降水集中，降水量大，使土壤水分一直保持在一个相对较高的水平。因而，苹果树在生长期内，花芽期—幼果期土壤湿度应在田间最大持水量的 75％以上，幼果期—果实膨大期也应控制在 75％以上，果实膨大期以后可适当控制土壤湿度，使之不低于 65％。B 试验土壤湿度的三个水平中，土壤湿度 45％时均对果树产量产生不利影响；土壤湿度控制在 55％以上，造成适当干旱亏水，对果树生长有利。在灌水时间上，可根据当年当季供水情况确定，在丰水年，可在土壤湿度降到 65％时适时灌水或推迟 10 天灌水；在枯水年，供水紧缺时，可在土壤湿度降到 55％时及时进行灌溉，每次滴灌灌水量在 22.5～40 mm 之间。

3.2　果树生长期需水量及需水规律

　　4 年的试验结果表明，A 试验苹果年需水量在 472～580 mm 之间，B 试验年需水量在478～580 mm 之间，两个试验的总需水量是比较接近的。4 年各阶段及各月份需水量结果（见表 2、表 3）表明：苹果树年平均需水量是 519.9 mm，需水强度是 2.9 mm/d。根据水文排频资料,2002、2003 两年均属丰水年,需水量分别是 584.3 mm 和 529.7 mm,需水强度分别是 3.0 mm/d 和 3.1 mm/d。2004 年是枯水年,需水量是 489.9 mm,需水强度是 2.8 mm/d。2005 年是平水年,需水量是 475.8 mm,需水强度是 2.8 mm/d。从上述分析看出,苹果需水量的年际变化与气候条件关系密切,丰水年降水量大,湿度难以控制在设计水平,虽然灌水量小,但需水量仍然较大;枯水年降水量少,比较容易控制在设计水平,使果树生长不受影响的情况下,需水量较小。

表2 果树各生育阶段需水量统计

年份	项目	花芽期—幼果期	幼果期—果实膨大期	果实膨大期—采收期	合计
2002 年	需水量(mm)	57.7	29.8	496.8	584.3
	需水强度(mm/d)	1.5	1.9	3.6	3.0
2003 年	需水量(mm)	37.9	30.2	461.6	529.7
	需水强度(mm/d)	2.1	2.0	3.3	3.1
2004 年	需水量(mm)	30.1	22.5	437.3	489.9
	需水强度(mm/d)	1.3	1.1	3.3	2.8
2005 年	需水量(mm)	23.7	40.9	411.2	475.8
	需水强度(mm/d)	1.3	2.0	3.1	2.8
平均	需水量(mm)	37.4	30.8	451.7	519.9
	需水强度(mm/d)	1.5	1.7	3.3	2.9

表3 果树生育期各月需水量统计

年份	项目	月份						
		4	5	6	7	8	9	10
2002 年	需水量(mm)	44.2	64.6	107.9	111.5	111.5	107.9	36.0
	需水强度(mm/d)	1.5	2.1	3.6	3.6	3.6	3.6	3.6
2003 年	需水量(mm)	18.9	58.5	62.3	113.1	121.1	122.4	32.6
	需水强度(mm/d)	2.4	1.9	2.1	3.6	3.9	4.1	4.1
2004 年	需水量(mm)	52.6	61.6	114.2	86.7	93.7	85.8	0
	需水强度(mm/d)	2.4	2.0	3.8	2.8	3.0	2.9	0
2005 年	需水量(mm)	23.7	80.4	104.6	138.3	68.0	60.4	0
	需水强度(mm/d)	1.3	2.6	3.5	4.5	2.2	2.0	0
平均	需水量(mm)	34.9	66.3	97.2	112.4	98.6	94.1	17.1
	需水强度(mm/d)	1.7	2.1	3.2	3.6	3.2	3.1	3.4

对各生育阶段的需水量进行分析,年平均需水量花芽期—幼果期是 37.4 mm,占年需水量的 7.2%,需水强度 1.5 mm/d;幼果期—果实膨大期需水量是 30.8 mm,占年需水量的 5.9%,需水强度是 1.7 mm/d;果实膨大期—采收期需水量是 451.7 mm,占年需水量的 86.9%,需水强度 3.3 mm/d。由于果实膨大期—采收期历时太长,又分别计算了各年度各月需水量。需水量最大的是 7 月份和 8 月份,分别是 112.4 mm 和 98.6 mm,这个

时期是全年气温最高的时期,在果树生理上是果树树冠最大、果实生长最快的时期,所以实际测得的需水量与气候和果树生理吻合程度比较高。

3.3　需水量与产量的关系

将各处理试验结果描于散点图上,得到 2002 年和 2003 年的需水量与产量曲线是一直线模型,通过回归分析得出回归方程为:

2002 年($n = 16$)

$$Y = -1\ 977.48 + 15.342\ 7ET_c$$
$$r = 0.600\ 1　　(r_{0.05} = 0.479)$$

2003 年($n = 19$)

$$Y = 1\ 783.11 + 10.198\ 1ET_c$$
$$r = 0.484\ 8　　(r_{0.05} = 0.456)$$

式中:Y 为产量,kg/亩;ET_c 为实测需水量;n 为样本个数;r 为相关系数。

对上述二式进行分析,在 y 轴上的斜率差异较大,其主要原因是果树修剪上有差异,造成了大小年之分,大年时挂果多,基础产量高;小年时结果少,基础产量低。两年需水量的回归系数比较接近,回归系数均在 0.05 的显著水平上。

3.4　各月需水量与产量的关系

果树生育期总需水量与产量之间有一定的函数关系,各月份需水量也影响产量的形成。果树的生育时段划分中幼果期到果实膨大期,时间长达数月,而且又是需水高峰期,按月计算比较合理,各月的生长天数大致相等,实际操作中也比较好掌握。

产量与需水量的计算公式:

$$Y = a_1ET_1 + a_2ET_2 + \cdots + a_iET_i + a_0$$

式中:Y 为产量,kg/亩;ET_i 为第 i 月的需水量;a_i 为回归方程的系数。

由于 2002 年土壤水分测定时取土间隔时间过长,分月后需水量日均数据相同,无法进行多元回归分析,只对 2003～2005 年资料进行多元回归分析,得到的关系式为:

2003 年

$$Y = 1\ 164.4 - 14.794\ 2ET_4 + 6.744\ 7ET_5 + 14.942\ 9ET_6 + 15.505\ 8ET_7 +$$
$$0.168\ 0ET_8 + 822.137\ 3ET_9 - 3\ 061.66ET_{10}$$
$$r = 0.765\ 1$$

2004 年

$$Y = 7\ 463.4 + 0.728\ 7ET_4 + 1.233\ 3ET_5 + 0.419\ 5ET_6 + 1.306\ 2ET_7 -$$
$$9.389\ 8ET_8 + 4.101\ 7ET_9$$

2005 年

$$Y = -7\ 678 + 10.529\ 1ET_4 + 10.630\ 3ET_5 + 13.922ET_6 + 13.548ET_7 -$$
$$32.747\ 8ET_8 + 29.500\ 6ET_9$$
$$r = 0.535\ 8　　　　　n = 19$$

从多元回归分析结果看,需水量对产量影响最大的是 7、8、9 月三个月,也就是果实膨大期,这与生育时段的分析是相吻合的,综合 3 年的分析结果,苹果树水分敏感时期应是

7 月份和 8 月份,果树的管理应侧重于这两个月。

4　小　结

苹果树在生长期内,花芽期—幼果期土壤湿度应在田间最大持水量的 75% 以上,幼果期—果实膨大期也应控制在 75% 以上,果实膨大期以后可适当控制土壤湿度,使之不低于 65%。

在灌水时间上,可根据当年当季供水情况确定,供水充分时,可在土壤湿度降到 65% 时适时灌水或推迟 10 天灌水;在枯水年,供水紧缺时,可在土壤湿度降到 55% 前及时进行灌溉,滴灌水量为 22.5 m^3/亩(或 40 mm)。

苹果树年平均需水量 519.9 mm,需水强度 2.9 mm/d。年平均各生育时段需水量花芽期—幼果期是 37.4 mm,需水强度 1.5 mm/d;幼果期—果实膨大期是 30.8 mm,需水强度 1.7 mm/d;果实膨大期—采收期是 451.7 mm,需水强度 3.3 mm/d。多年平均各月需水量分别是:4 月份 34.9 mm,5 月份 66.3 mm,6 月份 97.2 mm,7 月份 112.4 mm,8 月份 98.6 mm,9 月份 94.1 mm,10 月份 17.1 mm。

干旱胁迫对烟草生理生化特性的影响

杨冬晓　王金生　郭　尊

（河南省南阳市鸭灌局灌溉试验站）

1　材料与方法

1.1　试验条件与供试品种

采用盆栽试验，人工防雨控水栽培，称重法控制土壤含水量。盆内径 30 cm，高 27 cm，盆土为沙壤土，密度 1.26 g/cm³，最大田间持水量 24.6%，土壤速效氮、磷、钾含量分别为 42.7 mg/kg、11.2 mg/kg、118.4 mg/kg。每盆装干土 10 kg，栽烟 1 株，施 15 - 15 - 15 型复合化肥 10 g。供试品种为烤烟品种 Nc89。

1.2　材料培养与试验处理

5 月 15 日移栽，保持土壤相对含水量 80% 左右培养烟株 30 天，于伸根中期停止供水进行干旱处理，使土壤相对含水量以每天 5% 左右的速度下降，经过 10 天，土壤相对含水量由 80% 下降至 30% 左右，然后恢复供水，仍保持土壤相对含水量 80% 左右。在干旱处理前取样测定有关指标，以后每 2 天测定一次。

2　结果与分析

2.1　干旱胁迫对烤烟水分代谢的影响

2.1.1　对烟叶水分状况和水势的影响

烟叶水分状况和水势（Ψ_w）是反映植物抗旱能力的重要指标。由表 1 可知，在烟草的伸根期随干旱时间延长，烟叶相对含水量（RWC）、自由含水量（FWC）和 Ψ_w 逐渐下降，束缚水含量（BWC）逐渐上升。干旱处理 10 天（土壤相对含水量 30%）与处理前（土壤相对含水量 80%）相比，RWC 下降 29.6%，FWC 下降 34.5%，Ψ_w 降低 1.8 MPa，而 BWC 则上升 28%。复水后 RWC、FWC 和 Ψ_w 迅速上升，BWC 则明显下降。可见，烟叶水分状况和 Ψ_w 对干旱胁迫反应是敏感的。在干旱条件下烟叶 RWC、FWC 和 Ψ_w 呈相同的变化趋势，表明三者之间密切相关。随土壤干旱程度增加，叶片 RWC、FWC 和 Ψ_w 显著降低，意味着水分胁迫程度的加剧。

2.1.2　对烟叶气孔阻力和蒸腾强度的影响

气孔阻力（RS）是衡量气孔开张度的重要指标，RS 越大，气孔开度越小。表 2 表明，在烟草的伸根期随干旱时间延长，叶片 RS 增大，复水后 RS 迅速下降。从表 2 还可以看出，干旱胁迫下烟叶的蒸腾强度与 RS 呈现相反的变化趋势，随干旱时间延长，蒸腾强

表1　干旱胁迫对烟叶水分状况和水势(Ψ_w)的影响

项目	干旱天数							
	0	2	4	6	8	10	12	14
RWC(%)	88	78	72	67	62	58	82	85
FWC(%)	66	58	50	43	36	32	52	62
BWC(%)	17	24	27	32	40	46	28	20
Ψ_w(MPa)	-0.25	-0.45	-0.95	-1.60	-1.95	-2.25	-0.90	-0.55

度显著下降。干旱处理10天,土壤相对湿度下降50%,烟叶蒸腾强度下降61.3%。复水后2天蒸腾强度基本恢复到处理前水平。由此可知,干旱胁迫会使叶片气孔开度减小,蒸腾强度减弱,从而减少烟株体内水分的散失,这是烟草对干旱胁迫的一种适应性反应和调节机能。

表2　干旱胁迫对烟叶气孔阻力和蒸腾强度的影响

项目	干旱天数							
	0	2	4	6	8	10	12	14
蒸腾强度($\mu g/(cm^2 \cdot S)$)	7.5	7.0	6.6	5.7	4.6	3.1	6.7	7.3
气孔阻力(S/cm)	0.32	0.42	0.58	0.70	0.83	1.10	0.55	0.38

2.2 干旱胁迫对烤烟光合特性的影响

2.2.1 对烟叶叶绿素含量和叶绿体希尔反应活力的影响

叶绿素含量是植物对干旱胁迫反应敏感的生理指标。从表3可以看出,在干旱胁迫下烟叶叶绿素含量下降。干旱处理10天,烟叶中叶绿素含量下降40.34%,复水后叶绿素含量直线上升,复水4天叶绿素含量恢复到处理前水平。

表3　干旱胁迫对烟叶叶绿素含量和叶绿体希尔反应活力的影响

项目	干旱天数							
	0	2	4	6	8	10	12	14
叶绿素含量(mg/g)	1.15	1.12	1.04	0.94	0.83	0.71	0.99	1.16
希尔反应活力($\mu mol/(mg \cdot h)$)	32.5	31.0	30.0	28.0	24.0	16.5	20.5	26.0

希尔反应是光合作用的一个重要过程,希尔反应活力反映了叶绿体的光合活性。从表3还可看出,在烟叶的伸根期干旱处理4天,烟叶叶绿体希尔反应活力下降不明显,4天以后希尔反应活力开始明显下降。干旱10天土壤相对含水量由80%下降到30%,叶绿体希尔反应活力由处理前的32.5 $\mu mol/(mg \cdot h)$下降到16.5 $\mu mol/(mg \cdot h)$,降低了49.23%。复水后叶绿体希尔反应活力直线回升,但复水4天希尔反应活力尚未恢复到处理前水平。这说明在干旱胁迫初期,由于胁迫程度较轻,对叶绿体光合活性影响不大。随着干旱时间延长,胁迫程度加剧,叶绿体光合活性明显下降。解除胁迫后叶绿体光合活性

的恢复具有滞后性。

2.2.2　对烟叶净光合强度和呼吸速率的影响

由表 4 知,在烟草生长前期干旱处理 4 天(土壤相对含水量为 80% 降至 60%),烟叶的净光合强度(Pn)下降量较小,只有 7.4%。4 天以后,随着干旱时间延长,土壤含水量进一步降低,叶片的 Pn 开始显著下降。干旱处理 10 天,Pn 下降 74% 。复水后 Pn 快速升高,但复水 4 天 Pn 才基本恢复到处理前水平,表明干旱胁迫对光合作用的影响具有滞后效应,这与叶片叶绿素含量和叶绿体希尔反应活力的变化是一致的。结合叶片气孔阻力的变化可知,干旱胁迫下烟叶 Pn 的降低与叶片气孔开度减小、叶绿素部分降解和叶绿体光合活性下降等因素有关。

表 4　干旱胁迫对烟叶净光合强度和呼吸速率的影响

项目	干旱天数							
	0	2	4	6	8	10	12	14
净光合强度(mg/(dm² · h))	5.3	5.1	4.9	4.0	2.6	1.3	2.8	4.7
呼吸速率(mg/(dm² · h))	2.7	3.5	5.5	4.7	3.7	2.1	2.6	3.5

对干旱条件下烟叶的呼吸速率测定结果表明,伸根期持续干旱 4 天,土壤相对含水量由 80% 下降到 60%,烟叶的呼吸速率呈上升趋势,以后随干旱时间延长,水分胁迫程度加强,呼吸速率逐渐降低。复水后呼吸速率又上升,复水 2~4 天,呼吸速率恢复到干旱前水平(见表 4)。可见在轻度干旱胁迫下烟叶的呼吸加强,而在严重干旱胁迫下烟叶的呼吸减弱。

2.3　干旱胁迫对烤烟氮代谢的影响

硝酸还原酶(NR)是植物体内硝酸盐同化过程中的一种关键酶,NR 活性的高低直接影响烟株的氮代谢过程。由表 5 知,在伸根期干旱处理 4 天,烟叶中 NR 活性下降幅度不大,4 天以后 NR 活性开始明显降低,干旱 10 天,NR 活性下降 55 .6%。复水后 NR 活性快速升高,复水后 4 天 NR 活性升高到处理前水平。由此可知,烟叶中 NR 活性对干旱胁迫的反应是敏感的,干旱导致烟叶 NR 活性下降。

表 5　干旱胁迫对烟叶 NR 活性和 PRO 含量的影响

项目	干旱天数							
	0	2	4	6	8	10	12	14
NR 活性(mol/(h·g))	14.2	13.6	12.6	10.5	8.4	6.5	10.1	14.5
PRO 含量(mg/g)	0.40	0.55	0.95	1.55	2.25	2.9	0.75	0.60

脯氨酸(PRO)是植物体内的一种重要的渗透调节物质,在防御植物干旱伤害方面起重要作用。表 5 还显示,在干旱胁迫下烟叶中 PRO 大量积累,干旱处理 10 天,烟叶中 PRO 含量较处理前增加 4.94 倍。复水后 PRO 含量快速下降,复水 2 天 PRO 含量已下降到处理前水平。上述结果表明,烟叶 PRO 含量对干旱胁迫的反应十分敏感,干旱胁迫下

烟叶中 PRO 大量积累。由于 PRO 是植物氮代谢过程中重要的中间产物,因此干旱胁迫严重干扰烟株的氮素代谢。

3　结论与讨论

(1)本研究结果表明,在干旱胁迫下烤烟叶片的 RWC 和 FWC 下降,BWC 上升,叶片 Ψ_w 降低,RS 增大,蒸腾强度减小。上述指标随土壤水分状况的变化而变化,说明烟草的水分代谢对干旱胁迫的反应敏感。烟叶 RWC、FWC、Ψ_w 和蒸腾强度在干旱胁迫下呈相同的变化趋势,说明四者之间密切相关,RWC 和 FWC 下降使叶片 Ψ_w 降低,导致气孔开度减小,蒸腾强度减弱。由于植物含水量的降低,束缚水含量的增加与植物抗逆性的加强密切相关,因此可以认为干旱胁迫下烟叶上述指标的变化是烟株自身对干旱胁迫的一种适应性反应和调节。

(2)水分胁迫下植物的光合作用下降,本研究结果支持这一观点。在干旱胁迫下烟叶中叶绿素含量下降,叶绿体希尔反应活力降低,Pn 减弱,而且干旱胁迫对烟草光合作用的影响具有滞后效应。干旱胁迫下烟叶 Pn 的变化与叶绿素含量和叶绿体希尔反应活力的变化相一致,与 RS 变化趋势刚好相反,表明干旱胁迫下烟草光合作用的降低受气孔因素和非气孔因素的双重影响。

(3)一般认为,植物的呼吸作用因水分胁迫而减弱,但也有研究发现在水分胁迫下某些植物的呼吸出现一时增强的现象。本研究结果与后者相一致,表现为轻度干旱胁迫下烟叶的呼吸加强,严重干旱胁迫下烟叶的呼吸减弱。干旱胁迫下烟叶呼吸下降可能是由细胞内 FWC 减少,Ψ_w 降低,线粒体膜结构受损伤而引起的。而轻度干旱下烟叶呼吸增强的原因比较耐人寻味,根据呼吸作用的生化反应,这可能是线粒体膜被破坏,阻碍了呼吸链的电子传递过程,使氧化磷酸化解偶联所造成的,也可能与呼吸代谢途径的改变有关,值得进一步研究。

(4)NR 是植物氮代谢过程中的一种关键酶,对水分胁迫的反应比较敏感,本研究证实了这一点。在干旱胁迫下烟叶中 NR 活性明显下降,其变化趋势与 Pn 的变化相一致,表明二者密切相关。由于光合作用形成的糖运往细胞质后,经糖酵解产生 NADH,可为硝酸盐还原提供氢供体,因此干旱胁迫下光合作用受阻,NR 活性降低。但也有研究表明,水分胁迫下 NR 活性降低是由于蛋白质合成减弱,使酶的合成也迅速减少,也可能与干旱条件通过导管由根部送往叶片的含 NO_3^- 的液流减少有关。

(5)水分胁迫在植物氮代谢方面引起的另一种引人注意的转变是 PRO 的大量累积,本研究也得到了类似的结果。在干旱胁迫下烟叶中 PRO 含量大量增加,而且 PRO 对干旱胁迫的反应十分敏感。据报道,干旱条件下植物体内游离 PRO 的增加可能与其合成受激、氧化受抑和蛋白质合成受阻有关。因此,可以认为干旱胁迫严重影响烟株的氮代谢过程。此外,由于 PRO 是一种重要的渗透调节物质,在防御植物干旱伤害方面起重要作用,因此干旱胁迫下烟叶中 PRO 的积累可能是烟株自身对干旱的一种适应性调节反应。

水稻非充分灌溉研究

熊国平　赵福生　龚佳军　刘晨曦

（湖南省灌溉试验中心站）

水资源短缺,已成为全球性问题。水的问题,也就是人口的问题(水－食物－人)。水的问题,也是耕地的问题——灌溉可以使土地变耕地,缺水则使良田变荒地。我国是世界贫水国之一,人口占世界人口 1/4,而水资源人均占有量居世界的 121 位。农业是用水大户,占总用水量的 80% 左右,而农田灌溉水利用系数只有 0.4～0.5,有一半左右的水未被作物利用,浪费严重。节约用水、科学用水,充分利用降雨,使有限的水资源,在不同农作物及同一农作物不同生育期合理分配,以获得最大的灌溉效益,是我们的最终目标。开展非充分灌溉、调亏灌溉、控制性交替灌溉等灌溉新理念的研究,逐步解决"以水定产"或"以产定水"的问题,是灌溉试验工作者建设社会主义新农村时期的主要任务。

水稻是需水量最大的作物,有史以来,淹水种稻、大水漫灌及近年推行的以丰产为目标的充分灌溉都造成水资源极大的浪费。湖南有 5 000 万亩耕地,占全省总土地面积的 16%,其中水稻种植面积 4 000 万亩,双季稻种植面积 3 200 万亩,按常规用水(包括秧田用水、泡田用水、水利工程性损失)计算,4 000 万亩水稻每年用水达 500 亿～600 亿 m^3。是水利部分配全国农业用水指标(3 600 亿 m^3)的 1/6。因此,节水灌溉的研究、新的灌溉技术的推广迫在眉睫。

非充分灌溉是一种新的灌溉技术,它是节水农业的重要组成部分,也是未来农业灌溉发展的方向及必然趋势。随着市场经济的发展,水作为商品进入市场后,农民势必要考虑生产成本(水、肥、药、种、工)和产品价值间的关系,而水对产品价值形成的影响是第一位的,决定其给出数量、时间,不同农作物和不同生育期的分配情况,采取相应的灌溉技术,才能创造更高的价值。湖南是主粮产区,虽有湘、资、沅、澧四水及洞庭湖水源优势,但缺水的矛盾日趋突出,到底非充分灌溉对水稻生长发育有何影响? 对产量形成有何影响? 不同生育期缺水敏感程度如何? 缺水率(节水率)与减产率相互关系怎样? 怎样的非充分灌溉(受旱水平)尺度,既能节水又能稳产呢? 我站在水利部灌溉试验总站的指导下,于 2004～2005 年进行了两年的对比试验,初步解答了这些问题,具体的试验操作和结论如下。

1 试验方法和处理设计

1.1 试验方法

水稻本田期非充分灌溉和充分灌溉对比试验在本站试验田有底测坑中进行,每坑面积 6 m^2,建于 1990 年,于 2004 年早稻试验前加设简易防雨棚。测坑成土母质为河湖冲积物,耕作层为湖积物,厚度 30～40 cm,有机质含量 2.62%,全氮含量 0.1%,全磷含量

0.22%,全钾含量 2.21%,犁底层薄,心土层砂性较重,保水保肥能力差,本试验设水稻本田期前期非充分灌溉为低受旱水平(灌水下限土壤含水率未达到凋萎系数,但对生长发育明显受阻),设前期非充分灌溉(返青—分蘖期,代号 A)、中期非充分灌溉(拔节—抽穗期,代号 B)、后期非充分灌溉(灌浆—成熟、代号 C)3 个处理,并设充分灌水丰产灌溉(代号 K)为对照,各重复 3 次,布设于 12 个有底测坑中。用水表量水计量灌水量,测坑底部排水计为渗漏量,用恒温烘干法测量 0~40 cm 土壤水分损失及确定灌水下限时间,根据水量平衡原理计量各生育阶段的腾发量:

$$ET = W + Q - f$$

式中:ET 为计算时段内的腾发量之和,mm;W 为相应时段内 0~40 cm 土壤水分消耗量,mm,增加为负值;Q 为相应时段内灌水总量,mm,水表数;f 为相应时段内渗漏量,mm,坑底所测。

1.2 处理设计

A 处理:返青—分蘖期,灌水下限为田间持水量的 60%~70%(绝对含水量 6%左右),上限为灌一次跑马水,达到全田湿透,脚印眼水相连,其他生育期灌水同 K 处理。B 处理、C 处理的非充分灌溉处理在生育中期和生育后期灌水上、下限标准同 A 处理,其他生育期灌水同 K 处理。K 处理的水浆管理见表 1。

表 1 水稻本田期充分灌溉水浆管理标准 （单位:mm）

稻别	返青期	分蘖期		拔节期	抽穗期	灌浆期
		前中期	后期			
早稻	0~15	0~15	视苗晒田	0~30	0~30	湿润管理
晚稻	0~30	0~30	视苗晒田	0~30	0~30	湿润管理

注:1. 视苗晒田,根据稻分蘖数量及长势长相酌情进行轻晒、中晒、重晒。
　　2. 湿润管理,灌跑马水,保持干干湿湿,有水不见水层,无水不缺水。

2 结果分析

2.1 对生长发育和产量形成元素的影响

水稻本田生育前期进行非充分灌溉(A 处理),其分蘖发生进度迟 1~2 天,最高分蘖数较对照处理(K 处理)少 3 万~4 万蘖/亩,但其分蘖成穗率较高,对产量的影响取决于后期水肥管理水平,如果后期肥水管理得好,可以消除前期水分胁迫的影响,达到稳产或增产的目的。分析其原因有三:第一,缺水不利于分蘖产生,但有利于根系生长生育,2005年 5 月 20 日调查,早稻浙辐 802 平均每株鲜根重量 A 处理较 K 处理重 10%~15%,而且白根多、单根长、根的活力强,有利于中后期营养吸收,为高产奠定了根系基础。第二,水稻营养生长期长,营养生长暴发力强,水稻本田生育前期因缺水受到抑制的营养生长,在适当的水、肥、光、热条件下,急剧积累营养物质,使已分化的新蘖成为有效穗,并且茎秆粗壮结实,为大穗形成奠定了基础。第三,形成的光合作用产物分配到相对较少的蘖穗中,容易产生大穗和高千粒重(见表 2),从而维持与充分灌溉相对平衡的产量。水稻生育中期(B 处理)进行非充分灌溉,不利于茎节伸长和幼穗分化。2004 年 6 月 25 日调查(早稻抽穗始期),B 处理平均株高 94.6 cm,而对照 K 处理平均株高 96.5 cm,而且出穗不整齐,扬花后,还有少量靠近穗颈节的颖壳留在喇叭口内,穗颈节抽出率为 89%。考种结果表明,每穗粒数和结实率均比对照低。原因如下:第一,这两个生育期一个是以茎秆伸长为中心的营养生长期,一个是以幼穗分化为中心的生殖生长期。在营养生长阶段,水(肥、光、热)充足,氮代谢旺盛,光合作用强,形成较多的光合作用产物,茎秆伸长快,而且贮存了较多的光合作用产物,为大穗形成夯实基础。反之,中期受旱缺水,由于水分胁迫的影响,氮代谢减弱,光合作用的发生及产物的贮存、运输受阻,抽出的茎秆弱少无力,缺乏大穗的物质基础。进入生殖生长阶段,叶面积较大,气温高,腾发活动强,而幼穗是最幼嫩的器官,含水量多,若缺水,其他部分会从幼嫩的幼穗中吸取水分,阻碍幼穗的正常发育,影响二次枝梗和颖花分化,阻碍性细胞的减数分裂,致使穗子少、空壳多。第二,缺水不能保证光合产物的畅通运输,无机营养不能顺利从土壤中吸收,影响其生理平衡。第三,缺水条件下,植株会通过缩小叶片气孔的张开度来减少蒸腾量,以便维持体内水量平衡,导致二氧化碳进入细胞受阻,光合效率低,不能形成足够的光合作用产物保证幼穗的分化,致使颖花败育,不实率增加。水稻本田生育后期进行非充分灌溉(C 处理),则影响籽粒的充实度,降低千粒重。如表 2 所示,2004 年早稻 C 处理较对照 K 处理千粒重低 0.8 g,晚稻低 1.1 g,2005 年早稻低 1.2 g,晚稻低 0.5 g。因为水稻生育后期根的生长已停止,而且逐步老化,缺水则使根的吸水量减少,吸肥量减少,缺乏高千粒重无机物质基础,光合作用产物不能顺利地转运到籽粒中,而且早期形成的光合作用产物以氮的化合物形式贮存在茎叶中,只有在水分充足的条件下,重新分解,形成碳水化合物,作为籽粒充实的物质来源,缺水则使一部分光合作用产物滞留在茎叶中,形成生物产量不能转化为经济产量,继而减产。

表 2　2004～2005 年水稻非充分灌溉与充分灌溉处理农艺性状统计

稻 别	处理	基本苗 (万蘖/亩)	最高分蘖 (万蘖/亩)	有效穗粒 (万蘖/亩)	分蘖成穗率 (%)	每穗粒数 (粒/穗)	结实率 (%)	千粒重 (g/千粒)	理论产量 (kg/亩)	实测产量 (kg/亩)	相对减产率 (%)
2004 年早稻 (本田期 65 天) 浙辐 802	A	15.63	32.35	23.76	70	86	92	26.0	562.8	410.0	2.5
	B	15.60	35.02	28.87	68	80	96	25.9	514.4	375.5	10.7
	C	15.47	34.03	28.70	71	86	89	25.0	549.2	400.0	4.9
	K	15.48	34.27	28.79	71	85	91	25.8	574.5	420.5	
2005 年早稻 (本田期 66 天) 浙辐 802	A	15.29	30.58	27.35	79	86	90	25.8	546.2	400.0	5.8
	B	15.21	35.04	28.65	68	80	86	24.5	482.9	348.0	18.1
	C	15.52	36.02	29.03	66	83	92	24.7	547.5	400.5	5.8
	K	15.37	35.87	29.05	67	84	90	25.9	568.8	425.0	
2004 年晚稻 (本田期 70 天) I优 198	A	8.15	23.42	21.86	90	123	88	27.4	648.3	405.0	2.4
	B	8.17	27.38	23.42	79	113	79	27.3	570.8	365.0	18.8
	C	8.17	27.39	23.40	79	118	90	27.2	643.6	402.5	3
	K	8.16	27.09	23.06	79	120	89	27.0	665.0	415.0	
2005 年晚稻 (本田期 73 天) I优 198	A	7.97	23.35	21.25	86	120	88	27.4	614.9	450.0	0.9
	B	7.96	25.98	22.96	83	106	80	27.5	535.4	365.5	19.5
	C	7.95	25.84	22.94	84	119	83	26.7	605.0	440.0	3.1
	K	7.95	25.67	22.90	84	118	84	27.2	617.4	454.0	

2.2　节水效果

2004～2005 年对比试验研究表明,各生育期进行非充分灌溉的节水情况是:早稻平均每天节水,返青期2.28 m³/亩,分蘖期3.07 m³/亩,拔节期3.68 m³/亩,抽穗期4.17 m³/亩,灌浆期4.10 m³/亩;晚稻平均每天节水,返青期2.73 m³/亩,分蘖期3.36 m³/亩,拔节期4.27 m³/亩,抽穗期4.95 m³/亩,灌浆期3.64 m³/亩。其节水效果取决于土壤质地、土层结构和非充分灌溉的处理天数,砂性重、犁底层薄则深层渗漏较大,生育期天数多则对照 K 处理耗水量大,而相对的非充分灌溉的节水效果好,按平均每天节水效果排列是:抽穗期＞拔节期＞灌浆期＞分蘖期＞返青期(见表3)。

表3　2004～2005 年水稻不同生育期非充分灌溉节水情况统计　　(单位:m³/亩)

稻别	年份	返青期 A 比 K 节水	分蘖期 A 比 K 节水	拔节期 B 比 K 节水	抽穗期 B 比 K 节水	灌浆期 C 比 K 节水
早稻	2004 年	15.0(8 天)	52.3(16 天)	68.1(20 天)	26.1(7 天)	55.9(14 天)
	2005 年	21.4(8 天)	43.0(15 天)	82.7(21 天)	32.2(7 天)	63.1(15 天)
	平均每天	2.28	3.07	3.68	4.17	4.10
晚稻	2004 年	10.0(6 天)	44.8(14 天)	75.7(21 天)	38.8(7 天)	85.1(22 天)
	2005 年	22.8(6 天)	49.4(14 天)	102.8(23 天)	45.4(10 天)	68.0(20 天)
	平均每天	2.73	3.36	4.27	4.95	3.64

2.3　缺水率与减产率的关系

水是稻的命,缺水导致减产是不争的事实,但不同时期的缺水率与减产率之间的关系各不相同,而且受栽培措施、气象条件影响,表4统计了2004～2005 年不同生育期缺水率与减产率,早稻生育前期缺水10%则减产2.6%,生育中期缺水10%,则减产5.4%,生育后期每缺水10%则减产3.6%;晚稻生育前期缺水10%则减产1.1%,生育中期缺水10%则减产7%,生育后期缺水10%则减产1.7%。

表4　2004～2005 年水稻不同生育期缺水率与减产率统计

稻别	生育前期		生育中期		生育后期	
	缺水率(%)	减产率(%)	缺水率(%)	减产率(%)	缺水率(%)	减产率(%)
早稻	16	2.5	23	10.7	14	4.9
	16	5.8	30	18.1	16	5.8
	10	2.6	10	5.4	10	3.6
晚稻	13	2.4	25	18.8	20	3
	16	0.9	30	19.5	16	3.1
	10	1.1	10	7	10	1.7

2.4　水稻本田生育期生育前、中、后期缺水敏感指数

根据 JenSen 相乘模型

$$\frac{Y_k}{Y_m} = \prod_{i=1}^{n} \left(\frac{ET_{ci}}{ET_{cmi}} \right)^{\lambda_i}$$

式中:Y_k 为水稻在水分不足条件下的产量,kg;Y_m 为水稻在水分充足条件下的产量,kg;ET_{ci} 为水稻在未充分灌溉条件下某一阶段耗水量,mm;ET_{cmi} 为水稻在充分灌溉某一阶段的耗水量,mm;n 为生育阶段数;i 为非充分灌溉的阶段数;λ_i 为非充足灌溉阶段的缺水

敏感指数。

计算 2004～2005 年早、晚稻各生育阶段缺水敏感指数见表 5,缺水敏感指数的大小表明了水稻生育过程中对缺水的敏感程度,测算结果表明,生育中期对缺水最敏感,在缺水的情况下,应优先分配处于生育中期水稻用水,因为它直接影响产量形成的两个因素——每穗粒数和结实率,其次是分蘖期和灌浆期,它们则与产量形成因素——有效穗数和千粒重密切相关。许多研究资料表明,浅(有)水分蘖,干湿壮粒,掌握好"水"的尺度(非充分灌溉研究核心),控制腾发量,减少深层渗漏量,既能节约用水,又可满足水稻生产需水要求,达到以产定水的目标。

表 5　2004～2005 年水稻前、中、后期缺水敏感指数

稻别	年份	生育前期返青—分蘖	生育中期拔节—抽穗	生育后期灌浆期
早稻	2004 年	0.058 4	0.326 8	0.052 3
	2005 年	0.113 8	0.294 5	0.078 1
	平均	0.086 1	0.310 7	0.065 2
晚稻	2004 年	0.102 7	0.301 8	0.035 6
	2005 年	0.018 1	0.345 9	0.049 6
	平均	0.060 4	0.323 9	0.042 6

3 结论

(1)水稻本田期进行非充分灌溉对生长发育和产量形成因子的影响是:前期进行非充分灌溉则影响分蘖进度,降低分蘖率,减少每亩有效穗数。中期非充分灌溉则影响茎秆的抽出,影响幼穗分化,降低结实率和每穗粒数。后期进行非充分灌溉则禾苗提早枯黄,有碍生物产量转化为经济产量,降低千粒重。

(2)水稻本田期进行非充分灌溉的节水效果是:抽穗期＞拔节期＞灌浆期＞分蘖期＞返青期。

(3)水稻本田期在低受旱水平(土壤含水率未到凋萎含水率)进行非充分灌溉缺水与产量关系是:早稻生育前期缺水 10% 减产 2.6%,中期缺水 10% 减产 5.4%,后期缺水 10% 减产 3.6%;晚稻前期缺水 10% 减产 1.1%,中期缺水 10% 减产 7%,后期缺水 10% 减产 1.7%。

(4)水稻本田生育期,缺水敏感程度是,生育中期最大,生育前期和生育后期次之。

参 考 文 献

[1] 陈王民,肖俊夫 . 关于非充分灌溉及研究工作的意见 . 见:灌溉试验站网建设与试验研究 . 郑州:黄河水利出版社,2005

[2] 康绍忠,陈亚新 . 非充分灌溉原理 . 北京:中国水利水电出版社,1995

[3] 李念昌 . 作物敏感指数与敏感系数的分析与研究 . 灌溉排水,1990(4)

非充分灌溉条件下柴达木盆地
小麦需水量试验初探

刘得俊[1] 韩 瑞[1] 李若东[2] 冯玲正[1]
李添萍[1] 贾绍凤[3] 李润杰[1] 冯宁利[1]

(1.青海省水利水电科学研究所;2.青海大学水电系;
3.中国科学院地理科学与资源研究所)

1 概 述

柴达木盆地为青藏高原北部边缘的一个巨大的山间盆地,地处青海省的西北部。介于北纬35°00′~39°2′、东经90°16′~99°16′之间。该盆地地处我国腹地的内陆地区,远离海洋,降水稀少,且各地差异较大。盆地多年平均降水量为17~338 mm,年蒸发量为2 024.9~3 501.6 mm,具有典型高原大陆性荒漠气候特征,寒冷、干燥、富日照、太阳辐射强、多风。柴达木盆地农作物种植主要以春小麦、油菜为主,还有少量的豆类和马铃薯等,随着农业产业结构的调整,作物的品种也有了一定的增加。

但是,柴达木盆地大面积的小麦种植与严重的干旱缺水是长期以来未能解决的主要矛盾,以水分胁迫对作物的影响为理论基础的非充分灌溉技术的提出为缓解地区农业用水供需矛盾开辟了新的途径。非充分灌溉是在水不充分,水分供给状况不能充分满足作物的需求,从而使作物实际用水速率小于最佳水分环境条件下的需水速率,但在某些情况下,不仅不降低作物的产量,反而能增加产量、提高水分利用效率的灌溉方法。以此为基础,在柴达木盆地实施了春小麦为对象的非充分灌溉试验研究。

2 试验设计

非充分灌溉小麦试验选择常规小麦品种高原314,播种前分别做发芽率和千粒重试验。小麦施用常规肥料:二铵17.5 kg/亩、尿素10 kg/亩,苗水时追尿素10 kg/亩。小麦地块为16 m×3.6 m。水分下限3个处理,次灌水量2个处理,共计6个处理,每个处理3个重复,合计18块试验地,设置保护地。小麦下种量为25 kg/亩,采用人工开沟条播。

试验区的田间持水量为21.73%,小麦采用的处理为控制水分下限分别为田间持水量的35%、50%、60%(即重量含水量8.4%、12.0%和14.4%,体积含水量为12.2%、17.4%和20.9%),下限含水量确定根据作物生育期根系活动层深度加权平均;灌水量为35 m³/亩和60 m³/亩。即A:控制水分下限为田间持水量的35%,次灌水量为35 m³/亩;B:控制水分下限为田间持水量的35%,次灌水量为60 m³/亩;C:控制水分下限为田间持水量的50%,次灌水量为35 m³/亩;D:控制水分下限为田间持水量的50%,次灌水量为60 m³/亩;E:控制水分下限为田间持水量的60%,次灌水量为35 m³/亩;F:控制水分下限为田间持水量的 60％,次灌水量为 60 m³/亩。采用剖面探测仪取样(隔日),详细记录生育期及生育期降水量、灌水量、耗水量和产量等,得到作物水分产量、需水量试验成果数据。

3　试验成果分析

3.1　不同灌溉定额对耗水量及产量的影响

由表 1 可以看出,小麦不同灌溉次数对小麦的产量影响比较明显,灌水次数为 4 次的小麦产量明显高于灌水次数为 3 次的,灌水次数不同所表现的结果也不一,品种间的产量、千粒重、单株产量和单株高有明显的差异。因此,在柴达木盆地,制定灌溉制度是灌水次数至少需要 4 次才可以带来较高的小麦产量。

表 1　不同灌水次数与小麦产量关系成果

灌水次数 (次)	阶段需量 (cm³/亩)	千粒重 (g)	亩产量 (kg)	单株产量 (g)	每平方米株数 (株)	单株高 (cm)
3	236.2	51.6	243.1	1.44	437	77.7
4	303.8	43.0	288.3	1.22	429	86.2

注:表中数值为 6 个处理的均值。

从表 2 中可以看出,在灌水次数都为 4 次的条件下小麦的产量与需水量并不构成直线相关关系,小麦产量高并不意味着阶段需水量就大,而阶段需水量大的并不会有高的产量。以表中第 4 种和第 1 种处理方法为例,在第 4 种处理中当产量为 337.8 kg/亩时的灌水量为 130.7 m³/亩;而第 1 种处理中尽管灌水量达到 287.8 m³/亩,但小麦的产量仅为 308.6kg/亩,明显低于第 4 种处理。这是因为小麦各个生理过程对水分亏缺的反应各不相同,而且水分胁迫可以改变光合产物的分配。水分胁迫并非完全是负效应,特定发育阶段、有限的水分胁迫对提高产量和品质是有益的,证明作物在非充分灌溉条件下,某些阶段经受适度的水分胁迫,对于有限缺水具有一定的适应性和抵抗性效应。一般认为,植物在水分胁迫解除后,会表现出一定的补偿生长功能。在某些情况下,水分亏缺不仅不降低作物的产量,反而能增加产量、提高水分利用效率和降低生产成本。

表 2　小麦需水量与产量关系分析成果

处理	灌水 (次)	阶段灌 水定额 (m³/亩)	土壤水 分消耗 (m³/亩)	阶段需 水量 (m³/亩)	产量 (kg/亩)	每平方米 株数 (株)	单株高 (cm)	单株 穗长 (cm)	单株 粒数 (粒)	单株 产量(g)	千粒重 (g)
1	4	287.8	−54.0	361.1	308.6	362	76.9	4.0	24.9	1.03	43.4
2	4	209.5	−24.3	312.5	330.6	526	92.7	4.7	32.7	1.38	44.3
3	4	146.1	37.8	311.2	243.4	440	88.0	5.1	28.3	1.15	40.6
4	4	130.7	81.0	339.0	337.8	465	89.7	5.0	34.7	1.55	42.8
5	4	159.7	−42.3	244.7	274.1	373	88.6	4.6	24.4	1.23	45.0
6	4	173.5	−46.8	254.0	237.8	406	81.2	4.3	23.5	0.98	41.9

3.2　阶段耗、需水规律分析

由表3可以看出，随着小麦的生长，各生育期所消耗水量及需水量的程度也不同，小麦日耗水量从播种—成熟期逐渐增大，相应的需水量也随之增大，这主要是播种—抽穗期植株小，本身需水量小，同时气温不是太高；到抽穗—扬花期日耗水量和阶段需水量都达到最大，此时期正是营养生长与生殖生长并进时期，生命活力旺盛，叶面积增大，加之温度高、大气蒸发能力日益增加，小麦的需水量也日益加大，还要积蓄大量的干物质，因此耗水量很大，相应地需水量也达到最高要求。扬花—成熟期作物生长量逐渐减缓，耗水量也逐渐降低。因此，应根据生育期耗水量的变化，在灌溉次数明确的情况下控制好关键生育期的灌水量，确保小麦的良好生长。

表3　各阶段耗水量统计

生 育 期(月-日)	日耗水量(m³/亩)	阶段需水量(m³/亩)
播种—出苗(04-21~05-15)	-1.2	-29.3
出苗—分蘖(05-15~05-26)	2.9	31.5
分蘖—拔节(05-26~06-08)	1.5	19.4
拔节—抽穗(06-08~07-05)	0.6	16.5
抽穗—扬花(07-05~07-20)	7.8	116.1
扬花—成熟(07-20~08-22)	2.5	82.3

3.3　土壤含水率变化分析

试验中采用土壤水分剖面探测仪测定，设定取土深度为1 m，隔1天测定1次，测得小麦全生育期的需水量及土壤水分含水率，小麦在不同生育期由于根系分布不同，因此对土壤水分的要求也不同，适宜的土壤水分状况，根系发育旺盛，而土壤水分不足时，小麦根系向深层伸展，吸收深层土壤水分，随着小麦的生长发育，在6、7月份土壤水分的变化最为明显，在抽穗—扬花阶段达到最大阶段需水量，随着成熟期的来临，需水量逐渐减小。根据土壤水分剖面探测仪测定的数据，及时掌握土壤水分现状和变化趋势，确定阶段灌水量，满足小麦生长对土壤水分的要求。

4　两种灌溉模式下需水量、产量对比分析

根据柴达木盆地测得的非充分灌溉条件下小麦产量与需水量的关系成果表，引入青海省省内和国内其他地区的充分灌溉条件下的成果数据，进行不同地区产量与需水量的对比分析。

从表4中可以看出，两地在采用两种不同的灌溉模式后产量的表现明显不同，在非充分灌溉下小麦的千粒重、单株产量均较充分灌溉模式下的千粒重、单株产量分别高出1.6 g、0.14 g，小麦的增产性表现优良。但在表中每平方米株数和亩产量中非充分灌溉模式较充分灌溉模式低，这主要是在苗期气温突降受冻遭受气象灾害造成的。

表 4　高原 314 品种在香日德和乐都两地不同灌溉模式下产量对比

地区	灌水次数(次)	灌溉模式	千粒重(g)	亩产量(kg)	单株产量(g)	每平方米株数(株)
香日德	3	非充分灌溉	51.6	243.1	1.44	437
乐都	4	充分灌溉	50.0	560	1.30	645

　　小麦需水量是受其生长状况及所处的环境条件尤其是气象因素等综合影响随时间与空间而变化的变量,由于空间变化而导致的变化很明显,不同地区气象条件存在非常明显的差异,从表 5 和表 6 中柴达木盆地和青海省省内的湟水流域与省外的甘肃武威地区进行比较可以看出,柴达木地区的地面蒸发较其他地区,至少高出 300~700 mm,小麦各阶段的需水量也不同,产量变化幅度也很大。从表中看出,产量增加,需水量增加;气象条件发生变化,需水量也在变化。地区不同,气候异样,小麦的需水系数也不一样。产量越高,需水量越高,产量的高低取决于水分的供应;从甘肃武威地区和青海乐都地区的需水量与产量数据看出,需水量过大,并不能获得较高的产量,这从应用不同处理方法对需水量与产量关系的分析中已知,水量供应过大,并不会达到相应高的产量,同时又造成水的浪费。

表 5　与湟水流域小麦需水量试验成果对比

地　区		地面蒸发(mm)	产量(kg/亩)	需水量(m³/亩)	需水系数(kg/kg)
湟水流域	上游	1 215~1 461	405.0	328.0	0.81
	下游	1 737~1 850	416.9	337.4	0.81
香日德地区		2 024.9~3 501.6	243.1	236.2	0.97

表 6　与国内其他地区春小麦需水量试验对比成果

地　区	播种—出苗 (mm)	出苗—分蘖 (mm)	分蘖—拔节 (mm)	拔节—抽穗 (mm)	抽穗—成熟 (mm)	全期 (mm)	产量 (kg/亩)
甘肃(武威)	35.70	56.40	102.80	139.90	251.0	858.80	341.35
青海(乐都)	23.80	39.30	59.60	122.30	207.50	452.50	438.40
青海柴达木地区	25.05	41.1	29.85	45.45	314.25	455.7	308.60

5　结　论

　　根据以上试验分析可以得出以下结论:

　　(1)以上分析可以得到,采用 3 次灌水和 4 次灌水两种不同的灌溉制度,小麦的产量和千粒重明显不同,因此从提高经济效益和小麦品质的角度出发,试验区小麦灌溉制度为:至少 4~5 次之间,灌溉定额为 200~300 m³/亩。

　　(2)由于在不同的生育阶段,受小麦自身生理特性及地区环境因素等的变化影响,小麦对土壤水分的要求不尽相同。播种—抽穗期本身的消耗水量少,但株间蒸发大,因此该期的主要措施是减少株间蒸发,促进根系发育,适度控制灌水;抽穗—扬花期耗水量大,此期正是高温阶段,植株生长发育旺盛,新陈代谢快,是产量形成的关键时期,宜增加灌水量;扬花—成熟期生长缓慢,耗水量小,但为增产应控制好灌水。

　　(3)小麦的产量和需水量并不构成直线相关关系,水分供应过大,未必能获得预期的产量;获得高的产量,并不意味着需水量大。因此,按照非充分灌溉的原理,充分利用小麦自身的生理特性改进作物水分利用效率,合理分配控制各阶段的灌水量,达到提高小麦产量和品质、提高水分利用效率、节约生产成本的目的。

6　存在的问题

虽然经过与其他地区成果数据的比较,可以很容易地看出非充分灌溉条件和充分灌溉条件以及不同地区间小麦需水量与产量的变化关系,但由于本次试验周期短,就同一地区不同耕作条件、不同土壤肥力和盐分水平条件下产量水平提高而引起的需水量的变化关系未能做出研究,因此在试验中应该增加试验观测要素,综合考虑水分、土壤肥力和盐分水平,开展以实现水、肥、盐联合调控为目的的试验;另一方面,增加小麦需水量受生长状况及所处的环境条件随时间而变化的关系的研究;第三,试验是以柴达木地区都兰县香日德农场为典型区域开展的,在对整个柴达木地区小麦产量与需水量关系的反映精度上还有一定的差距,因此在继续的试验中增加研究单点,转向研究区域范围内的作物小麦水分生产函数及其分布特征,提高研究成果的精度和实效。

参 考 文 献

[1] 陈亚新,等.非充分灌溉原理.北京:中国水利水电出版社,1995
[2] 王勤礼,赵春辉,保庭科,等.张掖市加工型番茄灌溉制度研究.节水灌溉,2005(2)
[3] 周立,任文浩,于升松,等.柴达木盆地水资源供求关系及生态保护.西宁:青海人民出版社,2000
[4] 陈玉民,郭国双,王广兴,等.中国主要作物需水量与灌溉.北京:中国水利水电出版社,1995

非充分灌溉条件下柴达木盆地
油菜需水量试验初探

李若东[1]　刘得俊[2]　韩　瑞[2]　孙海兵[2]

王文卿[2]　冯玲正[2]　贾绍凤[3]　李润杰[2]

(1.青海大学水电系；2.青海省水利水电科学研究所；
3.中国科学院地理科学与资源研究所)

1 概　述

柴达木盆地为青藏高原北部边缘的一个巨大的山间盆地,地处青海省的西北部。介于北纬 35°00′～39°2′,东经 90°16′～99°16′之间。该盆地地处我国腹地的内陆地区,远离海洋,降水稀少,且各地差异较大。盆地多年平均降水量为 17～338 mm,年蒸发量为 2 024.9～3 501.6 mm,具有典型高原大陆性荒漠气候特征,寒冷、干燥、富日照、太阳辐射强、多风。柴达木盆地农作物种植主要以春小麦、油菜为主,还有少量的豆类和马铃薯等,随着农业产业结构的调整,作物的品种也有了一定的增加。

但是,柴达木盆地大面积的油菜种植与严重的干旱缺水是长期以来未能解决的主要矛盾,以水分胁迫对作物的影响为理论基础的非充分灌溉技术的提出为缓解地区农业用水供需矛盾开辟了新的途径。非充分灌溉是在水不充分,水分供给状况不能充分满足作物的需求,从而使作物实际用水速率小于最佳水分环境条件下的需水速率,但在某些情况下,不仅不降低作物的产量,反而能增加产量、提高水分利用效率的灌溉方法。以此为基础,在柴达木盆地实施了以油菜为对象的非充分灌溉试验研究。

2 试验设计

油菜试验选择当地优势油菜品种青油 14,播种前分别做发芽率和千粒重试验。油菜施用常规肥料:二铵 17.5 kg/亩、尿素 5 kg/亩,苗水时追尿素 5 kg/亩。油菜地块为15 m×3.3 m。水分下限设计 3 个处理,次灌水量 2 个处理,共计 6 个处理,每个处理 3 个重复,合计 18 块试验地,设置保护地。油菜下种量为 500 g/亩,采用撒播。

试验区的田间持水量为 21.73%,油菜采用的处理为控制水分下限分别为田间持水量的 35%、50%、60%(即重量含水量 8.4%、12.0% 和 14.4%,体积含水量为 12.2%、17.4% 和 20.9%),下限含水量确定根据作物生育期根系活动层深度加权平均;灌水量为 35 m³/亩和 60 m³/亩。即 A:控制水分下限为田间持水量的 35%,次灌水量为 35 m³/亩;B:控制水分下限为田间持水量的 35%,次灌水量为60 m³/亩;C:控制水分下限为田间持水量的 50%,次灌水量为 35 m³/亩;D:控制水分下限为田间持水量的 50%,次灌水量为 60 m³/亩;E:控制水分下限为田间持水量的 60%,次灌水量为 35 m³/亩;F:控制水分下限为田间持水量的 60%,次灌水量为 60 m³/亩。采用土壤水分剖面探测仪取样(隔日),详细记录生育期及生育期降水量、灌水量、耗水量和产量等,得到作物水分产量、需水量数据。

3 试验数据分析

3.1 油菜各生育阶段需、耗水量的统计分析

由表 1 可以看出,随着油菜作物的生长,各生育期所消耗水量及需水量的程度也不同,油菜日耗水量从播种—终花期逐渐增大,相应的需水量也随之增大,这主要是播种—终花期间随着植株的逐渐增长,加上气温的不断升高,气候干旱,蒸发量占耗水量的很大一部分比例,所以作物耗水能力越来越高,需水量越来越大;到现蕾—终花期,需水量达到最高要求,在这一阶段,水分的盈亏直接影响到油菜的分枝、花芽的生长以及花序,影响着后期的有效分枝和荚果的增加。而终花—收割期作物的生长量逐渐减缓,日耗水量也逐渐降低,需水量也有所减少。

表 1 各阶段耗水量统计

生育期	日期(月-日)	阶段需水量(m³/亩)	日耗水量(m³/亩)
播种—出苗	04-21~05-15	15.7	1.03
出苗—现蕾	05-15~05-26	52.8	1.55
现蕾—盛花	05-26~06-08	61.5	1.92
盛花—终花	06-08~07-05	75.8	3.17
终花—成熟	07-05~07-20	11.5	1.15
成熟—收割	07-20~08-22	31.3	2.62

3.2 油菜各次灌水土壤含水率变化分析

试验中采用土壤水分剖面探测仪测定,设定取土深度为 1 m,隔 1 天测定 1 次,测得油菜全生育期的需水量及土壤水分含水率,油菜不同的生育阶段对土壤水分的要求也各不一样,一般从苗期—中期—后期对土壤水分的要求从低—高—稍低,在 6、7 月份土壤水分的变化比较明显,根据土壤水分剖面探测仪测定的数据,及时掌握土壤水分现状和变化趋势,确定阶段灌水量,满足油菜生长对土壤水分的要求。

3.3 不同灌溉定额对耗水量及产量的影响

试验采用三角形量水堰测定灌水量,采用土壤水分剖面探测仪测定土壤水分,测得油菜全生育期需水量成果表(见表 2)。

表 2 油菜需水量与产量关系成果

处理	灌水(次)	需水量(m³/亩)	亩产量(kg/亩)	每平方米株数(株)	单株高(cm)	千粒重(g)	单株产量(g)
A	3	275.3	176.8	35	119.4	4.25	11.2
B	3	315.1	136.4	29	129.1	4.78	21.0
C	3	277.3	129.3	38	110.3	4.26	8.1
D	3	161.4	182.8	59	110.6	4.03	10.9
E	3	205.0	236.6	22	113.1	4.44	20.1
F	3	257.2	142.4	79	119.2	4.17	5.1

由表 2 可以看出,油菜不同处理间产量差异比较明显,同一地区在灌水次数相同的情况下,作物需水量与产量并不构成直线相关关系,油菜产量高并不意味着阶段需水量就大,而阶段需水量大的并不一定会有高的产量。表中处理 A 和处理 E 相比较,需水量为 275.3 m^3/亩,而产量仅为 176.8 kg/亩;处理 E 中,当产量达到 236.6 kg/亩时,需水量只有 205.0 m^3/亩,明显低于处理 A 的需水量。作物各个生理过程对水分亏缺的反应各不相同,而且水分胁迫可以改变光合产物的分配。水分胁迫并非完全是负效应,特定发育阶段,有限的水分胁迫对提高产量和品质是有益的,证明作物在非充分灌溉条件下,某些阶段经受适度的水分胁迫,对于有限缺水具有一定的适应性和抵抗性效应。一般认为,植物在水分胁迫解除后,会表现出一定的补偿生长功能。在某些情况下,水分亏缺不仅不降低作物的产量,反而能增加产量、提高水分利用效率。

4　试验结果的对比

根据柴达木盆地测得的油菜产量与需水量的关系成果,引入青海省省内和国内其他地区的成果数据,进行不同地区产量与需水量的对比分析,见表 3。

表 3　与其他地区油菜需水量试验对比成果

地区		地面蒸发 (mm)	产量 (kg/亩)	需水量 (mm)
湟水流域	上游	1 215~1 461	218.8	420.6
	下游	1 737~1 850	135.1	378.6
陕西		400~500	110~230	230~480
柴达木盆地		2 024.9~3 501.6	136~236	241.5~472.5

影响油菜需水量的主要因素是油菜产量、各地的气象条件以及灌溉方法。由于空间变化而导致的变化很明显,不同地区气象条件存在非常明显的差异,柴达木地区的地面蒸发较其他地区至少高出 300~700 mm,油菜各阶段的需水量也不同,产量变化幅度也很大。从表中看出,产量增加,需水量增加;气象条件发生变化,需水量也在变化。地区不同,气候异样,油菜的需水系数也不一样。产量越高,需水量越高,产量的高低取决于水分的供应,但是,水量供应过大,又未能获得预期的产量,同时又造成水分的浪费。

5　结　论

根据以上试验成果的对比分析,可以得出以下结论:

(1)采用 3 次灌水,灌溉定额的不同明显导致油菜产量的差异,由于灌溉定额的不同,它们之间的需水量也有差异,可以看出需水量不高的情况下仍能获得较高的产量,即非充分灌溉并不一定造成产量的降低,反而增加了产量,提高了灌溉水利用效率,因此从节水的角度出发,试验区油菜灌溉制度为:至少 3~4 次,灌溉定额为 100~200 m^3/亩,将油菜的灌溉定额控制在适当的范围。

(2)根据油菜的生理特性,控制各生育阶段的灌水量。播种—出苗期植株本身的个体小,消耗水量少,但株间蒸发大,因此该期的主要措施是减少株间蒸发,促进根系发育,适度控制灌水;出苗—终花期耗水量不断增大,此期正是高温阶段,植株生长发育旺盛,新陈代谢快,是产量形成的关键时期,宜增加灌水量;终花—成熟期生长缓慢,耗水量小,为增产应控制好灌水。

(3)油菜的产量和需水量并不构成直线相关关系,水分供应过大,未必能获得预期的产量;获得高的产量,并不意味着需水量大。在试验中,对充分灌溉条件和非充分灌溉条件下产量与需水量的关系有了明确的反映。因此,应用非充分灌溉原理,充分利用油菜自身的生理特性改进作物水分利用效率,合理分配控制各阶段的灌水量,达到提高油菜作物产量和品质、提高水分利用效率、节约生产成本的目的。

6　存在的问题

虽然经过与其他地区的成果数据的比较,可以很容易地看出非充分灌溉条件和充分灌溉条件以及不同地区间油菜需水量与产量的变化关系,但由于本次试验周期短,就同一地区不同油菜品种、不同耕作条件、不同土壤肥力和盐分水平条件下产量水平提高而引起的需水量的变化未能做出结论,因此在继续的试验中综合考虑土壤肥力、盐分水平,达到水、肥、盐综合调控的目的;另一方面增加油菜需水量受生长状况及所处的环境条件随时间而变化的关系的研究;第三,将研究单点的油菜产量与需水量关系转向研究区域油菜作物产量与需水量关系,提高研究成果的实效性和精度。

参 考 文 献

[1] 陈亚新,等 . 非充分灌溉原理 . 北京:中国水利水电出版社,1995
[2] 王勤礼,赵春辉,保庭科,等 . 张掖市加工型番茄灌溉制度研究.节水灌溉,2005(2)

第三部分

作物节水灌溉技术试验研究

水稻节水灌溉新技术在漳河灌区的推广应用

王建漳　　郑传举　　罗青梅　　陈金山　　贺天忠　　何先望

（湖北省灌溉试验中心站）

　　水稻是湖北省的主要粮食作物,稻谷产量占全省粮食总产量的 70%,而水稻又是湖北省农业灌溉的用水大户,水稻灌溉用水占全省农业灌溉用水总量的 80%。长期以来,开展水稻节水丰产技术的试验研究和成果推广应用,一直都是湖北省灌溉试验站的主要工作,在这项促进农业生产和水利建设可持续发展的工作中,湖北省漳河工程管理局团林灌溉试验站(现为湖北省灌溉试验中心站)起到了较好的带头作用和示范作用。

1　技术成果推广的历史成绩

　　从 20 世纪 60 年代起,团林灌溉试验站就在总结群众灌溉经验的基础上开展水稻需水量、灌水方法、灌溉制度、灌溉模式等方面的试验研究工作,同时还将所取得的成果在漳河水库 260.5 万亩的灌区推广应用。20 世纪 60~80 年代,在漳河灌溉区推广应用的成果包括浅灌晒田、湿润灌溉、干湿交替灌溉以及浅、湿、晒三结合等水稻节水高产灌溉模式。其中,灌溉晒田或干湿间歇灌溉模式与长期深水灌溉模式相比,可节水 100~170 m^3/亩,即节水 20%~30%;增产 30~50 kg/亩,即增产 10%~15%。20 世纪 80 年代以后,在总结以往技术和推广经验的基础上,继续加大试验研究和成果推广力度,所推广的干湿间歇灌溉与雨后中蓄技术又在原有节水、增产的基础上,进一步节水 10%~20%,增产 5%~10%。使漳河灌区的灌溉用水由以前的 7 亿 m^3/a 左右下降到现在的 2 亿 m^3/a 左右,极大地提高了灌溉保证率和水分生产率。灌区水稻的单产、总产和为国家提供的商品粮 20 世纪 60 年代分别只有 209.5 kg/亩、2.34 亿 kg/a、1.45 亿 kg/a,通过推行节水灌溉技术和其他农业综合技术,最高年份达到了 570 kg/亩、13.985 亿 kg/a、7.83 亿 kg/a,产生了巨大的经济效益和社会效益。

2　新技术的试验研究

水稻节水灌溉技术长期使用后,对土壤、水土环境有何影响,是否能够长期的持续高产,是否有利于发展尚难定论。针对这些问题,团林灌溉试验站同武汉大学水利水电学院等单位合作,承担水利部"948"项目(1998~2000年),引进了国际水稻研究所开发的水稻高效节水、持续高产的综合技术,经过3年的田间试验,进一步改进与简化了这一技术,即采用间歇灌溉模式,改稻田以施基肥为主的习惯,变为以施基肥和追肥并重,在不增加总施肥量的基础上,降低氮肥在基肥中的比例,使追施的氮肥占氮肥施用量的50%左右。试验表明,采用这种灌排与施肥相结合的新技术,大幅度降低氮肥挥发量,提高水稻对氮肥的吸收量与土壤中氮肥的存储量,抑制了在采用高效节水技术后土壤肥力下降的趋势。双方合作的课题"水稻节水高产的灌溉与施肥综合技术研究"2002年被湖北省评为科技进步二等奖。

3　新技术成果推广应用

3.1　申报项目

为了把水稻高效节水与持续高产的新成果及时地推广应用于生产实践,在武汉大学水利水电学院和团林灌溉试验站的共同努力申报下,水利部"948"计划技术转化项目[CT200507]"水稻高效节水与持续高产的灌排技术"成果推广计划得到批准,并于2005~2006年在漳河灌区实施。

3.2　制定推广方案

3.2.1　建立组织机构

成立项目领导小组和成果推广小组,原获奖课题的主要成员分别担任小组的负责人,并对各自的职责、任务、目标进行了明确和分工,做到了职责清楚、任务明确、管理有序。同时主动协调同当地政府和有关部门的关系,得到他们的理解和支持,并聘请拟定示范区的荆门市团林镇镇长、副镇长2人为项目领导小组成员。

3.2.2　确定技术方案

水稻田间灌排采用干湿间歇灌溉模式(见表1),即在水稻返青期保持10~40 mm水层,分蘖末期晒田3~7天,黄熟期自然落干;其余阶段,灌水后水层深度达30~40 mm,至水层消耗完并使土壤含水率下降到饱和含水率的80%左右时再灌水,如此反复地干(无

表1　间歇灌溉模式田间水分控制标准(中稻)

生育阶段	返青期	分蘖前期	分蘖后期	拔节孕穗期	抽穗开花期	乳熟期	黄熟期
灌前下限(占土壤饱和含水率的百分数,%)	100	85	65~70	90	90	85	65
灌后上限(mm)	30	40	晒田	40	40	40	落干
雨后极限(mm)	40	50	晒田	80	80	50	落干
间歇脱水天数(天)		3~5	晒田	1~3	1~3	3~5	落干

水层,土壤水分在饱和含水率以下)淹(有水层)交替,亦即在这些阶段,无雨条件下一般每隔 6~8 天灌水一次,灌水量 40 mm 左右形成每次灌水后田间有水层 4~5 天、无水层 2~3 天,反复进行(见图 1)。

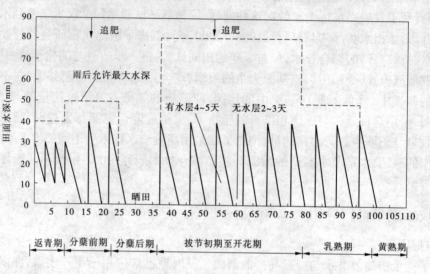

图 1　间歇灌溉田间水分控制标准及变化过程示意图

水稻田间施用的磷肥、钾肥的施肥量及时间与农民原有的施肥习惯一样,不作改变。氮肥则采用基肥加二次追肥的方法,第一次追肥在分蘖初期,即插秧后 10 天左右(分蘖肥),第二次在抽穗初期(插秧后 60 天左右,抽穗肥)。氮肥的总用肥量和农民的习惯用肥量一样(即 15~225 kg/hm²),但氮肥在基肥中占 50% 左右,追肥中占 50% 左右。二次追肥比例分别为 30%、20%。即基肥：分蘖肥：抽穗肥 ＝ 5：3：2,需要注意的是,每次追肥时都必须保证田间有水层,但不宜太深。

3.2.3　建立示范区

项目领导小组通过全面考察,决定在漳河水库三干渠灌区中游偏上的荆门市团林镇建立示范区,面积 7 万多亩(包括团林镇的 22 个行政村),作为第一阶段(2005 年度)的推广区。在推广区内的 22 个行政村中,每个村选定 10 个示范农户,同时选定相邻的条件相似的稻田 2 块(面积在 1 亩左右),将所推广的灌溉与施肥相结合的技术与当地农民原有灌溉与施肥技术进行对比,比较两者灌溉水量、产量及土壤肥力变化,将实际情况示范于农民,以利于农民接受。

3.3　技术推广应用

3.3.1　宣传发动

2005 年,在中稻育秧之前漳河工程管理局和武汉大学在漳河灌区推广地团林镇联合举办了“水稻高效节水与持续高产的灌排技术”培训会。武汉大学和团林灌溉试验站的有关人员授课,团林镇人民政府有关领导、推广区内的 22 个行政村的党支部书记、村长和农业技术员以及农民示范户共计 100 多人参加了培训。会后向各村与会人员散发了《“水稻高效节水与持续高产的灌排技术”成果推广技术常识》小册子和《“水稻高效节水与持续高产的灌排技术”成果推广技术要点》简易读本。通过宣传发动,示范区内的政府官员和农户对这项节水高产的新技术产生了非常浓厚的兴趣和热情,项目成果推广小组为农户准备的 500 份资料被索要一空,不得不及时加印才满足了农户的需求。

3.3.2 开展小区对比试验和农民示范田对比试验

在团林灌溉试验站开展小区对比试验,完成了试验小区的田间工程、量水设施和相关设备的安装。小区试验主要采用传统田间水肥管理方式同先进的"间歇灌溉+改进施肥"方式进行对比试验,继续考核和提高此技术与标准。试验小区共 18 个,其中 9 个小区位于冲田地块(每个面积 90 m²),9 个小区在塝田地块(每个面积 72 m²)。

处理一:间歇灌溉模式+一次基肥+二次追肥(比例为 5:3:2);

处理二:间歇灌溉模式+一次基肥+一次追肥(比例为 8:2);

处理三:淹灌模式+一次基肥+一次追肥(比例为 8:2)。

在每个试验处理小区内,安装不同的试验仪器设备,在整个水稻灌溉季节(5~9 月)分别用于观测各个小区的灌水量、排水量、渗漏量,以及逐日田间水位和地下水位。在每个小区收割 6 m² 面积的水稻,单打单收,测实际产量。每个处理的施肥总量不变,即每亩施 70 kg 碳酸氢铵,50 kg 过磷酸钙,10 kg 氯化钾,另追肥是指追施氮肥。

在 22 个村中共选取了 44 块水稻田(每村 2 块田,田块面积约 1 亩),由选定的示范户在 2 块田中分别采用此项目推广的"灌排与施肥综合技术"与当地农民传统的灌排及施肥技术。在整个水稻灌溉季节,示范户协助记录田间灌排水量、施肥和其他农事活动。收割时由武汉大学和团林试验站人员在示范田中收割 6 m² 面积的水稻,单打单收,测实际产量。

3.3.3 进行灌溉调度软件调试

选取团林镇灌溉供水的三干渠为漳河灌区的典型干渠。收集整个漳河灌区在 2005 年的放水记录以及三干渠渠道的逐日水量、水位记录,收集示范推广区内团林镇 2005 年农业用水资料、水稻产量资料,以及灌水技术、农业技术措施等资料,用于调试"水稻灌区渠系实时动态配水技术软件"。

3.4 推广成果检验

在典型户农民的帮助下,由 22 个村中的 22 户农民开展的水稻田对比示范试验非常成功,示范田对比试验结果见表 2。示范田对比试验结果表明,与传统灌溉与施肥技术(以下简称传统灌溉)相比,采用项目组提出的节水灌溉与合理施肥的综合技术(以下简称

表 2 农民示范田对比试验结果

观测项目	株高(cm)	分蘖数(株)	穗粒数(粒)	实粒数(粒)	实粒重(g)	瘪粒数(粒)	瘪粒重(g)	灌水量(mm)	产量(kg/亩)
节水灌溉	123	15	139	1 275	32.9	187	1.1	325	571
传统灌溉	120	16	134	1 269	32.5	236	1.3	406	529
百分比	3%	−7%	4%	0.5%	1.5%	−21%	−18%	−20%	8%

注:1.节水灌溉指"间歇灌溉模式+一次基肥+二次追肥(比例为 5:3:2)"模式;传统灌溉指"淹灌模式+一次基肥+一次追肥(8:2)"。两者的施肥总量相同。

2.实测产量时节水和传统灌溉的稻谷含水量分别为 18.2% 和 16.5%。

3.百分比指各项观测项目节水灌溉对传统灌溉的增加比例。

4.水稻品种主要为杂交稻 838 和 Ⅱ 优 118。

节水灌溉)能减少无效分蘖,促进稻株的生长,增加穗粒数。对于实粒数和实粒重,两种技术的差别不大,但在瘪粒数和瘪粒重指标上,节水灌溉可显著减少瘪粒数,从而降低瘪粒重。在最终产量上,节水灌溉比传统灌溉高约 8%,且减少灌溉水量约 20%,灌溉水分生产率比传统灌溉高约 35%。

2005 年在团林镇的推广面积为 7 万亩,若按照农民对比示范田节水增产效果的一半作为整个推广区计算节水增产的依据,即每亩增产稻谷 4% 和节水 10%,那么共节水 189万 m^3,增产稻谷 147 万 kg;按稻谷单价 1.40 元/kg、农业水价 0.05 元/m^3 计,毛经济效益约为 213 万元。

在团林灌溉试验站小区开展的田间小区对比试验,与农民示范田对比试验相比,试验处理多、观测内容多,精度更高,试验结果如表 3 和表 4 所示。对于塝田,在水稻株高、分蘖数和实粒数上,两种灌水方式的结果相差不大,但在穗粒数、瘪粒数和灌水量上,节水灌溉(处理一、二的平均值)比传统灌溉分别减少了约 10%、20% 和 50% 以上。在产量上,传统灌溉比节水灌溉(处理一、二)高约 5.7%,但在灌溉水分生产率上,节水灌溉处理一、二分别比传统灌溉高 98% 和 151%。分析节水灌溉比传统灌溉产量低的原因可能是新试验小区土壤肥力不均造成的。

表 3　团林试验站小区对比试验结果(塝田)

处理编号	株高 (cm)	分蘖数 (株)	穗粒数 (粒)	实粒数 (粒)	实粒重 (g)	瘪粒数 (粒)	瘪粒重 (g)	灌水量 (mm)	产量 (kg/亩)
处理一	120	13	226	1 341	32.2	171	1.0	253	589
处理二	122	17	214	1 269	31.7	180	1.1	195	578
处理三	125	15	243	1 343	31.5	232	1.2	525	619

注:1.实测产量时处理一、二、三的稻谷含水量分别为 16.1%、16.8% 和 18.8%。

　　2.水稻试验品种为杂交稻Ⅱ优 118。

表 4　团林试验站小区对比试验结果(冲田)

处理编号	株高 (cm)	分蘖数 (株)	穗粒数 (粒)	实粒数 (粒)	实粒重 (g)	瘪粒数 (粒)	瘪粒重 (g)	产量 (kg/亩)
处理一	120	13	222	1 375	32.8	155	0.7	671
处理二	133	18	227	1 295	31.3	180	1.0	689
处理三	126	16	202	1 327	32.2	233	1.0	619

注:1.实测产量时处理一、二、三的稻谷含水量分别为 16.3%、17.4% 和 17.8%。

　　2.水稻试验品种为杂交稻Ⅱ优 118。

　　3.由于冲田的地势较低,靠近排水沟,导致试验小区的地下水位浅,故在表 3 中没有列出灌水量数据。

对于冲田,节水灌溉(处理一、二的平均值)与传统灌溉的差别主要表现穗粒数和瘪粒数上,前者高出约 11%,后者减少约 20%。在产量上,节水灌溉(处理一、二的平均值)比传统灌溉高约 10%,主要原因是冲田地势较低,试验小区的地下水位浅,排水不畅,导致淹灌处理土壤通气性差,影响水稻生长。

对于小区试验的节水灌溉处理一和处理二来说,在水稻株高和分蘖数上,处理一明显不如处理二,但在实粒数和瘪粒数上明显占优,说明作物生长前期施肥较多能促进植株生长和分蘖,后期的追肥能提高与产量相关因素的质量。在产量上,处理一与处理二(塝田和冲田平均值)相差不大。

根据漳河灌区 2005 年的放水记录以及三干渠渠道的逐日水量、水位记录,以及团林镇推广区的作物种植结构和作物种植面积等基本资料,对"水稻灌区渠系实时动态配水技术软件"进行了调试,模拟计算的结果良好,与实际情况较符合。

4　初步结论

所推广的间歇灌溉与施肥方法相结合的综合措施,是国际水稻研究所于 20 世纪 90 年代后提出的先进技术,改进后更适合湖北农业灌溉的基本情况。间歇灌溉是国内外试验研究与推广应用所能证明的能够高效节水、促进高产的先进技术,它灌水定额大、田间蓄雨空间大、渗漏减少,具有技术简单、操作与控制较容易、有利于推广的优点。但若实施这一灌溉技术而采用原有以施基肥为主的施肥方法,多年以后,会因大幅度增加氮肥的挥发损失(占总氮肥的 50% 以上)而导致土壤肥力下降、减产与土壤恶化。采用改进的施肥方法,可降低氮肥挥发损失,增加供水稻吸收与储存于土壤中的氮肥,有利于高产和提高土壤肥力,不仅可以持续高产,而且有利于土壤环境之改善,符合农业可持续发展之要求。

内蒙古河套灌区衬砌渠道防冻试验成果

刘宏云

（内蒙古河套灌区解放闸管理局沙壕渠试验站）

1　概　述

1.1　项目研究的必要性

　　内蒙古河套灌区是在 1999 年提出《黄河内蒙古河套灌区续建配套与节水改造规划》，按照规划确定的目标，灌区内渠系将全部实现防渗，将衬砌干渠、分干渠、支渠、斗渠、农渠 8 365 条，长度达 14 544 km，渠系水利用系数将由现在的 0.42 提高到 0.66。从 1999 年 11 月开始到 2004 年，国家和地方已投入 6.29 亿元，用于河套灌区的节水改造与续建配套、防洪及人畜饮水工程。先后在永刚分干渠、杨家河干渠、永济干渠、义和干渠、隆胜支斗农渠等大、中、小型渠道上进行了以节水为中心的防渗衬砌和桥、涵、闸的更新改造。衬砌骨干渠道 100.53 km，分干 21.41 km，支渠 23.26 km，斗农毛渠 2 178 km，如此大规模的工程建设没有强有力的技术支撑是不行的，灌区管理部门十分重视项目实施中技术问题的研究。

　　在河套灌区骨干渠道上进行的节水衬砌工程，衬砌结构形式为全断面膜料防渗，两侧边坡为混凝土预制板、渠底素土作为膜料的保护层，边坡膜料下铺设保温板防冻胀，这种结构形式工程造价相对较低，较好地解决了渠道的渗漏问题，但在边坡防护面板的形式和支撑方式、保温板的厚度及铺设方式、防冻胀效果等方面仍有许多值得研究的空间。本项目是按内蒙古自治区水利厅统一布置和要求，结合大型灌区续建配套和节水改造工程建设同步进行的。对河套灌区正在进行的大型灌区续建配套与节水改造工程建设中急需解决的一些关键技术和难题展开研究，并起到示范样板作用。

1.2　试验区概况

　　杨家河灌域位于内蒙古河套灌区西部，总控制面积为 6.742 万 hm^2，现灌面积 4.525 万 hm^2。该灌域以冲湖相为主，南高北低，地面坡降 1/2 000～1/10 000 之间。地处干旱地带，冬季严寒少雪，冻土层厚度为 1.0～1.3 m，冻结始于 11 月中旬，融通在次年 5 月；夏季高温干热，蒸发量大，降雨量少。灌域多年平均引黄水量为 4.24 亿 m^3，水质含盐量 0.4～0.63 g/L，水质好。地下水位埋深随季节有较大变幅，属灌溉入渗－蒸发型，作物生育期一般埋深 0.8～1.5 m，秋浇后水位急剧上升，一般埋深在 0.2～1.0 m，低水位期（2～4 月份）埋深在 1.0～3.0 m。

　　杨家河干渠防冻试验场位于杨家河干渠二道桥附近，试验场土壤特性为东坡上下部土层均为重粉质壤土，西坡上部土层为中粉质壤土，下部土层为轻粉质壤土。渠道走向为南北走向偏西 30°。桥南渠底比地面低 1.66 m，桥北渠底比地面低 1.99 m，地下水位封冻前最高为海拔 1 038.964 m，高出渠底 0.902 m，地下水位最低时为海拔 1 037.334 m，低于渠底 0.728 m。

　　试验段全长 600 m,分为桥南、桥北两部分。桥南试验段全长 420 m,主要试验以对边坡面板不同支撑形式为主,在 2001 年 5 月初完成现场施工,桥北试验段全长 180 m,主要试验以不同的边坡面板形式为主,在 2001 年 9 月完成现场施工,在 2001 年 11 月初完成了试验场观测设备的安装工作,并于 2001 年 11 月初开始观测试验。

2　试验研究成果

　　试验场共设 23 种试验方案,见表 1。

表 1　试验方案

序号	试验方案	序号	试验方案
1	上拉式实心连锁块	13	复式断面
2	空心连锁块	14	复式铺膜
3	预制空心齿墙	15	现浇钢丝网
4	预制靴式齿墙	16	顶拉式工字形连锁板
5	弧形坡脚	17	
6	下卧式预制齿墙	18	顶拉式楔形连锁板
7		19	
8	上挂式钢板连锁块	20	现浇固化剂
9		21	预制固化板
10		22	
11	无保温板立式齿墙	23	下卧平铺现浇齿墙(对比段)
12	有保温板立式齿墙		

　　观测时间为每 5 天一次。观测内容有:各方案封顶板垂向位移(普通水准测量)、边坡法向冻胀量(冻胀仪)、冻结深度(丹尼林冻深器)、地温(水银温度计)、气温(专用气象设施)、地下水位(观测井)等。

　　通过在杨家河干渠建立试验场,进行了多种衬砌结构形式的对比试验,得出以下结论和建议。

2.1　对衬砌结构形式的评价

2.1.1　对各种形式面板的评价

　　预制砌块:在已实施的衬砌工程中,使用预制砌块的种类很多,有 50 cm×50 cm×5 cm、40 cm×60 cm×5 cm、50 cm×75 cm×8 cm、边长为 25 cm 的正六边形等,这种砌块已可以工厂化生产,据施工单位反映,小规格的砌块铺设较方便,施工速度较快,尤其是边长为 25 cm 的正六边形砌块,在运输、铺砌过程中破损率较低,利用率高,受到施工单位的欢迎,缺点是边坡结构的整体性较差。

　　连锁面板:①铅丝连锁面板。试验方案 1、方案 2 采用了铅丝连锁面板,这种形式的面板特点是整体性强,坡面冻胀变形比较均匀,不会出现局部面板滑塌现象,但仍不能仅以这种结构形式来防止冻胀,如不采取保温措施,仍有 10 cm 以上的变形。渠道边坡的变形发生在冻融的全过程,在消融阶段,边坡下部基土下滑,不能保持原状,这种残余变形会逐年累加导致边坡中下部的位移较大,而且铅丝连锁方式还存在铅丝锈蚀的问题,与工程使用年限不匹配。②钢板连锁面板。试验方案 8、9、10 采用了在上拉式齿墙上浇铸钢板,面板镶在钢板上。方案 16、17、18、19 采用了上拉式齿墙链接异型面板(工字形与燕尾槽)板。与普通砌块相比,铺设施工速度慢,钢板连锁板的工程造价较高。

现浇钢丝网面板:方案 15 为现浇钢丝网面板,面板 3~4 cm 厚,减少了混凝土和砂浆用量,增加了钢丝网,工程造价与普通面板相差不多,这种结构形式整体性能好,但在边坡上现浇混凝土有一定难度,混凝土的密实度、表面的平整度不易控制。

土壤固化剂防护面板:试验方案 20 面板为现浇土壤固化剂,试验方案 21、22 面板为预制土壤固化剂砌块,与同厚度的现浇混凝土、预制混凝土砌块相比,其抗压强度达到C10 的强度,混凝土面板工程造价降低 30%~40%,有一定的价格优势。

2.1.2　对各种结构形式齿墙的评价

立式混凝土齿墙:立式混凝土齿墙体积大,混凝土用量多,如不做保温处理,冻拔量很大,对面板的变形也有很大影响,且残余变形较大。如果采用保温处理,则保温板须在齿墙周围全部铺设,保温板的用量较大,施工也比较复杂,若渠道冲刷严重,还会影响齿墙及边坡的稳定性,通过永刚分干渠的试验已经说明,在渠道衬砌中不宜采用此种结构形式的齿墙。

卧式平铺齿墙:这种齿墙很好地回避了冻胀的问题,而且能够适应渠道的冲淤变化,是渠道衬砌一种较好的支撑方式。

上拉式齿墙:这种形式的齿墙适宜与连锁板结构面板配合使用,使整个面板链接为一个整体,但这种齿墙要求堤顶基土密实,不能发生沉陷,齿墙下要铺设足够厚度的保温板,防止齿墙的冻胀变形。这种结构形式的齿墙改变了部分施工工序,施工速度较快,可缩短工期。

2.2　衬砌渠道基土温度场的变化特征

2.2.1　无措施渠段

不同坡面比较,阴坡上部温度低于阳坡上部 4.4 ℃,阴坡下部低于阳坡下部温度2.8 ℃;同一坡面不同部位比较,阴坡上部比下部最低温度平均低 2.0 ℃;阳坡上部比下部最低温度平均低 0.4 ℃。

2.2.2　采取保温措施段

衬砌渠道阴坡 4 cm 厚保温板,基土温度最低为 -0.4~4 ℃,与对比段相比温度可平均提高 6.5 ℃,阴坡下部铺设 6~8 cm 厚保温板,基土温度最低分别为 -3 ℃、-1.7 ℃,温度平均提高 5.0 ℃、6.3 ℃,边坡上采取保温措施后根据不同试验段 3 年资料统计,每厘米保温板可平均提高地温 1.1 ℃。

2.3　衬砌渠道冻深变化特征

2.3.1　无措施渠段

杨家河干渠属于地下渠道,在自然条件下,季节最大冻结深度阴坡为 89~102 cm,上、中、下部平均最大冻深分别为 94 cm、83 cm、70 cm;阳坡上、中、下部平均最大冻深分别为 62 cm、56 cm、46 cm,阴坡最大冻深比阳坡大 49~52 cm。

2.3.2 采取保温措施渠段

渠道边坡采取保温措施后,由于基土温度的提高对冻深影响很大,阴坡上、下部铺设 4~8 cm 厚保温板,上部最大冻深平均为 47~57 cm;下部最大冻深平均为 29~40 cm,上部削减冻深 39%~50%,下部削减冻深为 43%~59%;阳坡铺设 4~6 cm 厚保温板,上部最大冻深平均 22~33 cm,下部最大冻深平均为 15~29 cm,上部削减冻深 47%~65%,下部削减冻深为 40%~67%。每厘米保温板可削减冻深 8~10 cm。

2.4 衬砌渠道冻胀变形特征

2.4.1 无措施渠段

杨家河干渠虽为南北走向,阴阳坡向不十分明显,但杨家河干渠为地下渠,在冻结期水分迁移条件非常好,冻结封面与地下水埋深基本上同步发展,水热耦合作用强烈,造成冻胀量非常大。在未经保温处理的渠顶封顶板的冻胀量反映出了渠道顶部的法向冻胀量,达到了 8~10 cm,边坡中下部冻胀量在 13~26 cm 之间,冻胀率达到了 10%~20%。在气温与地下水埋深相同的条件下,土质的冻胀敏感性决定了冻胀量的大小,从观测成果可见,坡面的变形发生在冻融期的全过程,表现在坡面冻结期出现明显的冻胀变形,在消融阶段又出现明显的融沉变形,坡面中上部存在不可复位的残余变形,在下部则发生塌陷。由此说明,在河套灌区进行渠道衬砌防冻胀设计时,必须考虑工程所处的位置、渠道走向等自身的特点。

2.4.2 采取保温措施渠段

衬砌渠道边坡部阴坡上下部铺设 4~6 cm 厚保温板可削减冻胀量,分别削减冻胀量 44%、79%;阳坡上部采用 4 cm 厚保温板可削减冻胀量 42%,下部铺设 4 cm、6 cm、8 cm 厚保温板,分别削减冻胀量 43%、65%、69%。

2.5 建议

(1)衬砌渠道中在封顶板下也要铺设厚度为 6 cm 保温板,而且保温板应有足够的宽度,即为 1.5 倍的封顶板宽。

(2)边坡保温板厚度应根据渠道特征和防冻胀设计保证率而定,如果防冻胀设计保证率确定了,若是地上渠道,边坡阴、阳坡保温板上下部可按不等厚分别铺设;上部厚度可略小。如果是地下渠道,阴、阳坡保温板可沿整个坡面等厚铺设,并按完全消除冻深设计保温板的厚度。

(3)保温板施工时应叠层铺设错缝搭接,或粘接。

(4)衬砌渠道施工时边坡密实性要好,防止不均匀沉陷使保温板断裂造成边坡塌陷。

(5)下卧平铺齿墙下插深度应在设计渠底下 1.0 m 处。

(6)对欲衬砌的渠道要做好调研,即走向、位置、水文地质条件等,使其有针对性地设计保温板的厚度和铺设方法。

(7)对于地下渠道的保温板设计,应考虑地下水的测渗压力和浮托力对渠道边坡保温板的作用,必要时应设置排水设施,以免边坡保温板和混凝土砌块被浮起,使边坡滑塌以至破坏。

本项研究的实施,为河套灌区的节水改造衬砌工程起到了很好的试验与示范作用,为设计和施工积累了丰富的经验,使许多工程技术人员更新了思想观念和设计理念,特别是在衬砌渠道防冻胀方面统一了思想认识,河套灌区的渠道衬砌设计方案日趋完善,逐步探索出河套灌区适宜的衬砌结构形式。本项试验在推广方面得到了水利厅、灌溉总局领导的高度重视,并非常支持和关注。在永济干渠、义和干渠、丰济干渠等渠道的节水衬砌工程中,试验方案都有推广和应用。

春季土壤墒情预报

毛志闽 毛兴华

（建平县黑水林场）

春季土壤墒情变化状况,对农作物播种和出苗影响极为关键,春季土壤墒情监测,对指导春灌及适时播种有极为重要的意义。建平县灌溉试验站自 20 世纪 70 年代即开始了土壤墒情测报工作。本文就我站多年观测资料采用回归分析法作了土壤墒情趋势预报。

1 预报层次选择

春季测墒一般为耕层深度,测深为 0～20 cm 和 20～40 cm 两层,取土间隔为 5 天,由于春季,特别是 4 月中旬以前,土钻取土极为艰难、费时、费力,本办法拟用 0～20 cm 土壤湿度 5 日前推测 5 日后土壤湿度,再由 0～20 cm 推测到 0～40 cm 土壤湿度。

具体做法是将历年实测资料进行整理,剔除有降水时段,共整理出 70 对资料,作散点图。

1.1 按月份作散点图

将资料按月分析,分为 2～3 月份、4 月份、5 月份 3 组分别作 0～40 cm 5 日前对 5 日后散点图,在散点图上作 $A_1 B_1$ 线,将为左、右各占 1/4 两部分,再作 $A_2 B_2$ 线,将总点分为左、右各占 1/4 两部分,这 4 条线的两交点 C、D 进行连线,得到近似回归线,发现其月份近似回归线斜率基本相同,将各月份资料统一作预报散点图。见图 1～图 4。

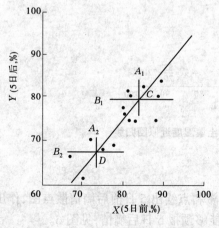

图 1 2～3 月份 0～40 cm 5 日前后
土壤湿度近似回归线

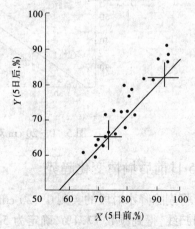

图 2 4 月份 0～40 cm 5 日前后
土壤湿度近似回归线

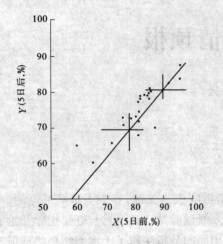 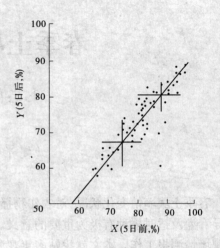

图3　5月份0~40 cm 5日前后
土壤湿度近似回归线　　　　**图4　2~5月份0~40 cm**
土壤湿度近似回归线

1.2　层次选择

将0~20 cm对0~40 cm数据作散点图,得到近似回归线,然后按土壤湿度测定精度要求,误差不大于±5%标准,在回归线两测分别作两条平行于回归线的虚线,查取两条虚线间点数占总数的百分数(频数),得到72.8%。虚频数看出用0~20 cm土壤湿度可以预报0~40 cm土壤湿度,见图5。

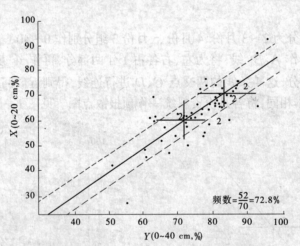

图5　0~20 cm对0~40 cm土壤湿度近似回归线

2　5日前后墒情变化趋势

将剔除降水时段的实测0~20 cm土壤墒情资料点绘出5日前后墒情散点图,作出近似回归线,得到频数77.4%,确定为5日前墒情能够预报5日后墒情,见图6。

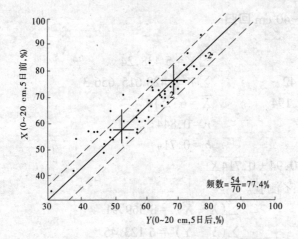

图6　0~20 cm 5 日前对 5 日后土壤温度近似回归线

3　回归线计算及检验

根据前述大量点绘、分析,进行回归线计算,其结果如下。

3.1　0~20 cm 5 日前对 5 日后土壤湿度回归

$N = 70$

$\sum Y^2 = 257\ 418.5$ 　　　　$\sum Y^2 = 318\ 022.3$

$\sum Y = 4\ 098.4$ 　　　　　　$\sum Y = 4\ 598.4$

$\sum XY = 285\ 028.16$ 　　　$\overline{Y} = 58.549$

$\overline{X} = 65.691$ 　　　　　　$r = 0.947$

$a = -6.53$ 　　　　　　　　$b = 0.99$

回归方程式

$$Y_1 = a + bX = 0.99X - 6.53$$

$$\sum (X - \overline{X})^2 = 15\ 946.83$$

$$\sum (Y - \overline{Y})^2 = 17\ 463.03$$

$$\sum (Y - \overline{Y})(X - \overline{X}) = 15\ 798.41$$

进行 t 测验:

$$S_{YX^2} = \frac{1}{N-2}\left\{\sum (Y - \overline{Y})^2 - \frac{\left[\sum (X - \overline{X})(Y - \overline{Y})\right]^2}{\sum (X - \overline{X})^2}\right\} = 26.64$$

$$S_{XY} = 5.16$$

$$S_b = \frac{S_{XY}}{\sqrt{\sum (X - \overline{X})^2}} = 0.049$$

$$T = \frac{b}{S_b} = 20.327$$

查 t 表 $t_{0.01 \cdot 68} = 3.435$。

实测 $t = 20.327 > t_{0.01 \cdot 68} = 3.435$,极显著,说明方程可靠。

3.2　0~20 cm 对 0~40 cm 回归

$N = 70$

$\sum X = 4\,586.0$ 　　　　　　$\sum Y = 5\,438.24$

$\sum X^2 = 309\,018.42$ 　　　　$\sum Y^2 = 428\,615.656\,3$

$\sum XY = 362\,397.194$ 　　　$\overline{X} = 65.514$

$\overline{Y} = 77.689$ 　　　　　　$r = 0.844$

$a = 30.94$ 　　　　　　　　$b = 0.714$

回归方程 $Y_2 = 30.94 + 0.714X$

回归显著性测验：t 测验。

$$\sum (X - \overline{X})^2 = 8\,569.91$$

$$\sum (Y - \overline{Y})^2 = 6\,123.45$$

$$\sum (Y - \overline{Y})(X - \overline{X}) = 6\,114.78$$

$$S_{XY} = 5.09$$

$$S_b = 0.054\,9$$

$$T = 12.98$$

查 t 表，$t_{0.01 \cdot 68} = 3.435$。

实测 $t = 11.379 > t_{0.01 \cdot 68} = 3.435$，极显著，方程可靠。

4　墒情变化趋势预报图绘制及应用

依据前面点绘、计算、比较，将趋势预报计算法改为趋势预报图解方法，以使预报手续更简便。

4.1　预报图绘制

根据计算得到的回归方程式 1 和方程式 2，绘制一二相坐标图，标上回归方程式。见图 7。

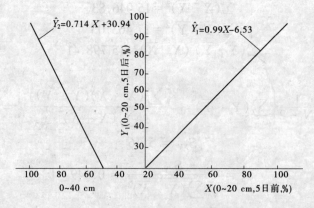

图 7　春季土壤墒情预报图

4.2　预报图应用

(1)先将当日实测土壤湿度(0~20 cm)由图 7 纵坐标查出相应点①，由此点向左在曲线上找出相应点②,由②向横坐标查取相应读数③。此数即为当日 0～40 cm 土壤湿度。

(2)将当日实测土壤湿度(0～20 cm)由图 7 右图横坐标找到相应点④,由④延伸查,取曲线对应纵坐标读数⑤,⑤即是 5 日后的 0～20 cm 土壤湿度,再由⑤延伸至 Y_2 线查取 Y_2 线对应横坐标读数⑥,此即 5 日后 0～40 cm 土壤湿度。

例:实测 3 月 15 日土壤湿度为 46%(0～20 cm),求当日 0～40 cm 土壤湿度和 5 日后 0～20 cm、0～40 cm 土壤湿度。先由图 7 纵坐标找出 46%点①向左延伸在曲线上点②,由②延伸至横坐标③查出为 63.7%,此为 3 月 15 日 0～40 cm 土壤湿度。

再由图 7 右图横坐标找 46%点,由④向曲线延伸读取曲线对应纵坐标读数⑤39%,此为 5 日后 0～20 cm 土壤湿度,由⑤向 Y_2 曲线延伸,查以其对应横坐标读数⑥为 58.8%,此值是 5 日后 0～40 cm 土壤湿度值。见图 8。

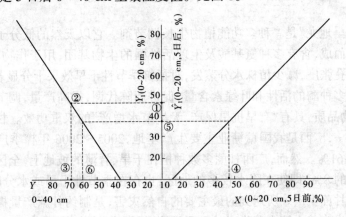

图 8 墒情预报图使用示意图

5 小 结

预报方程经历史样本代回检验,在允许误差范围内,0～20 cm 前对 5 日后准确率达到 90.4%,0～20 cm 对 0～40 cm 准确率达到 83.3%。

本方法优点是简便易行,适用于 2～5 月份时段内进行土壤墒情预报。

存在问题:引入因子少,如能在预报中引入水面蒸发和气温因子,将会收到更好效果。

甘蔗喷施节水剂"FA旱地龙"的效应研究

曾祥伟　黄彦飞　李美凤

（南宁市灌溉试验站）

1　引　言

　　节水剂"FA旱地龙"是一种多功能植物生长调节剂。它以天然的低分子量黄腐植酸为主要成分精制而成,含有多种氨基酸及生理活性强的生物基团,用于作物叶面喷施,能有效控制叶面气孔张度,减少植株水分蒸发,对抵御季节性干旱效果十分显著。该产品还能增加植株体内多种酶的活性和叶绿素含量,促进新陈代谢,提高产量,调节糖、酸、维生素比例,改善作物品质,具有"有旱抗旱保产,无旱节水增产"的双重功效。甘蔗是广西重要的经济作物之一,广西是我国蔗糖业主要生产基地,2005～2006年榨季广西产糖量占全国总产糖量的61%。然而,广西甘蔗多数种植在干旱、脊薄的坡地上,全区甘蔗有效灌溉面积不到蔗区的8%,即使在降水较多的地区,也存在季节性干旱或水分胁迫的问题,旱害已成为广西甘蔗生产中所遇到的最主要的自然灾害,是制约甘蔗产量提高的重要因素之一。灌溉作为改善土壤水分供应的一项措施,投资多,成本高,受水源、地形等条件限制,普遍采用(特别是山地条件)困难很大。长期以来,为了尽量减少干旱对甘蔗生长的危害,前人已从选用抗旱品种、机械深耕深松、土壤施用保水剂等方面进行了探索,并取得了一定成效。"FA旱地龙"在甘蔗上应用广西已有报道,并取得较好的试验效果,然而,"FA旱地龙"在甘蔗上的最佳施用量、最佳施用时期、施用后对甘蔗生理生化的影响效应,至今仍少有报道。为了使"FA旱地龙"在甘蔗上能更好、更稳妥地应用,南宁市灌溉试验站进行了甘蔗喷施"FA旱地龙"效应研究。本试验着重研究甘蔗喷施不同浓度"FA旱地龙"对甘蔗农艺性状、产量和品质产生的不同效应,期望从中筛选出对甘蔗效应影响最好的旱地龙喷施浓度,为今后"FA旱地龙"在全区甘蔗上大面积推广应用提供理论依据。

2　材料与方法

2.1　试验材料

　　供试甘蔗品种:台优。

　　节水剂"FA旱地龙":试验用的节水剂"FA旱地龙"为新疆汇通旱地龙腐植酸有限公司提供的高科技新产品,100 g液体包装。

　　试验地点:南宁市灌溉试验站内试验基地。

　　试验时间:2005年3月开始到2006年2月结束。

2.2 试验设计

试验按单因素随机区组田间试验设计,小区行长 5 m,行距 1 m,5 行区,面积 25 m²,3 次重复。设"FA 旱地龙"4 个不同喷施浓度处理,即分别在甘蔗的分蘗初期与伸长盛期叶面喷施浓度为 0 g/L(对照,喷清水 50 kg)、2 g/L(每亩蔗地每次用 100 g"FA 旱地龙"兑水 50 kg)、3 g/L(每亩蔗地每次用 150 g"FA 旱地龙"兑水 50 kg)、4 g/L(每亩蔗地每次用 200 g"FA 旱地龙"兑水 50 kg)。

2.3 种植及其他工作时间

2005 年 3 月 23 日种植甘蔗,种植前将甘蔗种茎砍成双芽茎段,先用清水浸泡 24 小时,再用 1 000 倍 70% 甲基托布津消毒 10 分钟;下种量 8 000 芽/亩,双行条植,芽朝两侧摆放;每亩施 20 kg 尿素、75 kg 钙镁磷肥、20 kg 氯化钾作基肥,下种后施 5% 特丁磷 3 kg/亩防治地下害虫。2005 年 5 月 14 日在甘蔗分蘗初期时,对其进行除草、中耕、施肥,每亩施 20 kg 尿素和 20 kg 氯化钾,并喷施不同浓度的"FA 旱地龙"作为试验处理。2005 年 7 月 15 日(甘蔗伸长期)每亩用 20 kg 尿素追施攻茎肥并结合大培土;2005 年 8 月 2 日第二次喷施"FA 旱地龙";2006 年 1 月 23 日考种,2006 年 2 月 12 日收获称实际产量。

2.4 测定项目与方法

2.4.1 农艺性状调查

2.4.1.1 分蘗率调查

采用全田观察法,2005 年 4 月 24 日各处理计数甘蔗主苗数;6 月 25 日苗数达最高峰时计数分蘗苗数,计算各处理的分蘗率。

2.4.1.2 活苗消长动态调查

采用全田观察法,从 2005 年 5 月 24 日开始定期调查甘蔗活苗数,到 10 月 25 日为止,从活苗消长动态中了解活苗生长情况,求各处理的成茎率。

2.4.1.3 株高与生长速度调查

采用定株调查法,每小区于中间行选有代表性植株 10 株,从 2005 年 5 月 30 日开始到 2005 年 10 月 30 日为止,每月定期调查其株高,以计算出各处理蔗茎不同时期伸长量。

2.4.1.4 考种

收获前每小区选取一行连续 10 株取样,进行株高、茎长、茎径、单茎重、有效茎数等性状的调查。

2.4.2 甘蔗品质分析

分别于 2005 年 11 月 28 日、2005 年 12 月 22 日和 2006 年 1 月 17 日每处理取有代表性的植株 6 株,按陆国盈编的《甘蔗检糖技术》方法,测定甘蔗蔗糖分。

3 结果与分析

3.1 不同处理对农艺性状的影响

3.1.1 对幼苗分蘗率的影响

分蘗率是甘蔗农艺性状的一项重要指标,它直接影响到甘蔗的有效茎数,从而影响到甘蔗的单位面积产量。本试验于甘蔗分蘗末期对"FA 旱地龙"不同用量处理的甘蔗进行分蘗率的调查,结果如表 1 所示。

表 1　不同处理的分蘖率(调查日期:2005 年 6 月 25 日)

处理 (g/L)	下种芽数 (芽/小区)	主苗数 (株/小区)	分蘖苗数 (株/小区)	分蘖率 (%)
0	900	563	444	78.86
2	900	565	531	93.98
3	900	598	485	82.78
4	900	579	473	80.62

表 1 结果显示,5 月 14 日喷施"FA 旱地龙"处理后,分蘖率均比不喷施"FA 旱地龙"的处理有不同程度的提高。喷施"FA 旱地龙"的各处理中分蘖率的高低随着"FA 旱地龙"浓度的升高而逐渐降低,其中 2 g/L 处理的分蘖率最高,说明较低浓度的"FA 旱地龙"对促进甘蔗幼苗的分蘖有利。

3.1.2　对活苗消长动态变化的影响

活苗消长动态在一定的程度上反映出不同处理的分蘖强度和死苗率,最终影响成茎率,活苗消长动态调查结果列于表 2。

表 2　各处理的活苗数动态变化　　　　　　　　(单位:株/小区)

处理 (g/L)	4 月 24 日	5 月 14 日	5 月 26 日	6 月 25 日	7 月 10 日	8 月 15 日	9 月 20 日	10 月 25 日	成茎率 (%)
0	448	598	879	1 007	849	898	709	602	59.78
2	452	579	965	1096	904	917	743	630	57.48
3	438	580	896	1 083	821	906	738	623	57.53
4	444	574	882	1 052	872	915	740	625	59.41

从表 2 可以看出,各处理的活苗消长动态变化,从 4 月 24 日开始随着分蘖的发生苗数不断增多,到 6 月 25 日各处理活苗数达到高峰期,之后由于主茎进入伸长盛期,各处理中的弱苗和后期分蘖因光照不足或营养供应不良而大量死亡,至 10 月 25 日余下的活苗为有效茎数,各处理活苗数稳定在一定范围内。从表 2 还可以看出,5 月 14 日喷施"FA 旱地龙"处理前,0 g/L 处理的活苗数最多,但 5 月 14 日后,喷施"FA 旱地龙"的处理活苗增加数明显多于不喷施"FA 旱地龙"的处理,其中活苗数增加的顺序 2 g/L>3 g/L>4 g/L>0 g/L。最终成茎率的高低顺序为 0 g/L>4 g/L>3 g/L>2 g/L,虽然不喷施"FA 旱地龙"处理的成茎率最高,但因分蘖苗数最少,最后有效茎也最少。可见施用"FA 旱地龙"对增加甘蔗活苗数和增加单位面积有效茎数有促进作用,其中 2 g/L 处理对增加活苗数效果最好,但活苗的成茎率随着"FA 旱地龙"喷施浓度的增加而增大,以 4 g/L 处理的成茎率最高。

3.1.3　对株高及生长速度的影响

从 5 月 30 日至 10 月 30 日定期定株测量不同处理的株高,计算各月的生长速度,结果列于表 3。

表 3　各处理的月生长速度　（单位：cm /月）

处理(g/L)	6 月	7 月	8 月	9 月	10 月
0	57.0	46.5	28.4	53.0	18.1
2	60.4	47.9	29.1	53.6	19.2
3	60.7	48.9	29.4	53.9	20.8
4	59.2	47.5	32.1	55.4	22.3

由表 3 可看出，不同处理的生长速度 6、7 月份 3 g/L＞2 g/L＞4g/L＞0 g/L；8、9、10 月份生长速度大小顺序为 4 g/L＞3 g/L＞2 g/L＞0 g/L，施用"FA 旱地龙"的各处理的生长速度始终比不施"FA 旱地龙"的处理高；施用"FA 旱地龙"的各处理中 6、7 月份 3 g/L 和 2 g/L 处理的生长速度高于 4 g/L 处理，可能与当时蔗苗较嫩，对"FA 旱地龙"反应较敏感有关；8 月份以后由于甘蔗株龄较大，对高浓度"FA 旱地龙"处理的适应能力较强，加上秋旱胁迫，喷施高浓度的"FA 旱地龙"对促进生长更加有效，所以，生长速度 4 g/L＞3 g/L＞2 g/L＞0 g/L。

3.2　不同处理对经济性状的影响

3.2.1　对产量性状的影响

茎长、茎粗、有效茎数和单茎重都是衡量蔗茎产量的重要因素，它们的大小直接关系着甘蔗的产量高低。本试验在甘蔗收获前（2006 年 1 月 20 日）对各处理的产量性状进行测定，结果列于表 4。

表 4　不同处理间经济性状比较

处理(g/L)	茎长(cm)	茎径(cm)	有效茎数(条/亩)	单茎重(kg/条)
0	284.3	2.477	5 369	1.28
2	289.8	2.575	5 538	1.47
3	291.4	2.658	5 600	1.63
4	293.1	2.512	5 556	1.53

由表 4 结果可以看出，各处理茎长顺序是 4 g/L＞3 g/L＞2 g/L＞0 g/L；各处理的茎径大小顺序是 3 g/L＞2 g/L＞4 g/L＞0 g/L；各处理的有效茎数 3 g/L＞4 g/L＞2 g/L＞0 g/L；各处理的单茎重 3 g/L＞4 g/L＞2 g/L＞0 g/L，喷施"FA 旱地龙"处理的茎长、茎径、有效茎数、单茎重均比不喷施处理好。在各喷施"FA 旱地龙"的处理中 3 g/L 处理的茎径、有效茎数、单茎重三项指标比其他各处理优；茎长以 4 g/L 处理最长。总体而言，喷施"FA 旱地龙"处理比不喷施"FA 旱地龙"处理的产量性状表现出一定的优势，综合各个产量性状，浓度为 3 g/L 的处理表现较好。

3.2.2　对实际产量的影响

本试验于 2006 年 2 月 12 日按原料蔗标准砍收称取实际产量，每处理的产量结果列于表 5 中。

从表 5 中可以看出，喷施"FA 旱地龙"处理的产量均比不喷施"FA 旱地龙"的高，产量高低顺序为 4 g/L＞3 g/L＞2 g/L＞0 g/L，产量随着"FA 旱地龙"施用量的增加而增大, 2 g/L、3 g/L、4 g/L 处理分别比 0 g/L 处理增产 3.19%、4.07%、4.39%。通过计算每亩增加的产量收入（甘蔗按 280 元/t 计算），扣除"FA 旱地龙"成本费（以 10 000 元/t 计算）和喷施"FA 旱地龙"的人工费（以 20 元/（天·人）），2 g/L、3 g/L、4 g/L 处理分别比 0 g/L 每亩增加经济收入 40.8 元、54.5 元、58.5 元，表明"FA 旱地龙"喷施在甘蔗上，可以增加蔗农的经济收入。

表 5　不同处理的产量比较

处理 （g/L）	Ⅰ （kg/区）	Ⅱ （kg/区）	Ⅲ （kg/区）	合计 （kg）	亩产量 （kg）	比 0 g/L 处理 增减（%）	比 0 g/L 处理增加 经济效益 （元/亩）
0	215.0	213.5	198.5	627.0	5 578	—	—
2	213.5	224.0	209.5	647.0	5 756	+3.19	40.8
3	220.5	215.0	217.0	652.5	5 805	+4.07	54.5
4	214.0	224.0	216.5	654.5	5 823	+4.39	58.5

3.3　不同处理对甘蔗品质的影响

由图 1 可知，不同处理的甘蔗蔗糖分高低，11 月份 3 g/L>2 g/L>4 g/L>0 g/L；12 月份 2 g/L>3 g/L>4 g/L>0 g/L；1 月份 3 g/L>4 g/L>2 g/L>0 g/L。三次测定结果，喷施"FA 旱地龙"处理的蔗糖含量均高于不喷施处理，表明喷施"FA 旱地龙"有利于蔗糖的积累，提高甘蔗的蔗糖分。其中 3 g/L 处理三次的平均值最高，4 g/L 处理次之，2 g/L 处理再次，最低是不喷施"FA 旱地龙"的 0 g/L 处理。

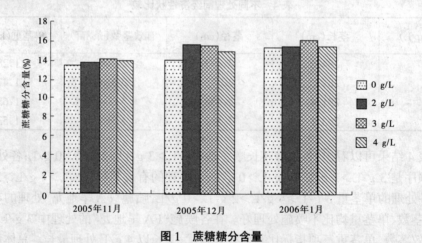

图 1　蔗糖糖分含量

4　讨论与总结

本试验在甘蔗分蘖初期与伸长盛期分别喷施浓度为 2 g/L、3 g/L 和 4 g/L 的"FA 旱地龙"，以喷清水（0 g/L 处理）为对照，研究了甘蔗喷施不同浓度"FA 旱地龙"后对甘蔗的部分农艺性状、产量性状和工艺品质的影响，探讨甘蔗施用"FA 旱地龙"对甘蔗生长效应的影响及最佳施用量，现把本次试验的初步结论总结如下。

4.1 不同浓度"FA 旱地龙"对甘蔗部分农艺性状的影响

试验于甘蔗分蘖期和伸长期测定甘蔗的部分农艺性状,包括分蘖率、成茎率、活苗消长动态、株高及蔗茎生长速度,结果表明,施用"FA 旱地龙"处理的分蘖率、成茎率均比不施的处理高,各施用"FA 旱地龙"的处理效果之间差异不明显,浓度为 2 g/L 处理的分蘖率最高;从甘蔗的活苗消长动态来看,2 g/L 处理的活苗数最多,与其分蘖率最高有关,由于活苗数过多,其成茎率最低,但最终的有效茎最多;在蔗茎生长速度中,施用"FA 旱地龙"的处理均比对照高,甘蔗的生长前期(6～7 月份)喷施浓度为 3 g/L 处理生长最快,甘蔗生长后期(8～10 月)喷施浓度为 4 g/L 处理生长最快,可能与甘蔗不同株龄对"FA 旱地龙"浓度的反应敏感性不同有关,株龄较嫩时要求的浓度相对较稀,而株龄较老时要求的浓度则相对较高;最终株高 4 g/L 处理最大,其次为 3 g/L 处理。

4.2 施用"FA 旱地龙"对甘蔗经济性状的影响

甘蔗产量高低和品质优劣是蔗农和糖厂最关注的问题。本试验结果表明:①甘蔗喷施"FA 旱地龙"能提高甘蔗茎长、茎径、有效茎数和单茎重,因而能提高甘蔗的单产,每亩每次喷施"FA 旱地龙"100～200 g,分别在分蘖初期和伸长盛期各喷一次,可增产原料蔗178～245 kg,增产率 3.19%～4.39%,每亩增收 40.8～58.5 元。②在甘蔗成熟期的品质方面,甘蔗喷施了"FA 旱地龙"的蔗糖含量比对照高,三次测定结果每亩每次喷施"FA 旱地龙"150 g 处理(3 g/L)的平均蔗糖分最高。

综上所述,甘蔗叶面喷施不同浓度的"FA 旱地龙",对促进甘蔗分蘖、蔗茎伸长以及提高成茎率均有效果;对最终产量和蔗糖分含量都有提高作用。在本试验条件下,提高蔗产量每亩每次喷"FA 旱地龙"200 g 的处理(4 g/L)最好;提高甘蔗品质每亩每次喷"FA 旱地龙"150 g 的处理(3 g/L)效果最佳。

4.3 展望

本试验主要研究"FA 旱地龙"不同喷施浓度对甘蔗生长的效应,试验证明甘蔗喷施不同浓度的"FA 旱地龙"均有增产增糖效果,但是各处理之间的产量效应差异不显著,并以最高浓度的产量最高。因此,本试验的喷施浓度还不是最佳浓度,有待进一步研究;其次,"FA 旱地龙"的喷施次数和喷施的时期尚未明确,仍有待进一步研究;甘蔗喷施"FA 旱地龙"增产增糖的生理机制、抗旱生理机制尚有待进一步研究。目前,"FA 旱地龙"在甘蔗上的应用还较少,本试验结果表明,甘蔗喷施"FA 旱地龙"对产量和品质是有一定的促进作用的,相信只要通过进一步的试验研究,揭开"FA 旱地龙"在甘蔗上应用的增产增糖机理和抗旱机理,并掌握最佳使用方法,"FA 旱地龙"在甘蔗上的应用前景将十分广阔。

参 考 文 献

[1] 李杨瑞.正在崛起的中国甘蔗糖业.广西农业科学,2005,36(1)

[2] 钟健.广西甘蔗糖业发展的现状及前景分析.甘蔗,2004,11(4)

[3] 李林.推广使用旱地龙开辟广西抗旱新途径.中国水利,2004(5)

[4] 毕勇刚,宋其龙.FA 旱地龙应用试验及推广研究.节水灌溉,2002(2)

[5] 侯松泽,张书,张玉红."FA 旱地龙"节水增产初探.黑龙江水利科技,2001(3)

[6] 李广敏,关余锋.作物抗旱生理与节水技术研究.北京:气象出版社,2001

谈自动化监测系统在小埠东灌区的应用

钟卫国[1]　　周希海[2]　　李金宝[1]

(1.临沂市罗庄区水务局；2.临沂市小埠东灌区管理处)

1　项目建设情况

小埠东灌区位于临沂市以南的沂河两岸,南至郯城县境内的武河分洪道,西至苍山县沂堂乡,东至沭河。灌区范围主要涉及罗庄区、河东区、郯城县和苍山县 4 个县区,共 11 个乡(镇、办事处),283 个村庄,41.6 万农业人口。该灌区是以沂河小埠东橡胶坝为取水口,以区间径流和上游水库蓄水为水源的大型灌区,全灌区设计灌溉面积为 30.05 万亩。

小埠东灌区自动化监测系统项目区位于罗庄区,涉及盛庄、西高都、罗庄、付庄、汤庄和册山范围内西干渠和三、四、五分干及陷泥河。在项目区我们主要完成了以下建设任务：

(1)建设渠系水位点 16 处；

(2)建设渠首闸门监测站 4 座,实现 5 孔闸门的远程自动控制；

(3)建设陷泥河的河道闸门遥测站 4 座,实现 10 孔闸门的远程自动控制；

(4)建设灌区内的雨情监测站 6 处。

通过对西干控制区现今工程状况与实际需求出发,在对西干控制区调查、分析和水文规范充分了解的基础上,确立西干控制区建设近期实现西干控制区内的部分雨情、水情、闸门信息的自动监测系统,实现相关数据的自动采集与传输。

2　系统结构

实时监测系统从结构上可分为 4 个层次(见图 1)。各监测点采集水位、雨情、闸门开度等数据,通过预处理转换为数字信号,再通过 GPRS 公共通信网络传输至监测中心,进行存储、显示、分析；监测中心的命令也通过 GPRS 公共通信网络传输至现场仪表。

2.1　水位监测系统

水位监测系统是对区域内的主要河流、渠系的水位进行实时监测,并传输到监测中心进行显示、记录、分析。使管理人员及时了解现场情况,并对各监测点的历史水位情况进行分析、统计,使调度配水更加合理。

水位监测点一般设置在河道或渠系的控制闸附近,根据监测点的水位信息,按水位—流量关系或流量计算方程,可计算出该监测点的流量信息,并可计算该监测点的累计流量。

2.2　雨情监测系统

雨情监测系统是对区域内的主要雨情进行实时监测,并传输到监测中心进行显示、记录、分析。使管理人员及时了解降雨情况,对雨强、雨量信息实时掌握,并对各监测点的历史降雨情况进行分析、统计。

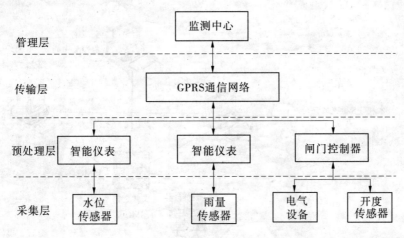

图 1 实时监测系统

雨情监测点一般按区域进行设置,根据监测点的雨情信息,可计算出该监测点区域的日降雨量、次降雨量、雨强等信息。

2.3 闸门遥测系统

闸门遥测系统是对区域内主要闸门的开度进行实时监测,并传输到监测中心进行显示、记录。配合水位监测信息,使管理人员及时、直观地了解闸门的运行情况,对输水、配水信息实时掌握,实现闸门的远程监测。

2.4 闸门自动控制系统

闸门自动控制系统由集中控制单元、现地控制单元及电气设备三部分组成。集中控制单元位于监控中心,主要负责现场闸门设备的检测、显示、控制、报警、运行管理和报表打印等。现地控制单元是独立的自动控制系统,每孔闸门安装 1 台,用于控制闸门的运行,负责闸门开度、荷重等数据的实时采集,经逻辑计算后,调解闸门的上下动作,并通过通信模块,将采集数据传输给监控计算机。现场电气设备为最低层,执行手动操作闸门启闭机的功能。

3 系统功能

自动化监测系统以渠系水位监测、渠系闸门遥测、区域雨情监测为主,辅助以闸门自动控制系统,通过通信网络、计算机网络把各系统整合起来,实现一个数据共享的信息访问平台。

水位监测系统、雨量监测系统、闸门自动控制系统与管理中心的数据通信采用的是公共无线数据网通信方式,如图 2 所示。

系统设计中广泛采用防雷电、防潮湿、抗高温、抗干扰、抗暴风等措施,软硬件的设计满足 EMC(电磁兼容性)的要求,并且采取自诊断技术、系统自恢复等技术,确保系统性能的可靠。具有数据采集、传输、显示、检测、存储等管理功能;具有自动生成运行实时数据库,实现数据的统计和查询功能;具有闸门远程自动遥控、视频监视功能。

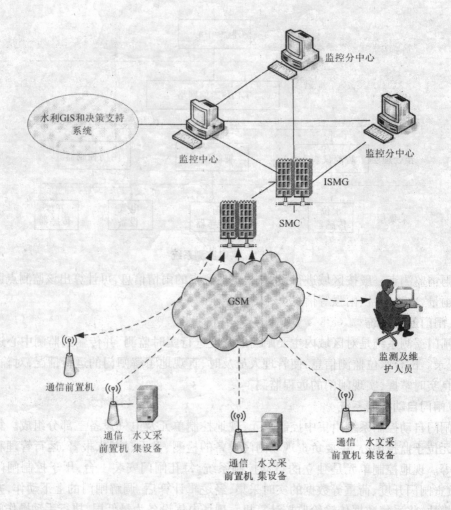

图 2　系统数据通信方式

4　系统应用

自动化监测系统建成后使原有分散的灌溉工程联网成片统一调度,实现了输水、配水信息的自动监测,根据作物不同生长期的需水时效性和灌溉供水的动态性,适时、适量地进行科学灌溉。由于全灌区实现微机自动化管理,管理人员工作效率大幅度提高,日常的灌溉输水、配水闸门调控等机械化程度大幅度提高,降低了劳动强度。实现了水资源优化配置,有效灌溉面积扩大,节余的灌溉用水供给附近工业区,这样也降低灌溉用水成本,促进农业增产和农民增收。

小埠东灌区内有陷泥河及西干渠道是重要的防洪设施,每年暴雨季节,河道水位猛涨,部分农田经常受淹,防汛任务很重。现在管理人员能及时、直观地了解流域内的降雨强度、水位、闸门的运行情况。当水位达到警戒线时,遥测系统对闸门进行开度调控,实现闸门的远程监测。水利自动化和管理信息化的发展,促进了农业耕作方式、种植结构、农业技术等由粗放型向集约型转变,由传统农业向现代农业转变,提高了灌区工程安全运行保证率和用水产出率,创造了更大社会效益和生态效益。

5　结　语

在以"科学发展观,构建和谐社会"的指导下,小埠东灌区自动化监测系统建设初步完成,对全灌区的节约灌溉、提高灌水质量和灌溉效率以及防汛抗旱等方面起到了重要作用。加快了小埠东灌区现代农业和农村经济发展,提高了水务管理部门防汛减灾的科学决策能力。自动化监测系统项目实施既是建设社会主义新农村的具体体现,也是构建人水和谐社会的初步探索。通过该项目的实施,必将对临沂市水利自动化技术的推广和应用起到良好的示范带动作用,增强全社会节水意识,尤其对灌区信息化工程建设与管理水平的提高,将产生很大的影响,并对当地和全省的国民经济发展提供强有力的支持。

基于土壤墒情测报系统的灌溉
决策自动化研究

何新林[1]　盛　东[1]　杨贵森[2]　王　磊[2]

（1. 石河子大学　新疆生产建设兵团绿洲农业生态重点实验室；
2. 新疆生产建设兵团灌溉中心试验站）

　　新疆是中国著名的干旱地区,全年降水量 147 mm,而年平均蒸发量却高达 2 000 mm 左右,属典型的荒漠绿洲;农业用水占总用水量的 97%,农业生产主要依赖于灌溉,没有灌溉就没有新疆的农业。随着西部大开发战略的实施、经济的发展、人口的增加,城市用水、工农业用水激增,用水供需矛盾日趋尖锐,给脆弱的生态环境造成极大的威胁。为此,大力发展推广先进的节水灌溉技术成为新疆实现水资源可持续利用的关键所在[1,2]。在"九五"、"十五"期间,政府加大了农田水利基本建设的资金投入,干旱灌区农业生产和灌排条件得到较大程度的改善。然而,基层单位和上级决策部门缺乏应有的实时墒情信息,往往等旱情发展到一定程度才组织抗旱灌"救命水",贻误适时灌溉的良机,不仅增加了灌溉投入,而且导致农作物不同程度的减产,达不到应有的投入和资源效应。近几年,在农田灌溉中应用计算机信息技术以及土壤墒情、气象信息监测技术为农田灌溉管理和决策水平的提高提供了新的思路。20 世纪 80 年代初期,发达国家开始研究以信息技术和智能技术为主的现代化农业技术。通过遥感技术(RS)、地理信息系统(GIS)、全球定位系统(GPS),在农业生产全过程中对农作物、气候、土壤从宏观到微观的实时监测,以实现对农作物生长、发育状况、病虫害、水肥状况以及相应的环境状况进行定期信息获取和动态分析,通过诊断和决策,制定实施计划[3]。国内在以往研究中,北方一些省份曾采用气象干旱和农业干旱的方法建立旱情信息系统,而采用水文干旱方法即通过监视农田墒情的变化来建立旱情信息系统,在国内刚刚起步[4]。本研究基于实时的土壤墒情测报系统,预测未来旱情发展变化,抓住合理的灌溉时机,实现灌溉决策自动化,对于指导干旱地区农业生产和抗旱减灾具有重要的作用[5]。同时,对提高干旱灌区抗旱的科学化水平,逐步实现田间水管理的集约化和自动化均有重要意义。

1　土壤墒情监测

　　灌区土壤墒情监测方法传统操作有烘干法和电测法。烘干法主要用于墒情固定站,其主要特点是简单易行,投资不高,且有足够的精度,是检验其他方法测试结果的基础。电测法主要用于墒情巡测站,目前国内外使用较多的电测仪器有 9109-2 型电子土壤湿度

基金项目:新疆生产建设兵团农业节水灌溉试验项目(2006015)。

速测仪、美国产 DAVIS 型和澳大利亚产 MP 型探针式速测仪、加拿大产时域反射仪 TDR,其中 TDR 测试精度居高[6]。

新疆生产建设兵团灌溉中心试验站中土壤墒情监测主要通过建设墒情自动监测系统,利用 SWR3 型土壤水分传感器采集数据,经过无线传输,有效地测量出土壤含水量参数。该水分传感器密封性好,可长期埋入土壤中使用,且不受腐蚀,土质影响较小,测量精度高,响应速度快[7]。

2　土壤墒情自动化测报系统建设

2.1　土壤墒情自动化测报系统结构组成及工作原理

土壤墒情自动化测报系统结构简图如图 1 所示,系统主要由测站(前端采集数据)和中心控制室(系统程序总控)两大部分组成。测站为无人值守遥测站,一经安装完毕则无需人员管理,可定时(定时时间由用户根据实际需要选定)自动将采集到的各参数值,通过有线传送至中心控制室;遥测站由多参数土壤墒情传感器、遥测数传终端、天馈线、蓄电池、太阳能电池板、避雷装置等设备组成。中心控制室接收测站发来的数据,进行解码处理并存入相应的数据库中,以便进行数据查询和输出。

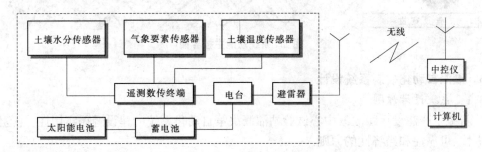

图 1　土壤墒情自动化测报系统结构组成示意图

系统的主要工作原理为:土壤墒情传感器利用高频电信号测量土壤的电导与电容特性,得出土壤的含盐量与含水量。同时,仪器用电热调节器测量土壤的温度。系统由遥测数传终端实时采集土壤含水量、气象要素等参数,通过超短波无线电台传输至室内专用接收计算机进行处理,处理后的数据存储至服务器的数据库中,以备灌溉决策支持系统查询和调用。

2.2　土壤墒情自动化测报系统功能

系统主要提供各测报站的气象、水文、作物、土壤、水源、用水等基础资料的输入功能,系统对资料归纳、汇总、处理后,对灌溉作物需水量和有关参数进行分析计算,对未来土壤墒情和旱情趋势做出预报;通过对土壤水分的监测,并结合作物生育期需水,拟定出作物灌溉计划;并根据各站实测土壤含水量对土壤墒情预报值进行修正和对土壤水分进行动态模拟预报,并修改和补充灌溉计划,结合灌区水源状况和工程能力,实现灌溉决策的及时性和准确性[8]。

系统的功能模块主要有:①主控模块,是系统的主界面,起着管理、协调各功能模块的作用,模块的主菜单包括文件、编辑、数据分析、图形、打印、帮助等;②基础资料管理模块,本模块提供系统运行所需要的各种气象、水文、土壤、作物、灌区概况、农业生产、水源状况、工程情况、用水量等方面基本数据的输入、修改、查询及表格打印等功能;③作物需水预报模块;④土壤墒情管理模块;⑤灌溉用水管理模块;⑥地理信息系统模块;⑦图形显示模块和打印模块。系统功能主控界面如图2所示。该系统可以提供如下实时信息:不同代表点不同农作物土壤墒情现时资料和未来一段日期的墒情以及灌溉预报资料;适时适量灌溉和抗旱灌溉的日期和灌水定额;灌区用水及管理情况;实际播种面积信息、因干旱少种面积、受旱总面积(包括成灾面积);各站点前期降水量和墒情实测值分布图及未来一段时期土壤墒情分布图。同时,各级防办、水管部门可以通过网络随时进行信息查询,以提取所需要的信息。

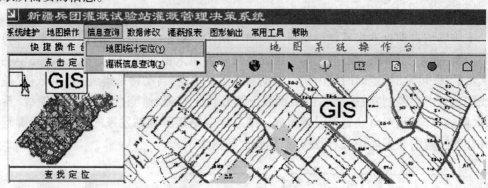

图2　系统功能主控界面

2.3　灌溉自动化控制系统设计

2.3.1　系统设计原则

新疆生产建设兵团灌溉中心试验站灌溉决策自动化系统的建设遵循实用性、规范性、先进性、可靠性和经济性的原则。

实用性:系统的设计、实施必须经济实用,能实时准确采集泵站信息、灌溉信息、气象信息,控制泵站安全运行及自动灌溉。既能自动采集数据,又能随时人工补充试验数据,并能进行多种模式分析统计。

先进性:设备的选型要考虑到将来的发展,应具有扩展功能和远程通信接口。

可靠性:系统设计在注重仪器设备、各种传感器、执行机构运行可靠性的同时,应充分重视系统多环节备用的可靠性和故障后恢复/修复的可靠性与及时性,确保监测在各种条件、情况下连续运行。

经济性:系统设计方面要科学合理、简洁明了,避免设备重复投入。

规范性:设备的选型必须符合工业现场恶劣环境的条件,各种传感器、数据采集器符合国家标准信号规范。

2.3.2　系统组成及功能

新疆生产建设兵团灌溉中心试验站灌溉决策自动化系统由乌鲁木齐市内工作站和乌鲁木齐城郊工作站两部分组成。其结构如图3所示。

乌鲁木齐市内工作站由中心管理计算机、GPRS通信控制器、不间断电源UPS、管理软件等组成。管理软件设计采用B/S方式,既可通过Internet网络随时上传南疆、北疆、东疆有代表性的团场所设的12个基础数据采集点的数据,又可通过GPRS方式随时下载乌鲁木齐城郊工作站的所有数据,留有试验数据补录接口及国家灌溉试验站访问接口,并针对具体需要统计、分析各种数据,形成相应的报表、曲线,为灌溉决策提供依据。其软件结构如图 4 所示。

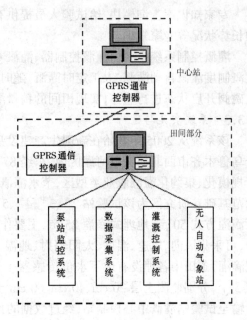

图 3　系统结构图

乌鲁木齐市郊工作站主要由田间控制管理计算机、无人自动气象站、泵站监控系统、田间数据采集系统、灌溉控制系统、数据录入部分及控制管理软件组成。

田间控制管理计算机与中心管理计算机通过 GSM 网络的 GPRS 方式进行数据传送,与无人自动气象站、田间数据采集系统、灌溉控制系统、泵站监控系统通过全透明 230M 无线数传电台进行通信及监控,如图 5 所示。

气象数据采集模块:完成气温、空气湿度、地温、降水量、日照强度、风速、风向等气象参数的实时采集,并进行统计分析。

泵站监控模块:完成泵站的自动控制,并实时监测水泵工作电流、电压、出水压力、流量等参数,计算泵站功耗、累计出水量等。

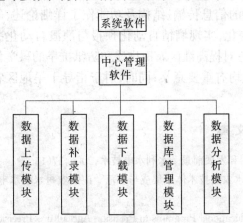

图 4　乌鲁木齐市内工作站软件结构图

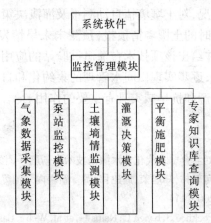

图 5　田间试验站管理及监控软件结构图

土壤墒情监测模块:完成田间土壤墒情的实时监测,计算土壤灌水入渗速度,绘制土壤含水量变化曲线等。

灌溉决策模块:根据作物种类、气象数据、土壤墒情及其他试验数据,自动计算灌溉配水方案,并绘制灌水曲线等。

平衡施肥模块:综合利用现代科学技术和科技成果,进行肥料种类及数量、施肥时期及方法、培肥地力等方面的合理决策。

　　专家知识库查询模块：给试验人员提供有关的试验方法、试验步骤、仪器设备使用、作物长势状况等专家知识。

　　灌溉控制系统主要由灌溉控制器、灌溉专用电磁阀、灌溉水量测量部分组成。具有按灌溉制度灌溉自动灌溉、人工定时灌溉、随时补灌等功能，通过监测灌区远传水表数据，对电磁阀开启状态进行监控，实现田间的精量灌水。

2.3.3　系统实施与运行

　　该系统从 2005 年开始在新疆生产建设兵团灌溉试验中心站实施运行，灌溉试验站位于乌鲁木齐市西北郊头屯河灌区内，东经 87°27′，北纬 44°30′，属典型干旱区气候，灌区属于规模化、集约化灌溉农业类型区，节水灌溉程度高，具备良好的农业信息化技术应用及示范基础。研究区为该试验站 2#、3#、4#、5#、6#、7#、8# 条田，总面积 75 亩，其中采用膜下滴灌方式 50 亩，地埋式滴灌 25 亩，主要作物为棉花。前置遥测终端设有自动气象站一个，可采集风向、风速、温度、太阳辐射、地温、降水等要素，其中 3#（膜下滴灌）、4#（地埋式滴灌）条田中各埋设有地下水位传感器 1 个，每号地中布设有 SWR3 型土壤水分传感器 3 个，分别监测土层 20 cm、40 cm、60 cm 土壤墒情，所有采集得到的数据通过无线电台传输至试验站灌溉中心控制站，经过数据的预处理和灌溉决策分析，得到未来灌水信息和灌溉实施方案。系统总体运行良好，取得较显著的节水增产效益和抗旱减灾效益，在新疆地区以及干旱、半干旱地区具有广阔的应用前景。

3　结　语

　　本文结合新疆生产建设兵团灌溉试验中心站建立的灌溉决策自动化系统以及系统应用情况，对土壤墒情自动测报及灌溉决策系统的信息传输、结构及功能作了详细论述，研究实时的土壤墒情预报，预测未来旱情发展变化，实现墒情自动化预报与灌溉自动化决策，并给出该项技术在灌溉试验站的应用效果；对提高灌区农田排灌和防汛抗旱的科学化水平，逐步实现田间水管理的集约化和自动化均有重要意义；同时，对于指导干旱地区农业生产和抗旱减灾具有重要的作用。

参 考 文 献

[1] 刘兰育 . 现代化节水灌溉技术在新疆兵团的应用和发展前景 . 水利水电技术，2006,37(1)

[2] 何新林，郑旭荣，周建伟，等 . 新疆内陆河灌区节水农业技术体系集成与示范 . 中国农村水利水电，2003(11)

[3] Pocknee S, Kvien C, Rains G, et al. Web - Based Educational Programs in Precision Agriculture. Precision Agriculture, 2002(12)

[4] 王振龙，王兵，汪灶建 . 农田墒情监测预报和抗旱信息系统设计与实现 . 农业工程学报，2006,22

[5] 王振龙，赵传奇，周其君，等 . 土壤墒情监测预报在农业抗旱减灾中的作用 . 治淮，2000(3)

[6] 裴浩，郝文俊，李友文，等 . 土壤墒情的监测方法 . 内蒙古气象，1999(6)

[7] 杨绍辉，王一鸣，冯磊 . 土壤水分空间分布快速测试仪器的开发 . 中国农业大学学报，2005,10(2)

[8] 赵家良，王振龙 . 实用土壤墒情预报研究 . 农田水利与机电排灌，1997(4)

利用集雨节灌技术抗御我国南方
农业季节性干旱的研究

许亚群 王少华 刘方平

（江西省灌溉试验中心站）

1 季节性干旱对南方及本省丘陵区农业生产的影响

我国南方虽然雨水充沛，但由于时空分布不均，季节性干旱、缺水仍然十分严重。以江西省为例，4～6月份降雨量约占全年降雨量的45%～50%，7～9月份降雨量只占全年降雨量的20%，特别是7～8月份受太平洋副热带高压脊控制，降雨少、气温高、湿度小、蒸发量大，月蒸发量可达200 mm以上，大大超过同期降雨。而炽热干燥的天气，加剧了旱情。即使是丰水年，也往往是前期水资源充沛，后期紧缺，先涝后旱。枯水年水资源量与丰水年水资源量相比，少1/2～2/3，枯水年缺水尤其严重，高温少雨季节又正值晚稻等农作物需水量的高峰，降雨量既小于蒸发量，更小于作物需水量，水资源与干旱反差大，供需矛盾极为突出。

频繁出现的伏旱、秋旱给我国南方丘陵干旱区农业生产带来严重影响，伏旱期热浪滚滚，使早稻高温逼熟，千粒重下降而导致减产，晚稻因缺水而无法及时栽插，秋旱对晚稻、棉花、蔬菜、甘蔗、柑橘、脐橙等粮食、经济作物及果树的产量和品质产生极为不利的影响。如遇伏旱连秋旱，对农业生产将造成更为严重的损失，无灌溉条件的耕地甚至颗粒无收。

2 国内外雨水资源利用概况

国外20世纪70年代开始重视干旱地区集雨保水技术研究，以丘陵坡地和人造小流域收集降雨，为干旱地区创造成本低、质量高的新水源，并采用抑制水面蒸发、减少渗漏损失、抑制土面蒸发、滴灌等节水措施，用最低水量获得好的收成。自80年代以来，国外雨水利用得到迅速发展，不仅少雨国家（以色列等）发展较快，而且一些多雨国家（东南亚）也得到发展，利用范围也从生活用水向城市用水和农业用水发展，一些工业发达国家（日本、澳大利亚、美国）都在积极开发利用雨水资源。

我国北方干旱缺水地区较重视雨水汇集技术的研究应用，采用各种工程技术措施，用水窖、蓄水池、塘坝等将有限雨水蓄集储存起来，解决人畜饮水和农作物灌溉问题，并采用塑料管网输水、地膜覆盖种植、滴灌微喷灌等节水技术措施，取得显著效果。90年代，北方一些省区发展较快，如甘肃"121雨水集流工程"、内蒙古"112集雨节水灌溉工程"、宁夏"窖水蓄流节灌工程"，以及陕西、山西、河南、河北等省，在雨水利用技术的研究与应用方面，取得了一批成果，产生了明显的经济效益、社会效益和生态效益。

3　南方利用雨水资源的途径

3.1　丘陵坡地修筑梯田,拦蓄雨水,发展雨养农业

我国南方的一些丘陵干旱、半干旱区,由于地形复杂,沟壑多、土层薄、保水保肥能力差,缺乏灌溉条件,多数耕地为望天丘。降雨产生的径流很快下泄,冲刷土壤,雨后又容易干旱,农作物产量低而不稳。而采用工程措施,修筑高标准梯田,能够有效地拦蓄雨水,增加土壤有效水分储量,增加抵御干旱能力,同时配套先进的农业技术措施,如抗旱良种、增施有机肥、地膜覆盖种植等,既能大幅度增加农作物产量,又能防止水土流失,减少泥沙对河流的危害。

3.2　利用庭院和屋面集雨,发展庭院经济

农村的房前屋后和村边地头,一般都有水泥地面或经过碾压的场子地,屋面多数是水泥或瓦,为干旱缺水地区集雨创造了条件。可依据降雨量及集雨面积大小,在庭院内或地头修建蓄水设施(水窖等),汛期拦蓄雨水,储存起来,除解决人畜饮水外,还可发展种植业、养殖业和小型加工业等庭院经济。实践证明,这是丘陵干旱缺水地区人民脱贫致富、改善卫生条件的一条有效途径。

3.3　利用坡地、道路集雨,发展大田作物灌溉

丘陵山区坡地较多,乡间修有柏油路、水泥路或砂子路、土质的田间路,可直接收集或经改造后收集雨水。对土质道路进行平整碾压,设置向路边排水的横向坡度,荒坡夯实,干密度不小于 $1.5\ t/m^3$。

3.4　结合小流域综合治理,发展经济作物、果林灌溉

在丘陵山区可结合小流域治理工作,将水土保持和集雨节灌有机地结合起来,通过集、拦、引、蓄、灌等综合措施,充分利用本流域内的雨水资源,开展经济作物果树作物灌溉,既保持了水土资源,又能促进旱作农业、林业的发展。

4　适合雨水利用节水灌溉技术

集雨节灌主要的节水途径:一是采用非充分灌溉的原理和方法,在作物的需水关键期补充水分;二是采用现代局部灌溉原理,仅湿润作物根系土壤,同时采用塑料薄膜覆盖,使土壤中的水分蒸发损失减少到最低限度;三是采用简单易行而又高度节水的方法,如抗旱坐水种、地膜集流穴灌、注射灌溉、简易渗灌、滴灌、微喷灌等微灌技术。

4.1　微灌技术

具有省水节能、增产优质、适应性强、可充分利用小水源等特点,最适合在集雨节灌技术中利用。形式上多以一口水窖为一个灌溉系统,控制面积不大。规划设计简单,不需烦琐计算。

(1)选择适宜的微灌形式:根据种植区的地形、土质、作物情况选择适宜的微灌方式。对于蔬菜基地(包括塑料大棚、日光温室)适宜用滴灌,对果园适宜用滴灌、微喷灌。蒸发量大的地区,不宜微喷灌,对庭院种植的花卉、食用菌可采用微喷灌;对粮、棉、瓜类作物宜用滴灌。

(2)选择微灌类型:为节省投资,有条件的地区,首选自压微灌。无自压条件时,根据

经济状况和电源现状,可考虑采用人工手泵或微型电泵抽水机加压。

根据灌溉控制面积、作物种类选用固定式或移动式类型。果树、花卉、食用菌、瓜类等作物,因行距较宽、灌水次数较多且经济效益又高,一般采用固定式。对大田粮、棉等密植作物或一些面积较小的庭院种植业,多采用移动式。

4.2 抗旱坐水种技术

丘陵干旱、半干旱地区的作物播种时期往往遭遇降雨少,土壤墒情差,造成出苗晚或缺苗断垄,甚至不出苗的情况,严重影响农业生产。可采用坐水种的方法以保证出全苗、出壮苗。作业程序是创穴(或开沟)、注水、点种、施肥、覆盖和镇压。

4.3 地膜集流穴灌技术

该技术是在坐水种的基础上进行,其操作程序为:盖膜;放风;放苗于地膜外;将播种坑扩大为 30 cm 直径的锅形集流穴;用砂子封闭播种坑;通过锅形集坑的低洼集水作用收集降雨时降到其他部位地膜上的水,达到集流穴灌的目的。

4.4 注射灌溉技术

即采用特制的灌水器,直接向作物根区土壤注水的一种方法,目前宁夏是借用 LPJ型追肥枪,安装在农用喷雾器上,依靠气体压力,通过喷嘴把水注入该作物的根区。其特点之一是灌水追肥、根区施药可一次完成任务;二是适宜干旱地区果林、瓜类、玉米等稀植作物灌关键水;三是可根据作物长势情况进行定量灌溉,苗期少灌、浅灌,旺盛期多灌、深灌,灌水定额仅 2～3 m^3/亩,一般每株每次注水 0.5～1.0 kg。

4.5 瓦罐渗灌技术

瓦罐渗灌的灌水器是用不上釉的粗黏土烧制成,四周有微孔(也有在罐壁按一定间距钻 1 mm 微孔)灌水时需人工向罐内注水,水从罐四周微孔渗出,借助土壤毛细管的作用,渗入到作物的根区。瓦罐埋深 30～40 cm,底面不打孔,罐壁厚 4～6 cm,上口加盖,盖中心留一 10mm 圆孔,供排气和向罐内注水用。渗水半径随土质不同可达 30～40 cm。瓦罐制造工艺简单,可就地取材,造价便宜。该技术适宜在株行距较宽的作物如果树、瓜类、玉米等进行抗旱保苗或关键期用水,播种时随即埋上瓦罐,果树应埋设在树冠半径的 2/3处。

5 南方丘陵干旱区开展集雨节灌的有利条件

5.1 有充足的雨水资源可利用

南方雨水充沛,以江西省为例,多年平均降雨量在 1 400～1 900 mm 之间,可为集雨节灌提供充足的雨水资源。

5.2 有大量的庭院、道路、坡地可建雨水集流场

江西省是农业大省,广大的农村已有的房顶、庭院、房前屋后场院、村庄、道路和田间道路、晒谷场、沟壑荒坡、山地等,都为集雨创造了条件,稍加改进即可用于汇集雨水。

5.3 建筑材料丰富,工程适应性强,有利于该项技术普及推广

集雨节灌技术简单,丘陵、山区、坡地、庭院、道路等处均可修建工程,且建筑材料丰富,便于发动群众自己动手兴建集雨工程。经适当培训,农户可自行施工,建设工期短,当年建成当年受益,易于普及推广。

5.4　有利于解决干旱缺水、贫困地区脱贫问题

丘陵干旱区耕地大多数是望天丘,只能种一季作物,品种单一、产量低,遇大旱甚至颗粒无收。集雨节灌既能解决丘陵干旱区灌溉问题,有了水可改种二季、三季作物,又能增加农民收入,是解决贫困地区温饱问题的扶贫攻坚措施之一。

5.5　有利于农业产业结构调整和农民增收

集雨节灌技术适合农村联产承包责任制经营方式,该项工程可因地制宜,农户可自建自管,产权清晰,管理方便。有了灌溉条件,有利于农民调整种植结构,种植经济效益更高的作物,优化品种结构,提高单位面积产量、质量和经济效益。

5.6　经济效益、社会效益、生态效益显著,具有广阔应用前景

我国应用集雨节灌技术的实践证明,该项技术具有显著的经济效益、社会效益,例如甘肃省 18 个干旱贫困县之一的榆中县采用集雨节灌技术,增产粮食 3.45% ~3.96%,同时改善了干旱山区农民的生存条件,使一部分农民走上了富裕之路,使全县贫困面由 13%降低到 4.75%。此外,还有利于逐步改善生态环境。由于丘陵干旱区缺水、少土,为解决温饱问题,农民只能不停地在陡坡、山坡上开垦山地种粮,使生态环境进一步恶化,形成越穷越垦、越垦越穷的恶性循环。在粮食自给有余后,可将原来开垦的陡坡、山坡,实行退耕还林、还竹、还景、还草,保护了生态环境。

6　南方丘陵干旱区集雨节灌技术研究的主要内容

6.1　研究目的

针对我国南方对雨水汇集利用技术缺乏研究,特别是丘陵山地缺乏灌溉条件,大多数耕地均为望天丘,而南方气候特点是 7~9 月降雨少,气温高,蒸发量大,该期又正值农作物需水高峰时期,频繁出现的伏旱、秋旱严重影响到农作物产量和质量的特点,研究适合南方丘陵干旱区农业灌溉的有效方法——集雨节灌技术,解决我国南方丘陵干旱区农业灌溉和干旱贫困地区脱贫问题。

6.2　研究内容、方法及手段

据资料分析,我国南方季节性干旱经常发生,以江西省为例,常旱区、易旱区达 65 个县,占总数的 79%。因此,应首选伏旱、秋旱频繁发生的丘陵干旱区,针对严重影响旱作农业丰收的制约因素,研究适合本地情况的集雨节流储水工程技术措施,将 4~6 月雨季的雨水储存起来,研究并应用先进的节水灌溉技术,满足旱作农业需水关键期的灌溉用水,促进旱作农业节水增产,大幅度提高农作物产量和质量。方法上采取由点到面,先行小区域范围试点,获得成功后,由点到面,逐步扩大推广应用,并采用吸收提高的研究手段,通过技术考察,借鉴国内外之先进经验,研究总结先进的适合南方及江西省丘陵干旱区情况的集雨节灌技术。

地下滴灌技术在新疆大田的应用现状与展望

王振华[1] 何新林[1] 杨贵森[2] 刘洪光[1]

(1.石河子大学水利建筑工程学院；2.新疆生产建设兵团灌溉中心试验站)

在现有的农田节水灌溉技术中,地下滴灌(Subsurface Drip Irrigation,SDI)可能是目前最复杂、效率也最高的灌溉方法[1],SDI技术能够使作物产量和水分利用率(Water Use Efficiency,WUE)同时达到最佳[1,2]。它是在低压条件下,通过埋于作物根系活动层的灌水器,根据作物的生长需水规律向土壤中渗水供给作物,由于灌水过程中对土壤结构扰动较小,有利于保持作物根系层疏松通透的土壤环境,并且能最大程度地减少土壤水分的地面蒸发的损失,使病、虫、草害明显减少,因此地下滴灌更具节水、增产、降耗特点[1~3]。这几年SDI的示范应用取得了较好的效果,无论是节水还是棉花产量上均有提高,而且管理更为方便,比较适合大农场的规模化、现代化发展,面积正在逐渐扩大。

1 地下滴灌应用现状

地下滴灌是干旱区规模化生产、高效用水的必然方向,为此,2002年新疆生产建设兵团率先引进地下滴灌技术进行试验示范,引导滴灌技术向更先进、更便于使用和操作的方向发展,到2005年全兵团地下滴灌面积发展到11万多亩。地埋滴灌种植的有棉花、西红柿和果树等。

1.1 地下滴灌产品及有关设计参数

滴灌带的选择均为国外产品,有以色列耐特菲姆、美国TORO、澳大利亚易润、体特普等公司的系列产品。

滴灌带型号主要采用壁厚0.1 mm、0.15 mm、0.20 mm、0.3 mm,直径16 mm的内镶片状滴头,无缝贴条紊流式、激光裂缝紊流式滴灌带,壁厚0.6 mm、直径16 mm的内镶圆柱形滴头滴灌管等。工作压力为0.1 MPa时的滴头流量在1.1~1.6 L/h范围内,滴头间距有30 cm、40 cm、50 cm不等,滴灌带的铺设深度在35 cm左右,铺设宽度有90 cm、100 cm、120 cm、150 cm不等,单向铺设长度80~120 m。

1.2 地下滴灌技术在棉花上的试验

近年来,已开展了地下滴灌条件下水分在土壤中的运动特性、湿润范围和形状、滴灌带的选型、合理布局及水盐运移规律的试验研究。同时进行了地下滴灌滴头流量、管网压力、棉花生理性状、灌水、施肥技术、病虫害发生、产量等情况的调查研究。提出了一些适宜的田间合理布局模式和设计参数及棉花栽培技术措施,分析和评价了地下滴灌工程的

基金项目:新疆生产建设兵团科技成果转化与推广计划(2006YD27),石河子大学高层次人才科研启动资金专项(RCZX200539),石河子大学自然科学研究与技术创新项目(ZRKX2005078)。

技术经济指标和节水增产效益,主要有以下几点结论。

地下滴灌方式有利于棉花多结铃、早吐絮,生育期提前 2~4 天,有利于提高产量和品质。地下滴灌方式下,棉花生长稳健,田间作业少。地下滴灌地表干燥,利于通风通光,棉花蕾、铃脱落率偏低,杂草较少,减少了病虫害的发生和棉铃的霉烂。地下滴灌棉花根系主要分布在 10~50 cm 的范围内,呈现两层根系,第一层 10~20 cm,第二层 25~40 cm,根系发达且较长。地下滴灌地表 0~10 cm 土层含水率较低,在 20~60 cm 土层含水率较高;地下滴灌棉花平均比膜下滴灌增产 6%~8%;比沟灌增产 20%~26%,但部分地块产量较低。地下滴灌比膜下滴灌节水 10%~15%;比沟灌节水 40%~50%。

2　应用地下滴灌存在的问题

2.1　出苗问题

由于新疆春季干旱少雨,播种时地表干燥,土壤墒情较差,运用地下滴灌往往不易满足出苗要求,如果灌水定额较小,将影响种子的萌芽和出苗。如果灌水定额过大,则易产生深层渗漏。

对于地下滴灌系统作物出苗问题,目前有 3 种方式:一是直接运用地下滴灌;二是靠苗期降雨来解决苗期所需土壤水分;三是采用其他灌溉方式(如喷灌)在播种后进行灌溉。

2.2　滴头堵塞问题

新疆灌溉水源均为天山冰雪融水,灌溉水中粉粒、沙和水垢等污物含量较高,滴头堵塞严重,造成棉花部分受旱减产。造成地下滴灌堵塞的原因:一是灌水停止后,毛管产生的负压可能将土壤中微小颗粒吸入灌水器的微孔而造成堵塞;二是植物根系的向水性生长可能使根侵入滴水孔引起堵塞;三是在施工过程中,选用薄壁滴灌带,造成一些芦苇根系穿透毛管壁进入滴灌带并沿滴灌带水平生长,以及在铺设过程中,容易被拉断和黏合在一起,造成灌水不均和漏水等诸多问题。

解决堵塞首先要选好过滤器,对当地水质加以分析,对过滤器进行抗堵塞试验,根据其水质选择其对应的过滤器网。其次要在地下滴灌系统建设施工过程中严把质量关。

2.3　滴灌带布置间距及埋深

滴灌带间距以及埋深不仅影响着棉花根系对水分的吸收,而且影响着系统的投资。即使在灌水定额相同的情况下,水分在土壤中的运动也不一样,形成的湿润体形状也各有差异。滴灌带的埋深一般在耕作层以下,即 30~40 cm 深,但这样影响出苗和早期苗期根系的吸水。在实际滴灌带埋设过程中,由于机械配套设施的不完善以及施工过程中质量把关不严,导致滴灌带实际埋深达不到指定深度,这样在来年耕地过程中,出现滴灌带遭破坏现象。

2.4　应用 SDI 可能产生的盐碱化问题

由于 SDI 下的水盐运动特点和新疆特殊的地理气候、较大的蒸降比,加之新疆很多农田土壤是通过种植耐盐植物或漫灌压盐而进行盐碱地改良的。近年来,为了春季播种后作物的正常出苗,很多团场利用膜下滴灌技术,一次性将盐分压至作物生育期主根系以下。应用地下滴灌技术,如果管理不当,被压下的土壤盐分和积累于作物根系的盐分可能会向远离滴灌带的方向移运,包括向上运移到地表,久而久之,可能会造成土壤的次生盐碱化,这是非常值得关注的问题。

2.5 地下滴灌灌溉制度问题

目前地下滴灌条件下的灌溉制度主要参照地表滴灌进行,没有按照地下滴灌水分运动特点进行,生产实际中仍然以"看天、看地、看庄稼"为手段,缺乏合理的灌溉指标,棉花花铃期灌水定额在 $12\sim30$ m³/亩不等,间隔时间在 $3\sim10$ 天不等,没有一个相对合理的灌溉制度。

3 应用地下滴灌的注意事项及建议

由于地下滴灌在新疆应用时间不长,虽已积累了不少经验,但为了更好地发展应用 SDI 技术,使其扬长避短,根据前人以及笔者的试验研究和对一些应用地下滴灌团场的调查研究,提出以下几点建议:

(1)工程设计与建设不能过分强调降低成本,要重视系统的配套建设,注重首部过滤系统、滴灌带选型、空气阀及排水冲砂管的安装、工作压力的保证与平衡。注意田间布设的科学与便利,以不影响农机作业、便于规模化生产、方便灌溉管理及检查维修。

(2)抓好土地平整工作,严格控制条田落差,确保水量均匀一致,根据土壤结构和质地条件,选择适当的铺设宽度,砂性土毛管间距宜窄些,不大于 90 cm,壤土为 $100\sim120$ cm,土壤质地以壤土或黏壤土为宜。为保证地下滴灌出苗、保苗,建议建喷滴灌共用系统,喷灌出苗或冬灌、春灌适墒播种。也可在非盐碱上用地下滴灌出苗,即播种后分 $2\sim3$ 次滴灌至湿润锋接近地表。

(3)棉花滴水次数采取前期少、中期多、后期少,灌水定额采取前期大、中期适度、后期小的原则。生育后期可适当延长间隔时间和减少灌水定额。应针对不同的土壤质地开展地下滴灌埋深、间距以及灌溉制度方面的试验,优化出针对不同的土壤质地,选择适宜棉花生长的滴灌带布置间距和埋深,优化合理的灌溉制度。

(4)施肥上应采用溶解性好的化肥进行随水施肥。可采用磷肥作基肥,氮肥及速溶性滴灌专用肥随水滴施方式。肥料用量根据作物需肥规律供配,最好每次滴水都有肥料,每次 $2\sim3$ kg 尿素或专用肥,应满足棉花生长发育对 N、P、K 的需求比例,总量根据目标产量而定。

(5)毛管铺设一般都是通过带有铺设机械的拖拉机进行的,安装时应注意土地一定要平整,路线一定要平直,毛管要互相平行。机械铺设不宜太快,以避免拉断毛管,在地头地边更要小心。滴头方向最好朝上。

(6)含盐碱地应用 SDI 应和覆膜种植结合起来,以减少因大气蒸腾造成的盐分随水分向土壤表层积累量,加强运行管理,注意结合冬春灌进行压盐和苗期地面灌补水压盐,避免在盐碱较重或改良不久的土壤上应用 SDI 技术,同时加强对土壤和地下水的监测。

4 结 语

(1)根据这几年地下滴灌的应用实践,应总结经验,综合分析应用过程中出现的问题和不足,正确评价地下滴灌技术的优缺点,对其准确定位。

(2)因地制宜,扬长避短,根据地下滴灌的特点,充分发挥其优势,加强管理,正确应用,避免在重盐碱土地上应用。

(3)积极开展地下滴灌方面的试验研究工作,着重开展地下滴灌毛管适宜设计参数、地下滴灌作物(棉花等)水肥耦合规律、作物灌溉制度、与农艺综合措施有机结合以及覆膜与不覆膜情况下作物生长发育影响方面的试验研究,同时开展出苗水的处理以及浅埋式地下滴灌等方面的试验研究,走试验研究、示范总结、推广应用的道路。

参 考 文 献

[1] 王振华,吕德生,温新明,等.新疆棉田地下滴灌土壤水盐运移规律的初步研究.灌溉排水学报,2005(10)

[2] 李道西,罗金耀.地下滴灌技术的研究及其进展.中国农村水利水电,2003(7)

[3] 程先军,许迪,张昊.地下滴灌技术发展及应用现状综述.节水灌溉,1999(4)

[4] 王振华,温新明,吕德生,等.盐分运移对新疆棉田应用地下滴灌影响初探.节水灌溉,2005(3)

[5] 安瑞明,姜新华.地下滴灌在34团棉花栽培中的应用与效果.新疆农机化,2005(4)

灌溉预报的理论基础与应用方法

申孝军[1,2]　　孙景生[2]　　李明思[1]　　肖俊夫[2]

（1.石河子大学水利建设工程学院；2.中国农业科学院农田灌溉研究所）

1　引　言

　　高水平的灌溉用水管理是节约用水、提高灌区农业产量、充分发挥灌溉工程效益的重要环节。灌溉用水管理的核心是实行计划用水，而指导计划用水的依据是用水计划。我国制定的常规用水计划属于"静态"用水计划，它是根据历史资料，选定几种典型水文年，针对典型年的气象、水文情况，制定出当年的用水计划；在执行过程中，再依据当时的气象、水文等情况进行调整。用动态用水计划指导灌溉用水，可达到节水、高产、高效益的目的。动态用水计划是以实时灌溉预报为依据的动态取水、配水与灌水计划，它是在充分利用实时信息基础上确定的短期计划，因而比较符合实际，实用价值较高。

　　实时灌溉预报是编制与执行灌区动态用水计划的必要条件，只有做出实时灌溉预报，才可能制定出动态用水计划；实时灌溉预报可靠、准确，动态用水计划才可能符合实际，才能发挥指导用水以取得节水、高产、高效益的效果[1]。

　　实时灌溉预报的基础是作物需水量 ET 的实时预报。提出较可靠、准确又便于应用的 ET 实时预报方法，是实时灌溉预报的重点与难点内容。在水资源能够满足作物正常灌溉要求的条件下，获得 ET 实时预报资料后，根据降水、地下水补给量等因素的实时预报数据，通过农田水量平衡分析，即可进行灌水时间与定额的实时预报。

2　灌溉预报的理论基础[2]

　　灌溉预报以农田水量平衡计算为基础，以土壤含水量预报为中心。通过循环运算，以确定各时段的土壤含水量，然后判断其是否需要灌溉，并计算灌水量。基本方程为：

$$W_t = W_{t-1} + P - ET + W_T + G_k \tag{1}$$

式中：W_t 为时段末土壤贮水量；W_{t-1} 为本时段初或上一时段末土壤贮水量；P 为时段内有效降水量；G_k 为时段内地下水利用量；ET 为时段内作物需水量；W_T 为土壤计划湿润层加深的土壤贮水量。单位均折算为 mm 或 m^3/hm^2。

　　必须指出，式中 ET 为丰产条件下的作物需水量，它是根据充分供水条件下的潜在蒸发蒸腾量 ET_0 预报出来的。预报时段长度可以是任意的，可以日为最小单位，逐日进行预报，直至预报期末。

　　灌水日期及灌水量的判定标准是土壤最小、最大允许贮水量。即当 $W_t \leqslant W_{min}$ 时应进行灌水;当 $W_t > W_{max}$ 时应进行排水。其中 W_{min}、W_{max} 分别为土壤允许最小、最大贮水量,可用下式计算:

$$W_{min} = W_{max} \cdot \beta$$
$$W_{max} = 6.67\gamma \cdot H \cdot \theta_f$$

式中:θ_f 为田间持水量;γ 为土壤干密度;H 为计划层湿润度;β 为系数,是指允许最小贮水量占最大贮水量的比例。

灌水量为:

$$M = W_{max} - W_t \tag{2}$$

排水量为:

$$D = W_t - W_{max} \tag{3}$$

灌水或排水后取 $W_{t-1} = W_{max}$,继续预报,直至时段末。由此可求得预报时段内总灌水量 $\sum M$ 和总排水量 $\sum D$。

3　土壤墒情预测与灌溉预报方法

我国干旱、半干旱地区历来十分重视土壤墒情监测与预报,从 20 世纪 80 年代初开始至今,国内专家研究了许多土壤水分预报的方法并应用于实践,卓有成效。这些预报方法可以分为确定性方法和随机性方法等几大类。

3.1　确定性方法

常见的确定性方法有经验公式法、水量平衡法、土壤水动力学法、消退系数法等。

3.1.1　经验公式法

土壤含水量与降雨、气温、饱和差等有着密切的关系。经验公式法主要是利用影响土壤水分的因素如饱和差、气温、降雨等因子与土壤水分之间的关系建立土壤水分预报经验公式进行土壤墒情预报的方法。

现有的经验模型主要是时段末土壤含水量与时段初土壤含水量、时段积累降雨量、日平均气温(或日平均饱和差)的多元线性模型。

其特点是方法比较简单且参数较少。仅根据日平均饱和差、时段内降雨、日平均气温、初始土壤含水率等因子预报土壤水分动态,其主要局限性在其应用地域、时域性较强。经验公式法只能适用于特定地区和作物,预报结果的稳定性和可靠性较差。

3.1.2　水量平衡法

水量平衡法是以田间水量平衡方程为理论基础,以土壤含水量为主要预报对象,结合气象预报和作物生长情况,通过水量平衡方程进行水量平衡循环运算,以确定各时段的土壤水分含量,然后判断其是否需要灌溉,并计算灌水量。水量平衡法是通过研究水量平衡方程中有效降雨量、农田腾发量、地下水补给量的参数与影响土壤水分的因素之间的关系,进而利用土壤水分收支变化对土壤墒情进行预报的方法。

目前,水量平衡法应用较广泛,方法原理相对较简单,也能达到可以接受的模拟精度,是农田水分模拟最有效的方法之一,也是农田灌溉预报模型中应用最多的方法。利用土壤水分平衡可根据时间尺度确定其所需的参数,只要对土壤水分各收支项正确处理,就可以在时间步长较大情况下获得所需的模拟效果。模型考虑了环境因素的影响,具有一定的通用性。但需要的观测数据和模型参数较多,且部分参数亦有其时空变化,土壤水分状态变量对方法中各分量的敏感性很强,因而对这些分量的处理要求比较严格。

用水量平衡法进行实时灌溉预报中最难以确定的值是实际作物蒸发蒸腾量的预测,因此作物腾发量的实时预报是实时灌溉预报的关键。

3.1.3 土壤水动力学法

土壤水动力学法是根据土壤水分运动基本方程,在研究地表蒸发、作物蒸腾、根系吸水等随作物生长变化规律基础上,探寻田间土壤水分变化机理,进而利用数值方法求解基本方程来对土壤含水量进行预报的方法。

该方法的基本思想是:以田间灌溉田地为研究对象,把地面水、地下水看做是土壤水分运动的边界条件,通过输入作物各生育期内未来的降雨、有关气象因素及根系吸水层深度等,预报土壤剖面的含水量(基模势)的变化,根据土壤含水量的变化进行作物灌溉预报。

该方法在田间水量预报方面应用也较广泛。它考虑了 SPAC 系统中的水分传输进程,能较好地揭示其水分变化的物理关系,具有坚实的物理背景,且可以预报分层土壤水分动态,用于较小的时空尺度上土壤水分预报具有一定的精度保证。但是该方法需要取得许多难以测定的土壤和作物特征参数,应用该方法时应根据具体地区和作物条件确定当地适用的参数,且这些参数存在着相当大的空间变异。由于土壤水分运移方程的强非线性,在田间实际应用时,很难用解析的方法获得它的解。为了较为客观地研究农田中的土壤水分运动问题,当前最有效的方法便是采用数值计算方法求解土壤水分运移方程,计算较为烦琐,时间步长较小,所需测定要素容量大,这些都限制了该方法的大田应用。作物吸水模型的确立也是该方法应用上的一个难点。

3.1.4 消退系数法

消退系数法是基于土壤水分变化率与贮水量成正比这一假定,得出了土壤水分的指数消退关系,采用指数消退过程来描述土壤水分的动态变化。

其特点是方法比较简单且参数较少。该方法可直接根据前期土壤水分资料进行预报,所需参数较少且易获得。其主要局限性在于其应用地域、时域性较强。消退系数法中,由于各地土壤特征和作物吸水状况的不同,不同作物种类的消退指数的变化和规律及其区域特征还有待进一步的研究,土壤消退系数要建立经验公式,必须先根据当地其他年份的试验资料或部分测点的试验资料推求土壤水分消退系数,再用于土壤水分预报,且观测的系列不能太短,使该方法难以推广应用。

3.1.5 其他确定性方法

其他确定性方法如概念性平原水文模型[3]等,该方法通过运用平原水文模型,参考不同作物不同生长期蒸散发特点及土层结构和土层蓄水量与土壤墒情之间的关系,构建区域土壤墒情模型。该模型参数率定时资料容易获得,有日常的水文资料和本区域的土壤水分特征曲线即可。在实际应用时,具有所需信息量少、实用性强和操作方便等特点。模型物理概念明确,可连续模拟或预报区域土壤墒情,且预报精度高。其应用的难点在于需要 5~7 年或更长系列的降水、径流或地下水位和土壤含水量资料来率定模型的参数。

3.2　随机方法

随机方法是考虑了土壤水分变化的随机特点,用随机模拟方法来探讨田间土壤水分的变化过程。随机性模型主要有时间序列模型[4],考虑有关因素随机特性的随机模型等[5]时间序列分析是通过对有序的历史数据进行数据处理,寻求规律预测未来的工具。

康绍忠等认为土壤水分随时间的变化具有如下 3 个特点:其一是由于作物需水规律和气候的周期变化,使土壤水分的变化呈周期性;其二是由于某些随机的气候波动,使土壤水分的变化在不同年份的相同阶段并不相同;其三是由于气候的趋势变化或生态环境的变迁,使土壤水分在不同年份呈趋势性的上升或递减。

罗毅等将标准化以后的潜在腾发量系列作为正态白噪声过程处理,初步研究了在随机腾发条件下作物根系层贮水量的动态响应特性,构造了白噪声驱动下的根系层贮水量动态变化的概念性随机模型。模型需要输入的参数为:①初始贮水量;②降水量或灌水量及相应时间;③土壤供水系数、作物系数和下边界通量的具体形式,就可以对贮水量的随机动态变化进行模拟和预测。

该概念性随机模型的特点是:①根据当地长期的气象观测资料,对潜在腾发量的趋势项和随机项进行分析并将其输入模型中,在预测时无需再提供预报期内的潜在腾发量或有关气象因素的信息;②模拟分析可提供根系贮水层的概率密度、均值和方差以及对应于不同置信水平下的贮水量变化区间。

随机方法具有所需参数少的优点,但是,方法一般较复杂,年际气候因素变化较大时,其稳定性还有待研究。

3.3　其他方法

随着现代数学方法和人工智能方法的发展,一部分专家开始将其引入到灌溉预报中来。如神经网络模型法。

神经网络模型法是将人工神经网络(ANN)应用到灌溉预报中的一种方法。现有的神经网络模型主要是 BP 神经网络模型。BP 网络又称为反向误差传播法,由输入层、隐含层(又叫中间层)、输出层组成。输入层主要是影响土壤含水量的参数,隐含层的单元数则由问题的复杂程度、误差下降情况来确定。通过输出层与实测值的不断训练来减小预报的误差,以达到一定的精度。

尚松浩等[7]利用人工神经网络建立了土壤水分状况与其主要影响因素间的模型,并将其用于墒情预报。该模型的输入变量中降水量、气温、当前土壤贮水量等都是比较容易监测的;在对未来一段时间内的降水、气温进行预测后,可用于灌水预报。

该方法属于黑箱模型,利用网络结构和参数来反映土壤水分变化与其主要影响因素之间的关系,它不需要确定影响土壤水分变化的土壤、作物等参数,而是利用网络结构和参数来反映土壤水分变化与其主要影响因素之间的关系,模型的建立比较简单。但神经网络模型中的参数一般没有具体的物理意义,不能反映出土壤水分与其影响因素之间的物理关系,是其主要局限性。

4　常见的灌溉预报数学模型

根据上述原理,可建立一系列的数学模型,从而编制相应的计算机程序进行作物需水量土壤水分和灌溉预报。常用的数学模型有经验模型、水量平衡模型、土壤水动力学模型、概念性模型、随机模型、BP 神经网络模型等。

4.1 土壤水动力学模型（SPAC 水分传输模型）

在 Darcy 定律和连续方程基础上建立土壤水运动的基本方程，同时考虑土壤蒸发、作物蒸腾与根系吸水等过程，便可建立土壤水动力学模型（SPAC 水分传输模型）[8]。作物生长条件下土壤水分运动的基本方程（以基质势 ψ 表示）为：

$$C(\psi) \frac{\partial \psi}{\partial t} = \nabla \cdot (K(\psi) \nabla \psi) - \frac{\partial K(\psi)}{\partial z} - S(z, t) \tag{4}$$

式中：C 为比水容量，$C = \dfrac{\mathrm{d}\theta}{\mathrm{d}\psi}$；$\theta$ 为体积含水量；t 为时间；z 为垂向坐标（向下为正）；K 为非饱和导水率；S 表示根系吸水速率，当 $z > Lr$（有效根系深度）时，$S = 0$。

以上方程加上初始条件、边界条件构成一定解问题，利用数值方法进行求解可得到土壤水分的时空变化。

4.2 经验模型[9]

时段末土壤含水量与时段初含水量、时段累积降雨量、日平均气温或时段末土壤含水量与时段初土壤含水量、累积降雨量、日平均饱和差具有较好的多元线性关系，即

$$\theta_t = a\theta_0 + bP + cT + d \tag{5}$$
$$\theta_t = a\theta_0 + bP + cD + d \tag{6}$$

式中：θ_0、θ_t 分别为时段初和时段末土壤重量含水率（%）；P 为时段内累积降雨量，mm；T 为时段内日平均气温，℃；D 为时段内日平均空气饱和差，hPa；a、b、c、d 为经验系数。

用多元回归分析确定其经验参数，得出墒情预报的经验公式。进一步研究不同作物计划湿润层的土壤平均含水量的变化规律，并在此基础上建立灌溉预报模型。

4.3 消退指数模型[10,11]

土壤水分状况是由土壤特性及外界条件综合决定的。在北方降水量较少，一般不能形成径流，这种情况下田间土壤水分平衡可表示为：

$$W_2 - W_1 = P + I - ET - Q \tag{7}$$

式中：W_1、W_2 分别为 t_1、t_2 时刻的计划湿润层贮水量；P、I、ET、Q 分别为相应时段内的降水量、灌水量、蒸散量及下边界水分通量（以向深层渗漏为正）。

在上述各量中，土壤贮水量是表示系统状态的量，可由实测的土壤含水率计算得到；降水量、灌水量作为系统输入，可以进行较为准确的测定；而蒸散量、下边界水分通量的准确测定和计算是很困难的。

灌溉预报的概念性模型及机理性模型主要是利用可测定的气象、作物、土壤等因子，对蒸散量和下边界水分通量进行定量化，需要的试验资料较多。另一方面，土壤贮水量作为其他各平衡分量综合作用的结果，本身具有一定的变化规律，同时包含其他分量变化的信息。因此根据土壤贮水量及降水、灌水过程来建立土壤水分动态变化的经验模型并进行田间墒情预报是可能的。土壤水分的减少是由蒸散和深层渗漏造成的，除较大降水或灌溉后短期内有一定量的深层渗漏外，一般情况下下边界水分通量比蒸散量要小。在土壤水分胁迫条件下，蒸散量与土壤含水率之间近似为线性关系。基于此，假设土壤贮水量

的变化率与贮水量 W 之间的关系表示为：

$$\frac{\mathrm{d}W}{\mathrm{d}t} = -kW \tag{8}$$

式中：k 为土壤水分消退系数，主要与气象、土壤、作物等条件有关。

对式(8)在时间(t_1, t_2)内进行积分即可得到无降水及灌水时土壤水分消退的指数模式：

$$W_2 = W_1 \cdot \exp[-k(t_2 - t_1)] \tag{9}$$

另外，降水及灌水使土壤贮水量有相应的增加。在考虑降水及灌水情况下，土壤水分消退的递推关系(以天为单位)可表示为：

$$W_{t+1} = W_t \cdot \exp(-k\Delta t) + P + I \tag{10}$$

式中：W_t、W_{t+1}分别为第 t 日和 $t+1$ 日的土壤贮水量，$\Delta t = 1$ d。

4.4 随机水量平衡模型与随机土壤水动力学模型

在水量平衡模型或土壤水动力学模型的基础上，考虑有关模型输入(降水、腾发等)与参数(土壤特性等)的时域随机性与空间变异性，即可得到相应的随机性模型。

对于时域随机性，首先用适当的随机过程模型来描述降水、腾发等的随机变化特性[12,13]，然后建立描述土壤水分动态的状态空间模型[13]或随机微分(差分)方程模型[14]，可以求解得到土壤水分的概率分布。

对于空间变异性有两种处理方法，一种是分布式模型方法，将研究区域分成若干子区，在每一子区内的输入或参数为一确定量，利用一维水量平衡模型或水动力学模型进行土壤水分动态的模拟和预测，最后将各子区结果进行综合，得到研究区土壤水分的时空变化；另一种利用概率分布函数描述有关输入。

参数的空间变异特性，利用参数的若干随机生成样本进行模拟，进行统计分析得到土壤水分的统计特性[15]。

5 灌溉预报研究的展望

综上所述，国内在灌溉预报方面进行了大量的研究工作，也取得了很多有价值的成果。但从总体上看，我国在这一领域的工作开展还不十分充分，所取得的成就在一定程度上还很有限，特别是在作物腾发量的预报方面更是如此。已有的预报方法大都相对复杂，而且需要参数较多，目前基本上停留在研究阶段，很少用于具体生产实践中指导灌溉。因此，迫切需要研究出一套以方便性和实用性为主要目标，面向农户的实时预报技术及相应的配套设备，指导农民的节水灌溉实践，以跨越现阶段农民科学文化素质不高和农村社会化服务体系薄弱的严重制约，加速干旱地区灌溉管理的科学化进程。

随着灌溉技术的飞速发展，灌溉预报的意义越来越大，而且水资源的缺乏将使水资源成为一种战略资源，对社会经济的发展起着决定性的作用，对灌溉的适时性与适量性提出了更高的要求，即对灌溉预报特别是实时灌溉预报提出了更高的要求，这将使灌溉预报成为农业水土工程学科一个重要的发展方面。实时灌溉预报是以"实时"资料为基础，即以各种最新的实测资料和最近的预测成果为依据，通过计算机模拟分析，逐次预测作物所需的灌水日期及灌水定额。今后灌溉预报的发展趋势是开展实时灌溉预报。

在今后灌溉预报的研究中,单站方法将会进一步得到完善,如水量平衡研究中应该更全面地考虑影响土壤水分的各因素,包括土壤水分的侧向运移等,并且对所缺乏的参数进行相应的实验;在对消退指数进行分析时应该考虑其他的影响因素,如前期土壤含水量等;水动力学模型则应向三维模型发展;时间序列模型则应向非线性、多维时间序列模型的方向发展;遥感监测模型将是今后灌溉预报发展的一个重要的方面。

另外,今后灌溉预报发展的最主要的一个方面将是区域实时灌溉预报研究,这将使灌溉预报逐步地应用于实际,指导实际的生产管理。随着学科发展的分化与综合,农业水土工程学科也越来越多地与其他学科交叉,许多方法和技术逐步应用于农业水土工程学科中,在未来实时灌溉预报的研究中,其他学科的渗入将是一个非常重要的发展方面,如地理信息系统(GIS)、遥感技术(RS)、全球定位系统(GPS)、数字等高模型(DEM)等将在区域墒情预测预报中得到广泛应用。

参 考 文 献

[1] 茆智,李远华,李会昌. 实时灌溉预报. 中国工程科学,2002,4(5)

[2] 康绍忠,蔡焕杰,等. 农业水管理学. 北京:中国农业出版社,1996

[3] Gear,Roy D. Dransfield,Arnold S—Campbell, Melvin D, Irrigation scheduling with neutron probe. ASCE J Irrig Drain Div,1977,103(3)

[4] Fitzgerald P D. Estimation of soil moisture deficits by Penman's and Thornthwaite's method in mid Canterbury Journal of Hydrology. New Zealand,1974,13(1)

[5] Neibling W H,Koelliker J K,Ohmes F E. Continuous water budget model for western Kansas. Parser - American Society of Agricultural Engineers,1977

[6] 吴厚水. 利用蒸发力进行农田灌溉预报的方法. 水利学报,1981(1)

[7] 尚松浩,毛晓敏,雷志栋,等. 冬小麦田间墒情预报的 BP 神经网络模型. 水利学报,2002(4)

[8] 雷志栋,杨诗秀,谢森传. 土壤水动力学. 北京:清华大学出版社,1988

[9] 康绍忠. 旱地土壤水分动态预报方法的初步研究. 中国农业气象,1987(2)

[10] 尚松浩,雷志栋,杨诗秀. 冬小麦田间墒情预报的经验模型. 农业工程学报,2000,16(5)

[11] 马孝义,王君勤,李志军. 基于土壤消退指数的田间土壤水分预报方法的研究. 水土保持研究, 2002,9(2)

[12] WILKS D S. Simultaneous stochastic simulation of daily precipitation, temperature and solar radiation at multiple sites in complex terrain. Agricultural and Forest Meteorology,1999,96(1~3)

[13] 黄冠华,沈荣开,张瑜芳. 考虑气象因素不确定性条件下土壤墒情的估计与预测. 水利学报,1997 (增刊)

[14] 罗毅,雷志栋,杨诗秀. 一个预测作物根系层贮水量动态变化的概念性随机模型. 水利学报, 2000 (8)

[15] BIERKENS M F P. Spatio - temporal modeling of the soil water balance using astochastic model and soil profile descriptions. Geoderma,2001,103

节水灌溉人工智能决策与控制系统应用研究

李其光　　李长庆　　董玉梅

（山东省水利科学研究院）

随着电子与信息技术的发展,传统农业灌溉方式也开始向现代化、自动化控制灌溉的方式转变,原来单一工程节水的格局正在向工程节水、农艺节水、管理节水相结合的综合节水方向发展,灌溉管理决策系统逐步智能化。

1　研究背景

山东省水资源紧缺,人口多,对粮食需求量大,而农业可利用水资源量却越来越少,传统农业开始向现代化农业转变,因此必须寻求提高灌溉精准率、水分生产率的现代化灌溉技术。随着农村经济的不断发展和人民群众生活水平的不断提高,工厂化、高效化已成为经济作物种植的必然趋势,这就要求有相应配套的高标准的灌溉技术为保证,要求现代化的工程运行管理措施为保障。节水灌溉人工智能决策与控制系统,就是根据作物生长需水规律,进行综合判别,计算机发出指令实施控制,实现适时、适量灌水,保证农作物的优质高产。

2　研究内容

本课题主要是针对节水灌溉自动化控制技术的现状,结合对作物需水规律研究已取得的试验资料与科研成果,通过技术攻关,构建作物灌溉制度及作物生长制约因素信息库,为制定合理的灌水方案提供科学依据;编制节水灌溉预报与灌溉决策系统软件,从而实现节水灌溉智能化、自动化。本课题主要研究内容如下:

(1)节水灌溉人工智能决策与控制系统的设计与软件开发。

(2)研制和开发节水灌溉自动控制与管理系统。

(3)系统的应用与示范。

3　主要技术路线

利用已有的作物灌溉制度资料及科研成果,首先建立作物灌溉制度及作物生长制约因素信息库;然后利用先进的自动监测仪器,对作物生长所需的水、肥、环境温度等因素进行采集;通过开发的节水灌溉人工智能决策与控制系统软件,进行对比、推理、决策,从而对作物实时精准灌溉,达到提高作物产量与品质的目的,提高水分生产率,实现农业高效用水。通过硬件设备的对比筛选,采用研制开发与配套集成相结合,在保证系统技术功能先进性、可扩展性和可靠性的基础上,充分考虑系统的易于操作性、经济实用性。

4 工作原理与功能

4.1 系统工作原理

节水灌溉人工智能决策与控制系统工作的原理是,系统主控中心的节水灌溉人工智能决策与控制系统软件将监测控制命令由计算机串口发出,通过 RS232/RS485 转换模块将信号转换为传输距离较远的 RS485 信号格式,信号通过 RS485 网络传送至信息采集系统的因子采集变送设备上,各设备对命令进行解码处理后执行相应的操作。决策系统软件同时还时时监测 GPRS 远程监控 MODEM 是否有远程监控信号,当接收到远程监控信号时立即进行命令解密、解码处理,处理后的信息实时与信息库的规则或设置指令相比较,判断决策执行相应的操作指令,完成灌溉工作。

4.2 系统功能

节水灌溉人工智能决策与控制系统主要有如下功能:

(1)灌溉决策支持功能(以土壤含水量为例):根据采集系统传输的信息,确定出土壤含水量的实时值,然后与信息库中规定的作物生长所需适宜含水量的上限比较,当小于或等于设定的土壤含水量上限时,发出使机泵(或电磁阀)自动开启的指令,并且根据预先制定的灌水计划,按灌溉顺序、灌溉时间,自动执行,直至机泵(或电磁阀)自行关闭。

(2)预置修改功能:具有对运行参数进行预置和实时修改的功能。即在每一个灌溉过程之后,可根据下一次作物生长阶段所需的适宜含水量的上限修改有关数据,并可重新预置灌水顺序及灌水时间。

(3)灌溉预报功能:根据当日土壤含水量以及气象信息分析以后 5 天之内土壤墒情,逐段进行灌溉预报。

(4)自动监控功能:系统运行时,微机可自动显示机泵、阀门的实时工作状态,如工作压力、灌水流量、水位、土壤含水量、作物生长及气象等信息的实时数据。

(5)远程监控功能:可以通过 SMS 无线网络和通信设备远距离发送信息,对灌水的过程进行人工控制,关闭机泵或电磁阀。

(6)预警保护功能:对机泵电流过限、管道工作压力超限及水泵等设备发生故障前进行预警保护直至自动修正运行等。

(7)查询功能:对运行时的工作压力、灌水量、土壤实时含水量、作物生长信息及气象实时信息等进行查询。

(8)信息库升级:影响作物生长的各类信息,随时能够增加,以便更准确地决策。

5 系统的开发研究与集成

系统包括决策系统和自动控制系统两部分。

5.1 人工智能决策系统的开发与集成

决策系统主要包括作物灌溉制度及作物生长制约因素信息库、智能决策与控制系统软件、信息采集系统。信息库主要包括不同作物生长期间所需要的土壤含水量、肥力、气温、湿度以及供水系统工作压力等规则信息;通过系统软件,将信息采集系统随时采集的信息与信息库规则信息比较,做出灌溉决策;信息采集部分,如土壤含水量、空气湿度、供水压力、水位等信息采集。创新点在于开放式信息库的建立、决策与控制软件的编制以及信息采集控制器的研制。

5.2　自动控制系统的开发与集成

控制系统主要包括主控中心、田间测控设备及远程监控通信设备等。

主控中心包括中心控制计算机、人工智能决策与控制系统软件、SMS 远程监控通信设备等。主控计算机上安装 SMS 通讯设备,将工况信息向远程监控中心发送;也可接收远程监控中心的控制命令并执行。在中心控制室可通过人工智能决策与控制系统软件的评估、实时监测、预置、随机、远程五种控制方式由计算机自动对灌溉系统实施控制。

每个轮灌区建立灌溉测控单元,包括土壤含水量、作物生长因子监测设备、电磁水阀及其驱动电路和模块。在水泵控制室内安装水泵控制柜和数字仪表。数字仪表负责将水位、压力、流量等数据采集、现场显示并传送至主控计算机。水泵控制柜负责控制、驱动水泵并提供过载、轻载、过压、欠压、短路等保护,将水泵运行情况反馈主控计算机。

所有信息的采集,采用 RVVP2×1.5 电缆有线传输。

5.3　系统软件设计和界面设计

系统软件采用目前流行的模块化结构设计。软件系统包括 5 个功能模块:系统设置、实时监控、数据管理、预报模型以及在线帮助。总控计算机界面和主控程序采用VB＼C＃编程,上位机总控站和下位机控制子站采用高效的汇编语言编程,利用 PIC16F 片内的8kROM,不用外扩程序存储器,系统采用了自定义通信协议。其软件设计流程如图 1 所示。

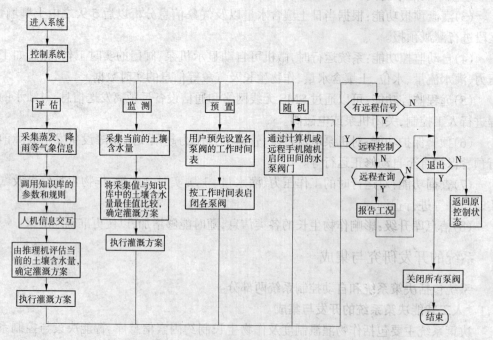

图 1　节水灌溉人工智能决策与控制系统流程图

5.4　网络通信设计

通信设计分为两部分:一部分为有线通信网络,用于田间设备的控制和信息的采集,通信协议采用自定义协议,方便识别和程序设计。另一部分为 SMS 全球无线通信网络,通信协议采用 GSM 系统通用协议进行设计。

短距离采集信息使用有线通信网络,远程通信方式主要采用移动通信 GPRS。

5.5 系统操作使用

节水灌溉人工智能决策与控制系统改变了以前用大量的土壤湿度传感器测量大面积土壤含水量的方法,通过各个系统参数来精确推算出当前的土壤含水量并形成灌水方案,实现了智能化灌溉。本系统能够不断地自我学习,提高判断能力和推理的准确性。系统采用 Windows 操作系统,人机界面友好,操作简单,用户只需点击鼠标即可完成所有操作,特别适合于没有计算机操作经验的农民朋友。

本系统的软件控制功能有多种:

(1)监测:根据实时测量各灌区的土壤含水量和知识库中的最佳土壤含水量的上下限形成灌水方案。

(2)评估:推理机根据作物在不同生长期的需水参数以及土壤条件等数据建立的知识库、规则库和蒸发、降雨、光照、风速、气温、气湿等气象数据形成灌水方案。

(3)预置:可由用户根据需求自行输入控制参数,预置灌水时间表,系统根据预置时间表进行灌溉。

(4)随机:由用户进行随机的操作完成各灌区的灌溉。

(5)系统数据的整理与分析:人工智能决策系统控制系统可随时对采集的数据进行整理分析,绘制分析曲线,并打印输出。

6 节水灌溉人工智能决策与控制系统应用

为了验证系统的性能,课题组在山东省水科院节水灌溉设备开发中试基地和即墨市节水灌溉示范园进行了节水灌溉人工智能决策与控制系统试验研究示范,并在桓台县、日照市等地进行了推广应用。经过对三个工程的应用情况反馈,应用结果表明,节水灌溉人工智能决策与控制系统性能稳定可靠,对气象、土壤墒情、作物生长因子的反应灵敏度高,系统自动控制的准确度高,而且人机界面友好,形象逼真,易于操作。系统运行一年多来,设备硬件及软件运行正常,无故障发生,三个系统由具有初中以上文化农民自行管理(由课题组提供系统操作规程和应用说明),管理要求较低。

为验证系统的节水、增产效益,在桓台县果树微喷灌人工智能决策系统工程、日照茶园微灌人工智能决策系统工程设立了试验小区,并以未采取人工智能决策系统的灌溉系统作为对照,进行了效益测试,试验测试及调研结果见表1、表2。

表 1 桓台县果树微喷灌人工智能决策系统工程效益测试结果(2005 年,苹果)

测试项目	试验处理		提高值	提高率(%)
	人工智能决策系统	常规微喷灌(对照)		
产量(kg/亩)	2 294	1 979	315	15.9
年度灌溉用水(m³/亩)	67	80	−13	−16.3
用工(个/亩)	6	8	−2	−25
用电(kW·h)	34	37.8	−3.8	−10

表 2　日照茶园微喷灌人工智能决策系统工程效益测试结果(2005 年,茶叶)

测试项目	试验处理		提高值	提高率(%)
	人工智能决策系统	常规微喷灌(对照)		
产量(kg/亩)	60.2(干叶)	51(干叶)	9.2(干叶)	18
年度灌溉用水(m³/亩)	305	360	-55	-15.3
用工(个/亩)	21	36	-15	-41.7
用电(kW·h)	101	122	-21	-17

从以上试验对比结果中可见,开发研制的节水灌溉人工智能决策与控制系统应用于经济作物的灌溉工程,具有显著的节水、增产、省工、节能效益。在果树(苹果)人工智能决策系统微灌系统中,苹果的增产幅度达 15.9%,节水率达 16.3%,省工 25%,节能 10%;在茶园人工智能决策系统微灌系统中,茶叶的增产幅度达 18%,节水率达 15.3%,省工 41.7%,节能 17%。

7　结　论

针对山东省现代节水农业的发展现状,围绕实现农村水利现代化的主题,研制开发的节水灌溉人工智能决策与控制系统,具有技术先进、功能较强、性能可靠、经济实用、易于推广的显著优点。应用结果表明,该系统具有显著的经济、社会效益和推广应用价值,为广大农村水利现代化发展提供了技术和设备支撑。

第四部分

农田水资源与土壤环境

膜下滴灌棉田水盐动态分布规律试验研究

陈新明[1,2]　蔡焕杰[1]　叶含春[1]

（1.西北农林科技大学；2.塔里木大学）

1 引 言

当前,水资源短缺和土壤盐渍化是新疆南疆农业生产的最大障碍。棉花是南疆的主要经济作物,如何提高棉花的产量、品质和提高水分利用效率是一项长期的研究课题。膜下滴灌是一种局部灌溉,在地膜覆盖和滴灌的综合效应下,作物生长与常规条件不同,膜下滴灌滴头在作物的根区,导致土壤中的盐分随水在毛管重力的作用下会迁移到土壤表面和深层,甚至溶入地下水。因此,膜下滴灌棉田水盐运移和作用对土壤次生盐碱化、水土环境及生态环境问题越来越引起人们的高度重视。

近年来国内外学者对水盐运移做了大量的研究工作。杨金忠认为灌水量的增加有利于土壤脱盐;史海滨等研究表明盐分随水分向四周扩散,最后聚集在干湿交界处。王卫光研究表明漫灌和喷灌 K^+ 浓度分布在土壤 $0\sim20$ cm 土层内;王新平等在干旱沙区研究了滴灌湿润边界和土体表层过剩的盐分逐渐积累;Bar Yosef 等得到滴灌条件在黏土湿润体边缘 NO_3^- 的浓度较高,砂土有机质很少,砂土溶液中 NO_3^- 的浓度明显小于灌溉水中的 NO_3^-。Katerji 等研究土壤含盐度对玉米的水分胁迫、生长和产量关系,认为含盐度越高,黎明前叶水势越低,气孔导度低,蒸散量越小,作物受到水分胁迫越严重;Van Hoorn 等研究含盐灌溉水对小麦、马铃薯结果表明,灌溉水含盐量越高,植物受到的水分胁迫越大;Feigen 指出灌溉水中的盐分对土壤的影响主要表现在对土壤交换性钠和电导率的影响。由此可见,灌溉水质、土壤含盐量和各种离子对土壤颗粒、理化作用及作物生理特性都不可忽视,同时不同质地的土壤水分入渗能力不同,土壤中的盐分动态也不同,气候环境不同,作物的耐盐、耐渍程度也不同。对盐渍化严重、以棉花为主导经济产业的新疆,蒸发量大,降水量少,膜下滴灌棉田水盐动态分布与脱盐技术是急需探索和解决的问题。本文在阿拉尔进行的棉田膜下滴灌水盐动态分布与脱盐技术试验,旨在为土壤盐碱化防治和棉田水分管理提供科学依据。

2　试验设计和研究方法

2.1　试验地点

试验区位于新疆的南疆阿拉尔,地下水埋深 1～2 m。该区位于天山南麓,塔克拉玛干大沙漠北缘,阿克苏河与和田河、叶尔羌河三河交汇之处的塔里木河上游,东经80°30′～81°58′,北纬 40°22′～40°57′之间,属于温带大陆性气候,光照时间长,年均气温 10.7 ℃,≥10 ℃积温 4 113 ℃,无霜期 220 天,年日照 2 900 h。

2.2　试验设计

试验区为灌耕草甸土,土质为中壤土,0～100 cm 土层平均密度 1.48 g/cm³,田间持水量为 20.6%。试验棉花品种为长绒棉新品系 9X,4 月 10 日播种,采用一膜四行。每亩施肥:氮素 14 kg,磷素 9 kg,油渣 90.4 kg。

试验设置在 3 个不同盐渍化程度的棉田,见表 1,试验地土壤理化性质见表 2。观测点面积 3 m×3 m,设 3 次重复,取土点在棉花窄行进行,深度 0～100 cm。试验区和大田管理措施一致。进行冬灌和春灌压盐。滴灌毛管为迷宫式滴灌带,直径 16 mm,滴头间距 30 cm,机井采用 250QJ100 – 60 潜水电泵,并设置有离心 – 网式组合过滤器和施肥罐等配套设备。

表 1　试验设计

处　　理	盐碱类型	取土深度(cm)	全盐(%)
1	Cl—SO$_4^{2-}$	0～30	0.15
2	Cl—SO$_4^{2-}$	0～30	0.34
3	Cl—SO$_4^{2-}$	0～30	0.72

表 2　土壤初始含水量及理化性质

处理	深度(cm)	密度(g/cm³)	机械组成<0.05 mm(%)	机械组成<0.5 mm(%)	含水量(%)	全盐(g/L)
1	0～5	1.41	30.5	69.5	22.6	6.56
	5～15	1.37	45.7	53.2	24.1	4.04
	15～25	1.37	58.8	40.9	24.6	3.80
	25～40	1.42	57.7	40.2	29.0	2.01
2	0～5	1.41	25.1	72.7	22.4	11.7
	5～15	1.37	34.3	57.8	23.8	5.71
	15～25	1.38	45.5	52.9	24.6	4.80
	25～40	1.42	57.7	40.2	29.2	3.11
3	0～5	1.42	40.4	59.4	22.5	15.38
	5～15	1.38	33.6	65.3	24.5	6.39
	15～25	1.39	38.9	59.9	24.5	3.82
	25～40	1.43	51.0	46.7	29.2	3.22

2.3　试验内容和方法

本试验把棉花生育期划分为 5 个阶段:苗期、蕾期、花铃前期、花铃后期、吐絮期。生育期内共灌水8次,灌溉定额为309 mm。播种前对试验地水分、盐分、肥力进行分析;定期观测地下水位埋深、地下水总盐含量、Cl^-和SO_4^{2-}含量及不同深度土壤盐分含量;生育期对棉花生长状况、生理特性、干物质量、产量等进行测定。用土烘干法在灌前及灌后分层测定0~100 cm土壤含水量。采用电导率仪测量土壤全盐含量,利用原子吸收分光光度计测定Na^+、Ca^{2+}、Mg^{2+},用紫外分光光度计测定Cl^-、SO_4^{2-}。土壤水溶性盐按LY/T1215—1999分析。每次灌水前后进行取样分析,在排水渠设置地下水位观测井,定期进行观测。

3 试验结果与分析

3.1 棉花生育期地下水含盐量变化特征

图1为棉花生育期内地下水位变化曲线,图2为处理1棉花生育期内地下水中总盐、Cl^-和SO_4^{2-}含量的变化曲线。春灌前(3月7日)地下水位为1.9 m左右,总盐含量为7.0 g/L,Cl^-含量为2.0 g/L;3月10日春灌后地下水位急剧上升,埋深0.5 m,土壤中的盐分得到淋洗,总盐含量下降到5.0 g/L;5月8日降低到2.0 g/L,降低了71.4%,这说明春灌对土壤脱盐碱有很大作用。4月份棉花播种后,地下水位开始下降,7月以后一直保持在2.2 m左右,同时由于气温升高,土壤蒸发量增大,总盐含量开始回升,6月10日升高到5.0 g/L,棉花第一次(6月14日)滴灌后,总盐再次下降,一直保持在3.0 g/L左右,Cl^-和SO_4^{2-}含量变化趋势和总盐变化一致。

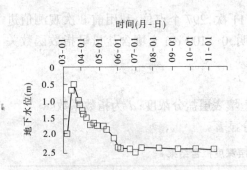

图1 地下水位变化曲线

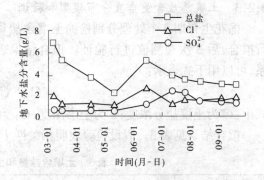

图2 地下水含盐量变化曲线

3.2 土壤含水量和含盐量分布特征

3.2.1 棉花生育期内含水量和总盐分布特征

图3为棉花生育期内土壤含水量和土壤盐分变化曲线。从图3可以看出,土壤盐分变化和水分变化趋势基本是一致的。3月7日春灌后土壤含盐量有所降低,随后开始上升,随着棉花生长季节和灌溉次数增加,土壤含盐量又开始降低,从6月14日棉花第一次滴灌的0.24%下降到8月20日的0.13%,降低了45.8%,这说明膜下滴灌能够控制土壤盐分的集聚和上升,也说明"盐随水去,水去盐存"的规律。分析棉花生育期土壤中Cl^-、SO_4^{2-}、Na^+、Ca^{2+}、Mg^{2+}发现,只有Cl^-和总盐含量呈线性相关(见图4),相关系数R^2为0.94,呈显著相关,其他离子的相关性不明显。

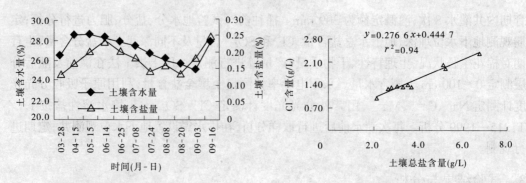

图3　棉花生育期土壤水分和含盐量变化曲线　　**图4　土壤总盐和 Cl^- 含量关系曲线**

3.2.2　棉花生育期含水量和总盐垂直分布特征

　　土壤盐分垂直分布受灌溉水量和初始含盐量影响。3个处理初始含盐量主要集中在0～25 cm,其中0～5 cm最大,40 cm以下分布较为均匀。图5为处理1棉花生育期土壤0～100 cm深度土壤含水量和含盐量垂直变化曲线,可以看出棉花生育期土壤垂直含水量随着土壤深度的增加而增加,而含盐量主要集中在土壤表层0～25 cm,且0～5 cm最高。总体规律是以40 cm为分界线,0～40 cm呈下降趋势,40～100 cm又呈上升趋势。土壤含盐量垂直剖面这一特性和试验地的土壤质地有关,从表2可以看出,0～40 cm土层为沙质,盐含量高,盐分积聚,40 cm以下粒径逐渐变细偏黏性。处理2和处理3棉花生育期含水量和总盐垂直分布特征和处理1相同。

3.2.3　土壤总盐含量垂直分布模型和验证

　　棉花生育期3个处理分别检测土壤含盐量11次,297个点位,利用前8次观测值进行拟合,后3次观测值进行验证。拟合结果表明,0～100 cm土壤含盐量呈指数函数关系,可以用下式表示:

$$C = C_0 e^{dz}$$

式中:C 为土壤盐分浓度;z 为土层深度;C_0 为土壤表层盐分浓度;d 为指数系数。

　　拟合结果见表3。假设检验表明相关性十分显著。

表3　土壤含盐量和土层深度拟合结果

土层深度(cm)	方程	r	$r_{0.05}$	$r_{0.01}$
0～40	$C = C_0 e^{-0.010\,9z}$	0.984 8**	0.468	0.590
40～100	$C = C_0 e^{0.000\,8z}$	0.960 8**	0.404	0.515

注:检验方法采用相关系数的假设检验,其中,**表示相关性十分显著。

　　验证结果表明,后3次实测值及其平均值和计算值具有很好的相关性,平均值的误差最大仅有4.1%。就某一实测点次而言,最大误差为13.6%,这是由于在水分下渗和蒸发过程中所产生的盐分运移是个很复杂的过程,它既有离子的扩散与吸附作用,又伴有离子解析等作用,灌溉既可以对土壤造成淋溶,也有可能在某一局部聚集,加之局部土质不均匀、取样和检测误差等因素,造成个别点次误差偏大。

3.3　土壤含盐量对棉花生理特性和产量的影响

　　土壤中含有过量的可溶性盐类,对棉花生长发育不利,易造成棉花低产。一是可溶性盐类直接毒害棉花含量;二是可溶性盐提高了土壤溶液的浓度和土壤的渗透压,不但使土壤中的水分为棉花利用,甚至发生渗透作用,使棉花细胞水分外渗,使棉株因生理干旱而萎蔫,即棉花受到水分胁迫;三是使土壤结构发生变化,盐分使土壤水分物理性质发生了变化,使土壤肥力受到了限制。

表 4 是 2005 年 8 月 23 日不同处理盐碱地棉花生育状况调查结果和收获后的产量,可以看出,处理 2(受抑制)和处理 3(严重受抑制)无论每亩单株数、单株铃数、单铃重、衣分和皮棉产量都明显低于处理 1(正常)。与正常相比处理 2 株高降低了 8 cm,处理 3 降低了 26 cm;处理 2 衣分含量降低了 0.7%,处理 3 衣分降低了 1.4%;处理 2 减产 26.3%,处理 3 减产 52.6%。这说明土壤的含盐度影响棉花的出苗率、生长发育和生理特性,进而影响棉花的产量和品质。同时也说明棉花不同生育阶段的耐盐能力也不同。

表 4 不同处理棉花的生理状况和产量

处理	株高 (cm)	株数 (株/hm²)	单株铃数 (个/株)	单铃重 (g)	衣分 (%)	皮棉 (kg/hm²)
1	84	184 875	12.7	2.94	36.5	2 280
2	76	177 675	12.1	2.69	35.8	1 680
3	58	150 300	7.2	2.37	35.1	1 080

4 结论与讨论

试验研究表明:①南疆不同盐渍地的棉田采用冬灌、春灌加膜下滴灌,能够降低地下水和土壤中的总盐含量,使地下水中的总盐含量保持在 3.0 g/L 左右;②不同盐渍度棉花生育期滴灌 8 次,灌水量为 309 mm 时,土壤含盐量主要集中在土壤表层 0~25 cm,0~40 cm 土壤含盐量呈下降趋势,40~100 cm 呈上升趋势,0~100 cm 土壤含盐量呈指数函数关系,即 $C = C_0 e^{dz}$;③不同盐渍度对棉花不同生育期影响不同,土壤中含盐量不同对棉花的出苗率、生长发育和生理特性影响也不同,最终影响棉花的产量和品质,0~30 cm 含盐量为 34% 和 72% 的棉田比含盐量为 0.15% 的棉田减产 26.3% 和 52.6%。

本文对南疆不同盐渍度膜下滴灌棉田土壤水盐动态变化进行了初步的研究,结果表明,合理的膜下滴灌制度能够降低地下水位和土壤盐分,使棉花高产优质。但在盐渍地影响棉花产量的因素较多,特别是不同的灌溉制度和管理水平对棉田土壤盐分和地下水动态影响最大。因此,盐渍地土壤中合理灌溉制度、地下水位和土壤盐分之间的关系以及棉花的耐盐、耐渍程度如何等问题还需进一步研究。

参 考 文 献

[1] 国家环境监测总站. 2000 中国环境年鉴,北京:中国环境年鉴社,2001
[2] 杨金忠,叶子桐. 野外非饱和土壤水流运动速度的空间变异性及其对溶质运移的影响. 水科学进展,1994,5(1)
[3] 史海滨,陈亚新. 线性非平稳型农田土壤水分信息空间变异性及预测研究. 农业工程学报,1996,12(3)
[4] 王新平,A·布斯坦,等. 干旱沙区滴灌条件下水盐运移过程试验研究. 干旱地区农业研究,2002,20(3)
[5] 王卫光,张仁铎,等. 咸水灌溉下土壤水盐变化的试验研究. 灌溉排水学报,2004,23(3)

上海地区旱田水肥资源迁移研究

黄光辉　　高昊旻　　盛　平

（上海市佘山农田水利试验站）

　　合理使用化肥是农业生产中提高产量的有效途经之一。据国外测算,现代农业产量至少有 1/4 是靠化肥获取的,在发达国家这一数字甚至可高达 50% ～ 60%（沈景文,1992）。1978 年世界肥料会议认为,发展中国家过去 20 年中粮食的增产,约有 30% 是由于化肥的施用,而禾谷类的增产,约有 50% 是由于化肥的使用。据联合国粮农组织测算,到 2000 年全世界对化肥的需要量达到 30 亿 t,（武志杰,1994）。上海平均每年化肥施用总量为 18.42 万 t,单位面积施用量为每公顷 633 kg,高于全国平均水平 65%。化肥中氮肥的施用总量为 15.45 万 t,磷肥为 2 万 t。化肥迁移量平均每年为 1.52 万 t,其中氮肥迁移量为每年 1.49 万 t,磷肥迁移量约每年 3 000 t。

　　由于化肥的使用量猛增,这些农田上的化学物质,在降雨或水田中随水分流动,使土壤中的氮、磷等营养物通过土壤颗粒物的迁移和溶解、扩散作用,伴随着汇流过程,进入地表受水水体;或通过溶解淋失,随着雨水的入渗进入地下水。从环境的角度来看,该过程会增加受水水体营养物负荷,引起水体富营养化。从农业的角度看,造成土壤中农作物所需的营养物养分迁移。目前,美国、加拿大、澳大利亚、日本等国的农学家、土壤学家、环境学家,在此方面作了很多区域性的、系统的研究,在这些研究成果的基础之上,他们已经在很多区域开始大量研究和实施 BMP（Best Management Project）,以降低流域营养物负荷,改善流域水质,促进农业可持续发展。国内的研究还比较零星,还处于探索阶段。

　　研究降雨径流中的土壤氮、磷、钾养分损失规律对协调农业生产与水环境保护问题具有重要意义。我国在一些地区进行了有关总量或单一土地利用类型等方面的分析研究,由于缺乏土地利用与覆被及其格局对氮、磷、钾迁移过程及机理影响的研究,只能根据平均状况计算其迁移量,结果其精度受到影响。对此,我们通过野外模拟降雨试验研究,对上海郊区休闲水稻农田的土壤氮、磷、钾素径流迁移进行研究,分析不同化肥施用量对氮、磷、钾素迁移过程的影响,以期为建立氮、磷、钾等营养元素输移的分布式模型,精确计算流域氮磷钾的负荷,进而为控制上海郊区水肥资源迁移提供科学依据。

1　试验条件

　　人工降雨试验在上海市松江区佘山陈坊桥桥西村的休闲水稻田中进行。该地区土壤发育经历了长时间的水耕熟化过程,表层 20 cm 为耕作层,平均密度只有 1.2 g/cm²,20～25 cm 为犁底层,密度增加到 1.51 g/cm²,毛管孔隙和非毛管孔隙减少,形成一层透水性较差的土层。目前田中种植绿肥作物红花草,覆盖率约 90%。

本研究采用自制的人工模拟降雨装置。模拟降雨装置由供水的稳压桶、浮子流量计、喷雨器和集流槽等部件组成,有效降雨面积为 1 m²(1 m×1 m)。其中,喷雨器用 1 m 长带有塑料喷嘴的钢管制作,喷嘴直径 0.7 mm,可向上均匀喷出水柱后分洒成雨滴自由落下。在整个降雨过程中,不断推拉接在喷雨器上的手杆,可确保降雨喷洒均匀,雨强调节器和浮子流量计用于控制降雨强度。试验场地四周隔水板嵌入地下约 40 cm,可有效防止降雨泥沙溅出和入渗雨量的旁渗。降雨时四周用塑料布围起,以防止风将雨滴吹出场外。产生的地表径流将通过集流槽收集,并按时段测定径流体积。与以往的野外人工降雨模拟装置相比,此装置具有面积小、降雨均匀、雨强易于控制、移动方便等特点,野外试验可进行多次重复,从而有效地降低了试验误差。

野外人工模拟降雨试验在 5 块场地上进行,在降雨的前一天,分别施用 22.5 g、29.5 g、36.9 g、45.0 g、52.5 g 复合化肥,相当于 225 g、300 g、375 g、450 g、525 kg/hm²(15 kg/亩、20 kg/亩、25 kg/亩、30 kg/亩、35 kg/亩)的施肥量。每块场地降一场雨,试验雨强为 0.95 mm/min,相当于当地中等暴雨雨强水平。降雨用水采用当地自来水。每场降雨历时 40 min(不含产流时间),产流发生后每隔 1 min 采集 1 次径流样品,量测时段径流量,每 5 min 的径流量混合后取 1 L 作为化肥迁移化验样品(标号依次为 T1~T8),其中停雨后搜集剩余径流样品与第 8 次样品混合使用。

本次试验测定指标为氮、磷、钾。测定方法分为:氮采用 GB/T11891—1989 水质凯氏氮测定法,磷采用 GB/T11893—1989 分光光度法,钾采用火焰光度法。

2 降雨径流关系

从降雨径流定量分析可知,对一次降雨来讲,降到地面的雨水一部分渗入土壤,另一部分产生地表径流。根据降雨入渗规律,降雨开始到 t_0 时段为初损阶段(见图 1),即降雨全部渗入土壤,不产生地表径流,由 t_0 时始地面开始产生地表径流,土壤入渗进入不稳定入渗损失阶段,入渗强度由大变小,地表径流逐渐增加,直到 t_1 时入渗强度趋于稳定,进入稳渗阶段。由于试验前两天刚刚下过一场较大的春雨,土壤孔隙中水分较充足,初损量只要满足地表坑洼所需水量,即可产生地表径流,初损时间一般在 6~10 min。由于水稻田和当前农业中普遍采用免耕播种法使土壤渗透力很小,稳定入渗后,地表径流系数可以达到 86% 左右。

3 降雨氮肥迁移

3.1 氮素迁移过程

总氮与水溶态氮浓度随径流过程的变化见图 2。图 2 结果表明,总氮浓度随径流过程按抛物线($y^2 = 2px$ 的上半部图像)分布趋势迅速减小,初始阶段径流水样中总氮浓度监测值最大。在浓度递减过程中,30 min 前变比幅度甚小,与初始值差额仅有百分之几,30 min 后递减速度迅速增快,至 1 h 后,总氮浓度仅有初值的 23%,可见一场暴雨中氮浓度变化之剧烈。水溶态氮输出浓度随径流过程呈线性递减,斜率较小,稳定下降,1 h 后其浓度为初始值的 57%;其下降速度明显低于总氮浓度。

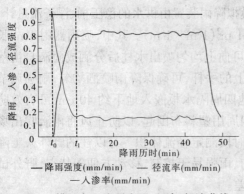

图 1　模拟人工降雨降雨、入渗、径流曲线

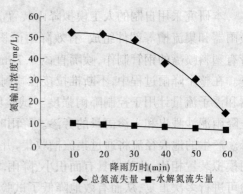

图 2　暴雨氮肥迁移

3.2　不同施肥量的氮肥迁移

在模拟人工降雨强度与降雨量相同的条件下,试验了 5 种不同的化肥施肥量,即每公顷 225 kg、300 kg、375 kg、450 kg、525 kg。从图 3 可以看出不同施肥量的氮肥迁移规律,在降雨相同的条件下,施肥量增加时,水解氮的迁移量迅速增大,尤其是在降雨的前期,高施肥量的水解氮迁移量远远大于低施肥量时。由图 4 可以看出,随着降雨历时的增加,水解氮的迁移量也逐渐趋于稳定,但氮肥迁移量比率仍高于施肥量比率。施肥量与水解氮

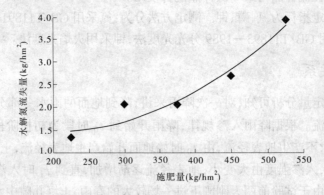

图 3　施肥量与暴雨氮肥迁移量关系

迁移量的关系可用式(1)表示:

$$y = 0.674\,5e^{0.003\,2x} \tag{1}$$

式中:y 为水解氮迁移量;x 为施肥量。

4　磷肥迁移过程

暴雨径流中水相总磷的含量均随时间段的推移呈现先快后慢的下降趋势。这反映了产流初始时土壤中总磷含量最高并随后随径流迁移的过程。然而水相总磷的迁移量和迁移速度不尽相同,其总磷迁移量和迁移速率主要取决于土壤表层磷素的含量。在暴雨径流作用下,磷从土壤向地表径流水相的迁移包括溶解态磷和颗粒态磷两个部分,溶解态磷包括无机正磷酸盐、有机磷化合物和络合物,颗粒态磷包括全部的初级和次级矿物磷、有机磷以及吸附在细颗粒物上的磷。其中颗粒态磷的迁移量远高于溶解态磷,高达水相总

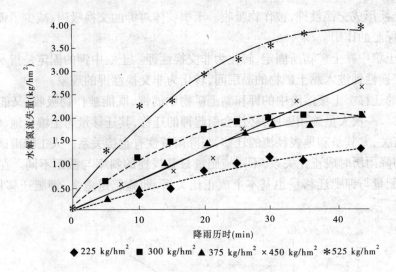

图 4 不同施肥量的氮肥迁移过程

磷迁移量的 88%～98%。可见颗粒态磷是地表径流水相磷迁移的最主要形态。溶解态无机磷是生物可直接利用的无机磷酸盐,它包括溶解反应磷 $H_2PO_4^-$ 和 HPO_4^{2-}。溶解态无机磷的迁移量占溶解态磷迁移量的绝大部分(76%～99%)。从以上分析可以看出,地表径流水相磷的迁移主要是颗粒态磷,这也是生物可利用磷的主要磷库。在溶解态磷中,溶解态无机磷的迁移比例最大。土壤表层磷素含量不同时,各形态磷的迁移总量和速率表现出不同的特征。

为进一步估算地表径流总磷的迁移量,需要定量估算磷素在地表径流水相和沉积物相的迁移速率。在降雨强度一定,忽略坡度、植被覆盖度影响的前提下,地表径流总磷迁移量可以用径流流量、沉积物量和各相中总磷含量估算出来,并按公式(2)估算出单位面积、单位时间径流水相及沉积物相总磷的平均迁移速率:

$$v = (\sum_{}^{s} C_t \cdot Q_t)/(S_0 \cdot T_0) \tag{2}$$

式中,v 表示径流水相或沉积物相中总磷的平均迁移速率,$mg/(m^2 \cdot min)$;C_t 表示第 t 时段($t=1,\cdots,8$)径流水相或沉积物相的总磷浓度,mg/L 或 mg/g;Q_t 表示第 t 时段的径流量或沉积物量,L 或 g;S_0 表示有效降雨面积,m^2;T_0 表示持续降雨时间,min。

降雨径流的化肥迁移,尤其是氮、磷肥的迁移不仅造成农田土壤肥力的下降,同时也对周围水环境造成污染。即使是较低施肥量,地表径流中水解氮的浓度都远远大于V类水的排放标准,磷的情况虽然好一些,但有时也是非常严重的,甚至达到V类水排放标准的数倍。

5 钾肥迁移过程

钾肥施入土壤后,迅速溶解并以钾离子的形式进入土壤中,除供作物直接吸收外,还发生以下转化:

(1)被土壤胶体吸附,转化为交换性钾。钾肥施入土壤后,与土壤胶体中被吸附的阳离子进行交换形成交换性钾,被作物吸收。土壤胶体对钾的交换吸附,减少了钾离子的迁移,起到了保肥的作用。

(2)被土壤中黏土矿物所固定,转化为非交换性钾。土壤中钾的固定是指水溶性钾或被吸附的交换性钾进入黏土矿物的晶层间,转化为非交换性钾的现象。

(3)钾的迁移。土壤溶液中的钾和黏土矿物中的钾,既能被作物吸收,又能随水向下移动而迁移。一次大量施用钾肥,必然会引起钾的迁移,其迁移量与土壤质地、气候条件、栽培制度有关,尤其是随地表径流的迁移,与降雨特性有直接关系。人工降雨试验表明钾肥迁移量与降雨历时成正比关系,不同施肥量只是线性的斜率与截距不同。在同样降雨条件下,施肥量与钾肥迁移量也基本上成正比关系,即施肥量愈大,钾肥迁移量愈多(见图 5)。

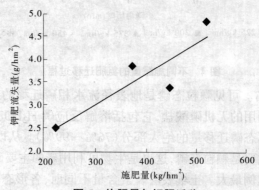

图 5　施肥量与钾肥迁移

6　结　论

(1)上海郊区水稻田耕作层土壤已经充分熟化,孔隙度大。在土壤较干旱时,降雨入渗大,初损历时长,在前期降水量较多,土壤湿度大时,初损只要满足地表填洼所需水量即产生地表径流,且稳渗率小,径流系数大。

(2)径流中氮的迁移以颗粒氮为主,有效态氮中以硝态氮和氨态氮为主。

(3)总氮、水解态氮、总磷的输出浓度随降雨径流过程减小。总氮、总磷与径流量与对地表的浸蚀能力成正相关,其输出浓度的递减规律多呈抛物线型,递减速度快。水溶态氮输出浓度基本是线性分布,与总氮、总磷比较其递减变比幅度小。

(4)有效态氮在径流开始时迁移浓度较高,表明其容易迁移,因而应避免大暴雨前给农田施肥。

(5)利用平均浓度及平均径流量计算土地利用类型复杂地区氮迁移量会有较大误差,必须考虑不同土地利用类型的产流时间、径流及化肥的迁移过程等多种因素。

内蒙古河套灌区水盐运移状况分析研究

——中日合作项目最新研究成果

张义强 白巧燕

（内蒙古河套灌区解放闸灌域沙壕渠试验站）

1 河套灌区概况

内蒙古河套灌区位于内蒙古自治区西部的巴彦淖尔市境内。总土地面积 119 万 hm², 现灌溉面积 57.4 万 hm²。灌区地处干旱半干旱气候带, 降水稀少, 年降水量 130～220 mm; 蒸发强烈, 年蒸发量为 1 900～2 500 mm, 干燥多风, 日温差大, 日照时间长。年平均气温5.6～7.8 ℃, 全年日照 3 100～3 300 h。

河套灌区地下水水分运移属"垂直入渗蒸发型", 地下水的补给主要是灌水入渗(每年约 17.7 亿 m³, 占总补给量的 76.5%)和降水入渗(每年约 5.33 亿 m³, 占总补给量的 23.1%), 地下水侧向补给极少, 浅层地下水的年蒸发量约为 22.80 亿 m³, 大体与垂直补给量相平衡。

河套灌区土壤质地以壤土为主, 占总土地面积的 40%～60%, 灌区耕地轻度盐渍化面积约为 28.4 万 hm², 占耕地总面积49.5%; 中度盐渍化面积9.2 万 hm², 占耕地总面积16.04%; 重度盐渍化面积 1.79 万 hm², 占耕地总面积 3.11%。

2 河套灌区盐分进出积累情况

河套灌区每年引黄水量约为 50 亿 m³, 由黄河水带入灌区的盐分约为 250 万 t, 而整个灌区由各级排水系统排入乌梁素海的水量约 5 亿 m³, 随之排入乌梁素海的盐分约 80 万 t。这样, 每年应该有 170 万 t 的盐分滞留在灌区内。这部分盐分是随水分的运动做垂直运动呢, 还是滞留在土壤中不动呢? 灌区盐碱地面积又是如何变化的呢? 这些是我们一直关注的研究内容之一。河套灌区水盐进出状况见图 1。

3 河套灌区盐碱地变化情况

河套灌区降水少, 蒸发量大, 地下水的运动属于蒸垂入渗蒸发型, 灌溉水中含盐量约为 0.5 g/L, 这些因素使得河套灌区土壤次生盐碱化程度较严重。

河套灌区土壤盐渍化状况从前到后大体可分为 4 个阶段:

(1)1950～1957 年, 灌区开发初期。盐渍化面积占耕地面积的 12%～14%。

(2)1963～1973 年, 引黄灌溉大发展阶段, 由于排水不配套, 土地盐渍化发展迅速, 盐渍化面积占耕地面积 31%～58%。

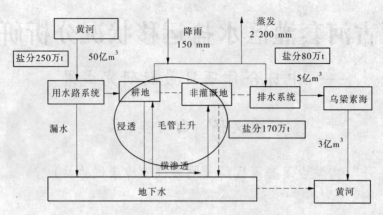

1.灌区与盐碱地盐分平衡；2.灌溉水在灌溉地和盐碱地之间发生交换

图 1　河套灌区水的路径图

(3)1978～1983 年,盐渍化初步控制阶段。据 1983 年调查,盐渍化面积占耕地面积 47%。其中轻度盐渍化面积占盐渍化面积的 53%。即有约一半的耕地受盐渍化影响,但这些耕地中又有一半是轻度盐渍化。

(4)1990 年至今,盐渍化的回落期。由于排水设施逐年配套并发挥作用,地下水位下降,地下水水质也有所淡化,中重度盐渍化土壤的面积大幅下降。在灌区上游由 29% 降至 14.5%,灌区中游由 40.4% 降至 26.4%,下游由 43.6% 降至 31.1%。但轻度盐渍化土壤仍占耕地面积(57.4 万 hm²)的 49.5%,而且灌区内仍有 20.9 万 hm² 的盐荒地尚未开发利用。

由以上各阶段情况看,河套灌区土壤盐渍化从 1990 年至今呈明显的回落,灌区耕地面积不断扩大,盐荒地面积逐年减少,土壤盐渍化程度在逐年减轻。作物产量明显提高,灌区经济社会得到长足发展。

4　灌区盐分去向分析

从前面灌区盐分进出情况和灌区历年盐碱地变化情况可以看出,虽然灌区内每年都在积盐,但灌区盐渍化土壤面积在近 10 年来却并未发生大的变化。那么,每年由灌溉水带入并滞留在灌区内的大量盐分(约 170 万 t)到底去了哪里? 为什么没有引起灌区盐渍化面积和程度的急剧增加呢? 这也是灌区管理部门和国内外一些专家学者共同关心的问题。沙壕渠试验站和日本岗山大学、岐阜大学、爱媛大学及地球环境研究所、内蒙古农业大学共同合作,经过 10 年的研究探索,初步找到了问题的答案。

4.1　研究方法

(1)在三盛公总干渠首部、永济干渠、黄济干渠、四排干沟、七排干沟、总排干入乌梁素海等处取水样化验水质(EC、pH 值和八大离子)。

(2)在解放闸灌域、永济灌域、义长灌域、乌拉特灌域等地取土样和地下水水样,测定土壤含盐量及各离子组成。其中土样不仅测定水溶性盐,而且用醋酸铵溶液法测定土壤中的非水溶性盐。

(3)综合分析灌区内进出盐分、积累盐分、盐分成分变化,土壤中水溶性盐与非水溶性盐数量、成分的变化,做盐分平衡分析。

4.2　研究成果

4.2.1　灌水渠、排水沟中水质的变化(重点分析 Ca 离子、Na 离子)

2002 年、2003 年、2004 年水质分析表明,三盛公总干渠口部、永济干渠、黄济干渠灌溉水质差别不大,Na 离子含量为 72.9%,Ca 离子含量为 6.2%,而四排干、七排干、总排干各处、总排干排入乌梁素海入口等处水质差别较大,阳离子总浓度为 20～160 meq/L,以乌梁素海入口处最大,为 160 meq/L,Na 离子含量为 84.6%,Ca 离子含量为 1.7%,由此可见,排干水中 Na 离子显著增加,Ca 离子显著减少。也就是说,灌溉水带入灌区的盐与排干水排出的盐成分有了显著变化,由各级排干沟排出的盐分主要以 Na 离子为主,且盐分组成上 Na 离子显著增多,增加约 12%,Ca 离子明显减少,减少约 4.5%。

灌溉水、地下水、排干水中水质变化见图 2。

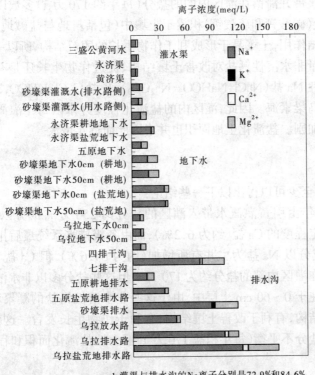

1.灌渠与排水沟的Na离子分别是72.9%和84.6%

2.灌渠与排水沟的Ca离子分别是6.2%和1.7%

图 2　灌水渠排水沟中的阳离子(2004 年 11 月)

4.2.2　土壤中盐分组成及变化

我们再分析灌区内各分灌域土壤中盐分含量及组成情况,同一土样用水溶解和醋酸铵溶解两方法分别测出水溶性盐分与非水溶性盐分,并比较。

4.2.2.1　耕地盐分分布

耕地中 0～60 cm 土层中水溶性 K、Na、Ca、Mg 阳离子总含量为 1～2 meq/100 g,而

同一土样,用醋酸铵提取测得 0～60 cm 土层中非水溶性阳离子总量均在 60～80 meq/100 g,且以 Ca 离子含量占绝大多数,占阳离子总量的 80% 以上。也就是说,耕地 0～60 cm 土层中含有大量非水溶性 Ca 盐,是该层中水溶性盐的 30～40 倍。

4.2.2.2　盐荒地盐分分布

盐荒地 0～60 cm 土层中水溶性 K、Na、Ca、Mg 阳离子总量为 4～5 meq/100 g,且以 0～10 cm 土层最为集中,为耕地的 1 倍或更多。而同一土样中非水溶性 K、Na、Ca、Mg 阳离子总含量为 60～80 meq/100 g(与耕地相近),是水溶性阳离子的 15～20 倍,而且以 Ca 离子为主,占到总量的 80% 以上(与耕地相近)。

以上分析结果表明,盐荒地和耕地 0～60 cm 土层中都含有大量非水溶性 Ca 盐,而且含量相差不大,均在 60～80 meq/100 g。盐荒地与耕地区别在于,0～60 cm 土层中水溶性盐的含量盐荒地明显增高。

4.2.3　成果小结

每年由灌溉水挟带并滞留在灌区内的的盐分(每年约 170 万 t)多数以对作物危害不大的非水溶性 Ca 盐(碳酸钙和硫酸钙)积累于土壤中(包括耕地与盐碱地)。由碳酸钙和硫酸钙的凝聚和黏结作用,土壤易于形成利于作物生长的团粒结构,所以一定程度上讲灌区内每年沉积的大量非水溶性钙盐对改善土壤结构、促进作物生长还是有利的。而对作物危害较大的水溶性 Na 盐($NaCl$、$NaHCO_3$、Na_2CO_3)、K 盐(KCl、$KHCO_3$、K_2CO_3)多数随着各级排水沟排入乌梁素海。因此,灌区内的盐渍化程度并未因每年灌溉水挟带并大量滞留的盐分累积而加剧。盐渍化土地面积也并未因此而逐年增大。

5　结　论

通过以上分析,至少可以得出以下一些结论:

(1)河套灌区每年由引黄灌溉水带入灌区的盐分约 250 万 t,成分以 Na 盐为主(约 72.9%),也含有一定程度的 Ca 盐(约为 6.2%),而由各级排水系统最后排入乌梁素海的盐分约为 80 万 t,成分以 Na 盐为主并有所增加(约 84.6%),但 Ca 盐明显减少(约为 1.7%)。每年积存在灌区内部的盐分约为 170 万 t,但这些盐分多以非水溶性的 Ca 盐(如碳酸钙、硫酸钙)存在于 0～60 cm 土层中,由于这些非水溶性钙盐的凝聚和黏结作用,有利于土壤形成团粒结构,有利于改善土壤结构,有利于作物生长发育。这就是近 10 年来灌区虽然每年进出盐分不平衡(每年积盐 170 万 t)但土地盐渍化面积和程度并未明显加剧的主要原因。

(2)灌区排水系统虽然每年仅排出 80 万 t 的盐分,但这些排出的盐分却是以对作物危害较大的 Na 盐为主。灌区近 10 年盐碱化程度逐年降低,排水系统发挥了十分重要的作用。

(3)从耕地与盐荒地的对比分析看,两者的区别主要在于盐荒地 0～20 cm 土层,特别是 0～5 cm 土层中含有大量水溶性 Na 盐、K 盐。20 cm 以下盐荒地与耕地水溶性盐 Na 盐与非水溶性 Ca 盐差别不大。

可见,河套灌区的盐荒地绝大多数是可以通过灌溉冲洗排盐的方法改造的。但要有与之配套的排水系统。盐荒地改造的重点是 0～20 cm 土层的水溶性 Na 盐、K 盐。

桓台县水资源承载能力及农业用水量优化配置研究

王立平 李秀荣 张 强

（山东省桓台县水务局）

桓台县地表水匮乏,工农业用水以提取地下水为主,全县人均占有水资源量仅 350 m³,而且时空分布也极不均匀。为了保证粮食安全和促进国民经济可持续发展,必须对水资源承载能力进行评估和农业用水量优化配置研究。

1 桓台县水资源承载能力分析

桓台县多年均浅层地下水补给量为 1.766 3 亿 m³,$P = 20\%$ 时为 2.184 1 亿 m³,$P = 50\%$ 时为 1.825 6 亿 m³,$P = 75\%$ 时为 1.599 8 亿 m³。

1.1 桓台县水资源可利用量

依据桓台县水文地质参数,求取区域内地下水资源可利用量见表1。

表 1 桓台县地下水可利用资源量 （单位:万 m³）

项目	水平年			多年平均
	20%	50%	75%	
降水补给	14 749	12 427	11 178	12 041
灌溉回归	371	434	496	483
拦蓄渗补	6 270	5 028	4 125	4 823
地下径补	451	367	172	316
合 计	21 841	18 256	15 998	17 663

1.2 桓台县现状年国民经济需水量计算

依据桓台县重点试验站资料,对种植的农、经作物不同典型年的灌水定额分别进行了综合分析。对工业用水、人畜用水、生态用水分别进行了社会调查统计(计算结果见表2)。

表 2 桓台县水资源承载能力 （单位:万 m³）

典型年	可利用量	需水量	承载能力	
			余	缺
$P = 20\%$	21 841	14 275	7 572	
$P = 50\%$	18 256	17 396	860	
$P = 75\%$	15 998	18 596		2 598
多年平均	17 663	18 356		693

由表 2 可知,该地区若处于丰水年和平水年,可满足农业可持续发展的条件,若遇干旱年,年缺水 2 600 万 m³,有限的水资源承载不了农业发展的要求。只有采取非充分灌溉方式,才能保证该地区粮食安全和水环境的良性循环。

2　农业及农灌用量状况

2.1　种植面积状况

桓台县耕地面积 3.23 万 hm²,其中粮田 3.07 万 hm²,复种指数 1.8,农作物种植面积 5.53 hm²,农作物以冬小麦、夏玉米为主,种植面积大致相同。另有蔬菜种植面积 0.17 万 hm²。根据县境内的不同区域自然条件,可将全县划分为 5 个区,冬小麦、夏玉米种植面积,Ⅰ区为 0.828 万 hm²,Ⅱ区为 0.774 万 hm²,Ⅲ区为 2.952 万 hm²,Ⅳ区为 0.720 万 hm²,Ⅴ区为 0.252 万 hm²,总计为 5.526 万 hm²。

2.2　降水状况

桓台县多年平均降水量为 544.9 mm,但年际间相差很大。经计算,冬小麦、夏玉米生育阶段有效降水量 $P = 50\%$ 年份冬小麦为 117.7 mm,夏玉米为 170.8 mm;$P = 75\%$,冬小麦为 104.7 mm,夏玉米为 141.0 mm。

2.3　作物状况

桓台县冬小麦、夏玉米各生育阶段特性如表 3 所示。

表 3　冬小麦、夏玉米生育期特性

生育阶段	冬小麦						夏玉米		
	播种—分蘖	分蘖—越冬	越冬—返青	返青—拔节	拔节—抽穗	抽穗—成熟	播种—拔节	拔节—灌浆	灌浆—收获
日期（月-日）	10-10~11-09	11-10~12-29	12-30~02-17	02-18~03-19	03-20~04-24	04-25~06-03	06-10~06-30	07-01~08-05	08-06~09-10
缺水敏感指数	0.128	0.037	0.167	0.245	0.350	0.175	0.184	0.441	0.238
最大需水(mm)	28.2	64.5	31.2	30.0	159.5	215.4	77.0	183.0	97.5
湿润层深(m)	0.5	0.6	0.7	0.8	0.9	1.0	0.4	0.6	0.8

本地区农田以中壤土为主,一般冬小麦、夏玉米采用播前灌,灌水定额为 40 mm。在充分供水的情况下,冬小麦最高单产 9 t/hm²,目前单价为 1.40 元/kg;夏玉米最高单产 9 t/hm²,目前单价为 1.30 元/kg。考虑井灌水年运行费用,桓台县地下水单位水量费用为 0.3 元/m³。

对于经济作物,假定完全满足地区经济作物种植面积和灌溉用水需要,在水资源优化配置计算前扣除。

2.4 农灌资源量

桓台县农业灌溉均以井灌为主,现有机井 10 229 眼,单井控制面积为 3.2 hm²,经平衡分析、计算可得各区多年平均允许开采量,井灌水利用系数采用 0.85。此水资源量可以作为长期稳定的供水水源,冬小麦、夏玉米可开采地下水量,Ⅰ区为 1 481 万 m³,Ⅱ区为 1 326 万 m³,Ⅲ区为 5 580 万 m³,Ⅳ区为 1 614 万 m³,Ⅴ区为 490 万 m³,总计 10 491 万 m³。

3 灌溉方式确定

采用文献[1]研究成果,根据加权平均耗水量计算公式,取不同农作物产量水平耗水量,进行区域平衡计算,采用公式及计算结果如下:

$$E_N = K_1 K_2 K_3 K_4 E_T [\eta + K(1 - \eta)]. \tag{1}$$

$$E_T = \sum E_i S_I / S_T \tag{2}$$

式中:E_N 为农业用水量,mm;E_T 为耕地田间耗水量,为按各种作物种植面积加权平均值,mm;E_i 为第 i 种作物田间需水量(包括耕地休闲期耗水量),mm;S_i 为第 i 种作物种植面积,hm²;S_T 为计算区域内耕地面积,hm²;η 为土地利用系数,即耕地占总土地面积的比值;K 为非耕地蒸腾蒸发量与耕地蒸腾蒸发量的比值;K_1、K_2、K_3 分别为灌区类型、灌水技术、灌溉管理水平对农业用水量的影响修正系数。

参照文献[1]研究成果,确定桓台县各参数取值范围,并将相关数据代入式(1)、式(2)之中,最后求得充分供水冬小麦最大需水量 5 271 m³/hm²,单产 9 t/hm²,夏玉米最大需水量 3 573 m³/hm²,单产 9 t/hm² 时的农业用水量为 610.2 mm/a,在作物水分生产函数接近最高效益点的非充分供水条件下,根据灌溉试验求得的全生育期作物水分生产函数,冬小麦最大需水量为 3 807 m³/hm²,单产 7.5 t/hm²,夏玉米最大需水量 2 877 m³/hm²,单产 7.5 t/hm² 时的农业用水量为 469.1 mm/a。将该地区的多年平均降水量减掉约 30 mm 的人畜及其他非农业用水量,农业生产最多可利用的降水资源量仅为 510 mm 左右,再考虑到可能产生的地表径流量。经对比分析,可知桓台县在现状水资源条件下,仅能采用非充分供水的灌溉方式,即以使灌溉过程达到作物最高效益点附近的非充分灌溉方式供水,才能保证该地区在获得农业最高效益的同时,还确保该县的生态环境平衡和水资源的持续利用。

4 不同典型年农业水资源优化配置方案

由农作物灌溉需水量平衡分析可知,对 75% 保证率代表年,Ⅲ区、Ⅴ区和全区缺水均较多。现分别以该典型年为例,对三种控制区域分别进行农业灌溉用水优化配置计算。

4.1 75% 典型年Ⅲ区农业水资源优化配置方案

以该县灌溉试验资料为依据,建立全生育期冬小麦和夏玉米的水分生产函数,采用动态规划方法,计算求得Ⅲ区各时段作物最优配置水资源量及优化灌溉过程,对应作物产量、单方水粮食生产率见表 4～表 6。最后求得Ⅲ区优化灌溉条件下总经济效益为 29 196.8 万元。

表 4　各时段各种作物最优配置水量(地下水)　　　　　　（单位：万 m³）

作物	月　份								
	1	2	3	4	5	6	7	8	9
冬小麦			371	1 272	1 788				
玉米							695	289	

表 5　作物实际灌水量(净)　　　　　　（单位：m³/hm²）

作物	月　份						灌溉定额
	1	2	3	4	5	6	
冬小麦	0	0	0	600	1 620	0	2 220
玉米	360	180					540

表 6　作物种植模式和实际产量

项　目	冬小麦	玉米
种植面积(万 hm²)	1.313	1.640
产量(相对产量)(kg/hm²)	7 500(0.834)	7 035(0.781)
水分生产率(kg/m³)	1.97	2.65

4.2　75％典型年Ⅴ区农业水资源优分配置方案

采用与Ⅲ区相同计算方法求得该区优化灌溉条件下总经济效益为 2 501.1 万元。水资源配置情况见表 7～表 9。

表 7　各时段各种作物最优配置水量(地下水)　　　　　　（单位：万 m³）

作物	月　份								
	1	2	3	4	5	6	7	8	9
冬小麦			30	103	146				
玉米							74	44	

表 8　作物实际灌水量(净)　　　　　　（单位：m³/hm²）

作物	月　份						灌溉定额
	1	2	3	4	5	6	
冬小麦	0	0	0	600	1 620	0	2 220
玉米	450	270					720

表 9　作物种植模式和实际产量

项　目	冬小麦	玉　米
种植面积(万 hm²)	0.107	0.140
产量(相对产量)(kg/hm²)	7 500(0.834)	7 440(0.827)
水分生产率(kg/m³)	1.97	2.62

4.3　75%典型年全区农业水资源优化配置方案

用同样的方法求得全区农业水资源优化配置条件下的全区最优总经济效益为54 655.4万元。水资源优化结果见表10～表12。

表 10　各时段各种作物最优配置水量(地下水)　　　　（单位：万 m³）

作　物	月　份								
	1	2	3	4	5	6	7	8	9
冬小麦			696	2 337	3 232				
玉　米							1 402	629	126

表 11　作物实际灌水量(净)　　　　（单位：m³/hm²）

作　物	月　份						灌溉定额
	1	2	3	4	5	6	
冬小麦	0	0	0	600	1 560	0	2 160
玉　米	390	210					600

表 12　作物种植模式和实际产量

项　目	冬小麦	玉　米
种植面积(万 hm²)	2.460	3.060
产量(相对产量)(kg/hm²)	7 365(0.819)	7 170(0.797)
水分生产率(kg/m³)	1.98	2.64

5　成果合理性验证

(1)根据优化分配模型,以下关系成立：

作物全生育期分配水量×灌溉水利用系数(0.85)=作物种植面积×作物灌水定额

以Ⅲ、Ⅴ区和全区优化结果分别对小麦、玉米进行验证,上式成立,表明计算结果正确。

(2)按作物生长规律,作物缺水越大,其水利用系数越高,水分生产率越高。从Ⅲ、Ⅴ区和全区优化结果可知,三区小麦、玉米缺水相差不大,产量及其作物水分生产率也相差不大。

(3)从Ⅲ、Ⅴ区和全区优化结果可知,75%频率年情况下,三区作物种植面积都达到允许最大值,即缺水不影响种植面积,只影响作物单产,按作物生产规律,当缺水达到一定限度时,也可能影响作物种植面积。以 75% 代表年全区为例分析,当全区供水量由 1.0491 亿 m^3 减至 0.8 亿 m^3 时,小麦、玉米种植面积都将开始减少。

(4)根据桓台县作物灌溉经验,该区小麦一般进行播前、返青和抽穗 3 次灌水,玉米灌水 2 次。从Ⅲ、Ⅴ区和全区优化结果可知,小麦也主要进行播前、返青和抽穗 3 次灌水,玉米灌水 2 次,计算结果和经验相符。

(5)从Ⅲ、Ⅴ区和全区优化结果可知,75%频率年情况下,三区玉米水分生产率都高于小麦水分生产率,这是由小麦、玉米各生育阶段作物特性决定的。

6 结 语

(1)以 75% 代表年分析,全区农作物足额灌溉,其农业水资源承载能力仅为 0.8。

(2)以 75% 代表年全区为例分析,当作物需水完全得到满足时,小麦水分生产率为 1.71(最大需水 5 271 m^3/hm^2,最大产量 9 t/hm^2);玉米水分生产率为 2.52(最大需水量 3 574.5 m^3/hm^2,最大产量 9 t/hm^2),缺水时小麦水分生产率优化结果为 1.97~1.98,玉米水分生产率优化结果为 2.62~2.65。因此,在缺水地区可适当降低作物灌溉水用量,以提高作物水分生产率。

(3)从Ⅰ区、Ⅲ区和全区优化结果可知,75%代表年水情况下,三区作物灌溉主要集中在 3、4、6 月份,此时应加大地下水开采力度,充分利用地下水,腾空地下库容,增加雨季降水入渗回灌水量。

(4)根据试验研究和农业水资源优化配置分析,冬小麦、夏玉米适宜灌水模式如下。

①冬小麦各生育期适宜灌水量。一般年份春季降水在 120 mm 左右,冬小麦生育阶段灌水 2~3 次适宜(另加播前灌水 40 mm),其中,在 3 月下旬至 4 月初灌起身水,灌水量宜为 75 mm;在 4 月下旬开始灌抽穗水,灌水量不少于 75 mm;一般在 5 月中旬灌灌浆水,灌水量以不超过 60 mm 为宜。对冬小麦而言,一般年份包括播前灌,合计灌 4 水,总灌水量 220 mm 左右小麦即可丰产。

②夏玉米适宜灌水时间及灌水量。夏玉米生长期内,降水一般较充足,可根据降水的时空分布情况,一般年份灌水 1~2 次,加上麦套秋作播前水 60 mm,总灌水定额在 100 mm 左右,即可获得较高产量。

参 考 文 献

[1] 徐建新.灌区水资源评价及节水高效专家系统:[博士论文].西安理工大学,2000
[2] 陈亚新.非充分灌溉原理.北京:水利电力出版社,1995
[3] 崔远来.作物缺水条件下,灌溉供水量最优分配.水利学报,1997(10)

稻田灌水量与化肥流失关系的研究

陈林兴　孙建国　戴怀阔

（上海市青浦区水利技术推广站）

氮肥是农作物的主要肥料。然而，化肥施入农田后被作物吸收、利用的仅占其施入量的 40%～50%，还有相当一部分经各种途径损失于环境之中，成为重要的污染源。本文以试验资料为基础，探索农田灌溉制度与化肥流失的关系，以制定合理的水肥管理措施，使化肥流失对水环境的影响降到最低程度。

1　试验设计

试验区设在香花桥镇横泾村，总面积 22 亩，划分为 12 个小区，每个小区长 107 m，宽 11.4 m，折合 1.83 亩。单向排列，田块两端均为水泥板明渠和明沟，排灌分开，小区进出水量分别用田头三角堰量水，同时采用 E601 测针测量田间水层深度进行对比监测。

试验过程中，农艺措施完全一致，单收单核产。水稻的供试品种为 95—22，播种量为 5 kg/亩，播种方式为机械直播。

1.1　灌溉方式设计处理

（1）常规淹水灌溉：除幼苗期保持 10～20 mm 水层，分蘖后期落干烤田外，其他生育阶段一般保持 20～60 mm 水层。收割前 20 天断水。

（2）浅水灌溉：幼苗期水层、落干烤田同淹水一样，其他生育阶段田面水层保持 10～40 mm。

（3）间歇灌溉：幼苗期及落干烤田同淹水，其他生育阶段充分利用雨水或灌足 50 mm 以下水层，落干后歇一天再灌一次，以减少灌溉量和灌水次数。

（4）湿润灌溉：幼苗、孕穗抽穗期田面保持 10 mm 左右水层，落干烤田同上几种处理，其余生育阶段进行干湿交替，灌溉上限为土壤饱和含水量，下限为田间持水量（地下水埋深控制 20 cm 为宜），并充分利用雨水，减少灌水。

1.2　施肥量设计

不同灌溉方式都有 3 种不同施肥量，目前上海郊区农田纯氮施入量已达 580 kg/hm²，远远超出作物的吸收量，因此本次试验以常规施肥量作为峰值施肥量处理，然后逐步递减。

（1）常规施肥：水稻全生育期施碳铵 75 kg/亩；磷肥 20 kg/亩；尿素 15 kg/亩，折合纯氮 19.65 kg/亩。

（2）减少 30% 施肥量：即常规施肥量的 70%，碳铵 52.5 kg/亩，尿素 10.5 kg/亩，折合纯氮 13.755 kg/亩。

（3）减少 60% 施肥量，即常规施肥量的 40%，碳铵 30 kg/亩；尿素 6 kg/亩，折合纯氮 7.86 kg/亩。

1.3　施肥方式设计

（1）习惯施肥：基肥施碳铵 30 kg/亩（整田后有水层表施）；第一次分蘖肥施碳铵 22.5 kg/亩；第二次施碳铵 22.5 kg/亩；拔节肥施尿素 15 kg/亩，共分 4 次。

（2）改进施肥方式 1：泡田落干后施肥整田，其他同习惯施肥。

（3）改进施肥方式 2：不施基肥，增加分蘖期施肥量（2 次各施碳铵总量的 50%），其他同习惯施肥。

2　几种灌溉方式试验对比分析

2.1　耗水量

水稻期农田水分消耗的途径主要有植株蒸腾、棵间蒸发和田间渗漏。其中植株蒸腾和棵间蒸发统称为水稻需水量，又称为腾发量。植株蒸腾是指水稻根系从土壤中吸入体内的水分，通过叶片的气孔蒸发到大气中去的现象。除气候因素影响之外，其变化规律随叶面积增加、生理机能的增强而逐渐递增，到拔节、孕穗阶段达到最高峰，也是水稻需水敏感期。乳熟期后逐渐下降。棵间蒸发是植株棵间土壤或田面水的蒸发，它不仅受气候因素影响，而且与植株蒸腾互为消长。蒸腾因植株繁茂而增大时，棵间蒸发却因田面覆盖率的加大而减小。据试验资料，今年水稻全生育期需水为 651.9 mm，日需水强度 5.3 mm。田间渗漏则是降雨或灌水后，土壤水分超过田间最大持水能力的结果。与土壤性状、水文地质条件和灌水技术等因素有关，其数值变幅较大也是影响耗水量及灌溉定额的主要变量。青浦以亚黏土为主，透水性较差，全生育期渗漏在 400 mm 以下，日渗漏强度在 3 mm 左右。

从实测资料（表 1）可知，灌溉方式不同其耗水量差异很大，常规淹水灌溉耗水量为最大，其次是浅水和间歇灌溉。最小的是湿润灌溉，日耗水强度为 6.8 mm，比常规淹水全生育期减少耗水 223.3 mm，节约水量 21%。

表 1　不同灌溉方式各生育期耗水量　　　　　（单位：mm）

灌溉方式	耗水量														需水量
	幼苗		分蘖		拔节孕穗		抽穗扬花		灌浆乳熟		黄熟		全期		全期
	06-19~06-30		07-01~07-31		08-01~08-30		08-31~09-12		09-13~09-30		10-01~10-20		06-19~10-20		
	12 天		31 天		30 天		13 天		18 天		20 天		124 天		
	总量	强度	总量	强度	总量	强度	总量	强度	总量	强度	总量	强度	总量	强度	
淹水	88.6	7.4	263.3	8.5	310.2	10.0	132.0	10.2	170.7	9.5	114.4	5.7	1070.2	8.6	651.9
间歇	80.6	6.7	233.6	7.5	260.2	8.7	100.9	7.8	138.4	7.7	100.1	5.0	913.8	7.4	628.6
湿润	62.4	5.2	232.5	7.5	248.9	8.3	92.0	7.1	118.9	6.7	93.5	4.7	848.2	6.8	640.6
浅水	84.8	7.1	248.1	8.0	259.0	8.6	122.2	9.4	145.8	8.1	104.0	5.2	963.9	7.8	641.8

2.2 利用雨量

水稻耗水量的补给主要由三部分组成:一是水稻生长期的降雨,二是人工补给即灌溉,三是地下水补给。本地区水稻生长期多年平均降雨量为 541.4 mm,接近于水稻生长期需水量的总量。稻作期对降雨的有效利用不仅减少了灌溉量,节省了能源,重要的是减少了农田排水量,从而减少了化肥流失对水环境的影响。

表 2　不同灌溉方式全期耗水量、灌水量、利用雨量分析(2000 年)

灌溉方式	耗水量			灌水量		降雨量		
	(mm)	(m³/亩)	比淹水减少(%)	(mm)	(m³/亩)	雨量(mm)	利用雨量(mm)	有效利用率(%)
淹水	1 070.6	713.8	0	100.2	668.8	478.2	274.3	57.4
间歇	913.8	609.2	14.7	569.8	408.0	478.2	397.6	83.1
湿润	848.2	565.5	20.8	504	346.0	478.2	411.2	86.0
浅水	963.9	642.6	10.0	776.3	520.6	478.2	332.9	69.6

欲对稻作期的降雨量达到百分之百的有效利用是不现实的,但可以通过改变灌溉方式提高管理水平,提高对降雨的有效利用,减少灌溉量,还是大有作为的。从表 2 可知,湿润灌溉方式对降雨的有效利用率最高,达到 86.0%。

2.3 灌溉量

不同灌溉方式耗水量不同,有效利用雨量不同,其灌溉量也不同。耗水量少,降雨量利用率高,其灌溉量就必然减少。4 种灌溉方式以湿润灌溉量为最低,全生育期灌水量为 346.0 m³,比常规淹水的 668.8 m³ 减少 322.8 m³,节水率达 48.3%。产量 582.25 kg/亩,比淹水灌溉增 8.3%,水分生产率为 1.68 kg/m³。

3　稻田中氮素的转化

一般情况下,碳铵在田面有水层表施,水层中以 $NH_4^+ - N$ 形态为主,而 $NO_3^- - N$ 只占很小比例。随着时间的推移和灌溉水及降雨的稀释,$NH_4^+ - N$ 浓度降低较快,至施肥后 10 天左右,$NH_4^+ - N$ 浓度可以降低到正常水平。对 $NO_3^- - N$ 而言,水层中生成量较少,浓度的峰值出现在施肥 3 天以后,随后浓度逐渐减小至常规水平。

以常规施肥量为例,水稻生长期田面水层氮素浓度值变化情况见表 3、图 1。

表 3　水稻生长期田面水层氮素浓度值变化

施肥日期	7 月 3 日 16:00					7 月 14 日 16:00					8 月 10 日 16:00						
取样日期	06-28	07-04	07-06	07-08	07-11	07-15	07-17	07-20	07-23	07-28	08-11	08-13	08-15	08-17	08-23	09-01	09-14
铵态氮	0.22	44.8	2.91	1.07	0.90	62.3	9.07	1.82	1.04	0.39	1.78	14.0	5.24	1.84	0.34	0.22	0.30
硝态氮	0.22	0.32	0.95	0.35	0.21	0.26	0.28	0.40	0.46	0.31	0.11	0.13	0.22	0.40	0.21	0.11	0.15

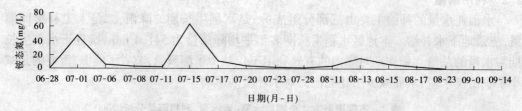

图1　水稻期氮素浓度值变化曲线

施肥后之所以田面水层氮素浓度在10天左右由最高峰降至最低水平,究其原因,一是水稻吸氮,二是随下渗水运移至土壤中,大部分被土壤吸附,一部分随渗漏水而流失。现将7月14日施肥后3天、6天、9天土壤剖面水样氮素浓度变化列于表4中,其变化曲线见图2。

表4　施肥后剖面水氮素浓度变化　　　（单位:mg/L）

取样深度 (m)	第3天		第6天		第9天	
	$NH_4^+ - N$	$NO_3^- - N$	$NH_4^+ - N$	$NO_3^- - N$	$NH_4^+ - N$	$NO_3^- - N$
0	2.66	0.28	1.07	0.35	0.39	0.21
50	6.55	0.20	4.69	0.18	1.90	0.30
80	3.07	0.25	3.98	0.17	1.71	0.27
110	1.36	0.23	2.16	0.17	1.63	0.27
150	0.34	0.22	0.58	0.17	0.63	0.25

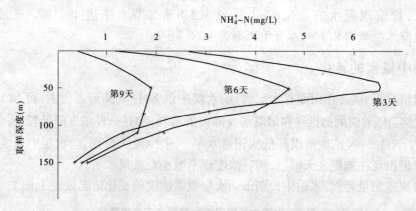

图2　7月14日施肥后剖面水中 $NH_4^+ - N$ 浓度变化曲线

从表4、图2可以看出,0~100 cm土层中 $NH_4^+ - N$ 浓度递减速度较快。剖面水各层次 $NH_4^+ - N$ 浓度在第9天基本降至较低水平,剖面水 $NH_4^+ - N$ 浓度的高峰值出现在施肥后第3天。其变化范围主要在1.0 m以浅。$NO_3^- - N$ 在剖面水中的含量较表层水含量小,且变幅在0.17~0.35 mg/L之内。

4　试验结果分析

水稻田化肥流失的主要途径,一是地表径流;二是渗漏淋失;三是水层液面挥发。其中以随地表径流流失对水环境影响最为严重。根据试验实测资料,以多年平均降雨量 1 053 mm 为基准年,每公顷稻田每年氮素流失量达 27.08 kg、磷素流失量为 4.58 kg。极端损失情况下(施肥当天降雨 80 mm),碳铵流失可达到施肥量的 25.7%。

(1)氮素流失随田间排水量的增加而增加。不同的灌溉方式,由于田面水层控制的深度不同,雨后田间排水量亦不同。根据水稻期化肥氮素流失的时段、浓度、水量资料,进行加权平均计算列于表 5 中。从表 5 中可看出,同样是常规施肥量,因灌溉方式不同,总氮流失量差异较大,淹水灌溉流失总氮 1.664 kg/亩,占纯氮施入量的 8.50%,浅水勤灌为 1.218 kg/亩,占纯氮施入量的 6.20%,间歇、湿润灌溉的总氮流失量分别为 0.759 kg/亩 和 0.738 kg/亩,占纯氮施入量的 3.90% 和 3.80%。

表 5　灌溉方式、施肥定额、氮素流失综合表

田块编号	处理	纯氮施入量 (kg/亩)	径流损失 (kg/亩)	占施入氮量 (%)	渗漏损失总氮 (kg/亩)	占施入氮量 (%)	两项相加损失总氮 (kg/亩)	占施入氮量 (%)
1	淹水	19.65	0.484	2.50	1.180	6.01	1.664	8.50
6	间歇	19.65	0.185	0.94	0.574	2.92	0.759	3.90
8	湿润	19.65	0.160	0.81	0.578	2.94	0.738	3.80
11	浅水	19.65	0.344	1.75	0.874	4.45	1.218	6.20
2	淹水	13.75	0.330	2.40	0.875	6.37	1.205	8.80
4	间歇	13.75	0.130	0.95	0.515	3.74	0.645	4.70
9	湿润	13.75	0.110	0.80	0.390	2.84	0.500	3.60
3	淹水	7.86	0.200	2.54	0.379	4.82	0.579	7.40
5	间歇	7.86	0.074	0.94	0.220	2.80	0.294	3.70
7	湿润	7.86	0.070	0.89	0.173	2.20	0.243	3.10

(2)氮素流失随施肥量的增加而增加。不论哪种灌溉方式,都因施肥制度不同,氮素损失亦不同。本次试验的 4 种灌溉方式中除浅水勤灌外,都采用了 3 种施肥定额,即常规施肥纯氮 19.65 kg/亩,为 100%;70% 常规施肥量即纯氮 13.755 kg/亩;40% 常规施肥量即施纯氮 7.86 kg/亩。以淹水灌溉为例,100% 常规施肥量,氮素流失 1.644 kg/亩;70% 常规施肥量,氮素流失 1.205 kg/亩;40% 常规施肥量,氮素流失 0.579 kg/亩。

(3)常规基肥是在整田后有水层表施,水层液面挥发量大。泡田后无水层混施基肥整田,可减少氮素损失。

(4)水稻田化肥流失的多少,与施肥后降雨间隔时间的长短、降雨量的大小、灌溉方式的不同以及施肥量的大小都有着密切的关系。在水稻生长前期,是施肥频繁期,由于田面水层控制较浅,施肥后总氮浓度剧增,若在施肥后 3 天之内遇暴雨或大雨,就可能发生氮素的极端流失。据测坑进行的人工降雨试验资料:每坑施氮素 38.25 g(尿素和碳铵折算成纯氮),坑面水深 66 mm,当天人工降雨 80 mm,试验结果列于表 6 中。

表 6　尿素和碳铵的极端流失

施肥种类	施氮量 (g/坑)	径流量 (L)	径流氮浓度 (mg/L)	氮流失量		
				径流深(mm)	(g/坑)	占施入量(%)
尿素	38.25	132	13.48	50	4.04	10.50
碳铵	38.25	132	32.76	50	9.83	25.73

根据表 6 资料说明,这种极端流失在水稻生长期多雨的上海地区是极有可能的。

5　结　语

(1)通过对 4 种不同灌溉方式的比较,以间歇灌溉和湿润灌溉方式为优,其灌溉定额分别为淹水灌溉的 61.2% 和 51.7%,增产率分别为 4.5% 和 8.3%;此外由于间歇灌溉和湿润灌溉方式的蓄水能力大,还可避免施肥后遇暴雨或大雨产流引起氮素极端损失。

(2)湿润灌溉要求土地平整,灌溉技术高,灌溉次数多,在沙壤地区,灌水周期更短,劳动成本稍高。如考虑充分积蓄雨水,减少灌溉次数,延长灌溉周期,可采用间歇灌溉方式,以达到以水调肥的目的。

(3)施肥方式:基肥混施无水层整田可减少液面氮素的挥发,避免整田后遇暴雨而产生化肥极端流失。在水稻生长期化肥施用总量不变的情况下,应采取少量多次的原则。

(4)施肥定额:在一定范围内,施肥量与产量成正比关系。即施肥量大,产量相对提高。以淹水灌溉为例,从不同施肥量与产量关系图的线型来看,当施肥量达到 80% 常规施肥量时,产量就不再增加。从经济效益角度分析,70% 施肥量可节省成本 22.5 元/亩,虽然减少收入 12.46 元/亩,但仍有 10.04 元/亩的效益。因此,在施有机肥的情况下,目前农田化肥施用量可减少 30% 左右。每公顷稻田每年氮素流失量达 27.08 kg,磷素流失量为 4.58 kg。

参 考 文 献

[1] 冯绍元 . 排水条件下饱和—非饱和土壤中氮素运移与转化规律的研究:[博士学位论文]. 武汉水利电力学院,1993
[2] 汪寅虎 . 上海郊区青紫泥土壤供氧量的预测研究 . 土壤学报,1983,20(3)
[3] 朱兆良 . 我国土壤供氧和化肥氮去向研究的进展 . 见:中国土壤学会土壤氮素工作会议论文集 . 北京:科学出版社,1986

江汉平原的水土环境与农业水管理

刘德福　吴立仁　郭显平　程伦国　刘　玮

（荆州市四湖工程管理局排灌试验站）

　　江汉平原位于湖北省中南部，是长江、汉江及其他支流交汇的三角洲地带的冲积、湖积平原；它背靠大洪山、东连大别山和鄂东南丘陵，西邻鄂西山地，为一向南部洞庭湖敞开的凹陷盆地，总面积 6.6 万 km^2。从地质地貌上看，江汉平原在地质构造上属于新华夏构造体系沉降带的一部分，发生在中生代的燕山构造运动奠定了江汉湖盆的基础，第四纪早期江汉湖盆又在老构造的基础上重新开始下沉，并接受长江和江汉水系长期切割、冲淤，形成了三面（西、北、东）隆起、中间平坦低洼、向心水系发育、湖泊众多的江汉平原。本区属于亚热带季风气候，光照充足（年日照 2 000 h）、热量丰富（年均气温 15～17 ℃），无霜期长（250～270 天），雨水充沛（年降水量 1 000～1 300 mm）、雨热同季，为发展农业生产提供了优越的气候条件。第四纪以来，江汉平原继续下沉（沉速 8 mm/a），形成了土壤肥沃、湖泊星罗棋布、适宜农耕和淡水养殖的农业生产地区。对农业来说灌溉排水是必不可少的。本文着重讨论江汉平原的农业水土环境与农田水管理方面的问题。

1　水土环境特征

1.1　水高田低，长期面临洪、涝、渍危害

　　江汉平原除了北部和西部边缘有部分岗地外，其余大部分为地势平坦的河湖冲积平原，海拔一般为 24～35 m，部分地区比洞庭湖底还低，如南洞庭湖底（高程 25 m），与洪湖市地面高程相当，西洞庭湖底（高程 29～30 m）高于江汉平原北部一些湖面。汛期江河水位普遍高于田面 5～10 m，特大洪水年份外江水位高于田面更多。以长江沙市段为例，堤顶（高程 46.5 m）比汉江平原最低处高出 22.5 m，比大堤附近田面高出 13～16 m；1954 年和 1998 年长江最大洪水位分别为 44.67 m 和 45.2 m，均高出堤内一般田面 10 m 多。

　　由于水高田低，洪、涝、渍害影响严重。20 世纪 80 年代与 50 年代相比，农田受涝渍危害的面积增加了 1.67 倍。自 20 世纪 80 年代以来，灾害有加重趋势，如 1980～1983 年、1991 年、1993 年、1995 年、1996 年、1998 年、1999 年等均为严重水灾年，每年农田受灾面积在 66.7 万 hm^2 以上。其中以 1991 年对农业影响最大，农作物受灾面积达 175 万 hm^2，直接经济损失 55 亿元。

1.2　地下水位高，存在土壤沼泽化、潜育化潜在威胁

　　江汉平原原属于冲积湖积平原，土壤类型以潮土为主，含水岩相由砂、亚砂土、黏土交互组成，黏土的分布面积约占平原面积的一半。朱建强教授根据湖北省荆州农业气象试验站 20 多年观测资料以及"九五"以来在湖区所进行的调查观测认为，地下水位与降水和江河水位的连动关系密切，江河主汛期通常也是沿江农田地下水位比较高的时期，每 100

mm 降水一般可使地下水位抬升 90～100 cm,在旱季(10 月至翌年 2 月),沿江高亢地地下水埋深最大 260 cm,一般(54％频率)80～120 cm;湖区(潜江甘家塔、江陵丫角)农田地下水埋深最大 100～120 cm,一般 50～60 cm。由于地下水位高,使土壤面临沼泽化、潜育化的潜在威胁增加。据调查研究(蔡述明,1997),江汉平原四湖流域受沼泽化潜在威胁的土地 3.8 万 hm²,受潜育化潜在威胁的土地 25.2 万 hm²,重潜育化土地 10.79 万 hm²,中潜育化土地 9.99 万 hm²,轻潜育化土地 4.45 万 hm²,渍害潜在威胁的土地 18.66 万 hm²。

1.3　垸落密布,涝渍微域分异明显

洲滩、垸落和湖泊是江汉平原存在的 3 种基本地貌,其中垸落是主体,它是江汉平原湖区人民求生存、同水涝作斗争的产物。

垸落与垸田密不可分。垸田是平原湖区围垦的直接结果,垸田与人居环境的有机结合形成了内部水系相对独立的民垸,即垸落。垸田由于开垦历史不同,所属各异,因而垸落与垸落之间存在了人为隔离和一定障碍,道路、水系等比较混乱,影响涝渍防御和高效生产,逢 5～10 年一遇频率降水往往造成大面积涝渍灾害。由于垸田的成土母质来自河湖相沉积物,土层一般比较深厚,有机物丰富,土壤的潜在肥力高而有效肥力低,还由于地势低洼、排水不畅,春季土壤升温慢,形成所谓冷渍田。

垸落区在地势上大平小不平、高中有低、低中有高,具有蜂窝状盆碟式微地貌特征。每个垸落就是一个生产生活单元,由垸提、垸田、村镇、沟渠、小水域组成。从形势结构看,垸落具有周围高、中间低的盆碟状结构,垸外由周围垸河流环绕,垸内从垸边地势由高到低,历史上垸心都有垸底湖,因此涝渍微域分异十分明显。

2　水土环境域农田水管理

2.1　降水及分布特点与农田排灌

从气候看,江汉平原属于北亚热带大陆性湿润季风气候区,降水多、强度大,而且时空分布不均,带有明显的季节性。本区多年平均降水 1 166 mm,70％以上降水集中在 4～8 月的江河汛期,其间常有大雨或暴雨,长江、汉江等 1 190 多条大小河集于平原,致使平原河流水位往往高出农田数米至十余米,形成地上悬河,造成江汉平原外洪内涝、农田大面积受涝渍危害状况。6 月中下旬至 7 月上旬梅雨季节降水则特别集中,个别年份梅雨期降水可达全年降水的 2/3 以上(如 1969 年梅雨期降水达 800 mm),极易造成严重涝渍灾害。显然,农田排水对本区农业稳定发展至关重要。

江汉平原是典型的易涝易渍地区,洪、涝、渍害频繁,但另一方面,由于降水时空分布不均,农业生产也不时受到季节性或阶段性干旱的影响。2000 年,湖北省出现历史罕见的冬春连旱和盛夏伏旱,受旱范围占总面积的 80％以上,江汉平原大面积稻田不能适时插秧。不难看出,江汉平原既有突出的洪、涝、渍害问题,也有较为严重的、不容忽视的干旱问题。本区一般以伏旱为主,梅雨过后因受西太平洋副亚热带高压控制,其中一些地方 60％的年份出现 25 天以上连续少雨的伏旱或伏秋连旱。另外年内旱涝并存几率较大,地处江汉平原腹地的江陵县为 0.68,潜江市为 0.43,监利县和洪湖市为 0.82。这就要求既要积极防御涝渍,又要完善灌溉设施,做好抗旱保种、保收工作。

2.2　面对外洪内涝压力,搞好稻田水管理

由于受北亚热带季风气候影响,江汉平原在春夏时节洪涝灾害频繁发生,每年主汛期江汉平原实际上是一条典型的洪水走廊,要承纳长江、江汉上游及洞庭湖、湘、资、沅、澧流域的客水,年平均过境客水量达 6 338 亿 m³,为湖北省多年平均水资源量(1 027.86 亿 m³)的 6.3 倍,但这些过境客水多以洪水形式出现,几乎不能有效利用,从而使江汉平原农业生产面临巨大的防洪压力。

为缓解巨大的防洪压力,应从本区地势低洼、排水不畅的实际出发,在充分利用湖、库进行防洪调控的同时,在必要时把洪涝防治减灾体系延伸到人工湿地——稻田。试设想,如果将长江中下游平原 283 万 hm² 易涝易渍耕地中的 200 万 hm² 种植水稻,在主汛期一次调蓄过程的蓄水层厚度取 40 cm(以水稻减产不超过 20% 控制),则总蓄水量可达 80 亿 m³,这个水量相当于三峡水库设计防洪库容 221.5 亿 m³ 的 36%。显然,保证必要的稻田种植面积、发挥稻田的调蓄功能,对长江中下游洪涝防治有不可低估的作用。另一方面,在出现内涝时亦可通过稻田进行有效调蓄,既可以减轻涝渍灾害,又能减少外排水量,节省排水费用。

需要指出的是,利用稻田进行水调控时,应从实际出发,兼顾生产与防洪 ,晴日干旱时宜采用湿润灌、间歇灌等节水灌溉方式,以降低灌溉用水成本、提高用水效率,实现增产增收。在江河汛期,一般情况下,稻田调蓄应以作物不致严重减产为原则;非常情况下,从全局出发可利用稻田进行调蓄,合理进行水调度,确保一方平安,但是,灾后应积极采取补救措施,把洪涝对粮食生产造成的损失尽可能降到最低程度。

2.3　存在大量涝渍中低产田,农田排水研究及其改良任重道远

由于地势低洼、地下水位高、土壤透水性差、排水不畅等原因,江汉平原通常逢涝必渍、涝去渍存,形成了大量中低产田,现有耕地(192.07 万 hm²)中 76.4 万 hm² 为涝渍中低产田,通常称之为渍害田,占耕地面积的 39.43%。显然,湖北农业再上新台阶,涝渍中低产田的治理改造是一个重要突破口,为此,必须加大以排水改良为主的综合措施的投入力度。

目前,平原湖区的防洪除涝工程普遍带病运行,农田排水治理的标准一般偏低,仅能达到 5 年一遇除涝标准,而且由于工程老化、年久失修等原因,有些工程的排水能力只有设计标准的 40% 左右,治渍标准更低,故现有工程防御涝渍灾害的能力还远不能适应农业发展的要求。为解决这一问题,需要对平原湖区现有防洪治涝工程进行调查和防洪除涝能力评价,在此基础上根据土地利用方向和社会经济发展需要制定江汉平原乃至全省平原湖区水灾害近期治理标准和中长期治理标准。

需要指出的是,江汉平原特别是湖北平原湖区,水灾害治理标准必须体现区域水土资源特点和水灾害特点、突出涝渍防治,要考虑三峡工程运行对平原湖区涝渍治理的影响,以及垸田防涝治渍的要求,要把水灾害治理同发展生产、改善环境、促进区域发展紧密结合在一起。

2.4　湿地农区水环境恶化,进行农田控制排水势在必行

随着地区经济的发展,江汉平原的水环境问题日益突出,在某些年份的一些时间内甚至还发生了局部的、较为严重的水环境灾害。由于大量工业废水,80% 的中小河流存在不同的程度污染。就农业生产系统自身而言,过量施用化肥可导致径流水体富营养化。

1997 年,汉江中下游地区农田化肥有效施用量已达 834 kg/hm^2,其中氮肥施用量达 474 kg/hm^2,从化肥施用量和氮肥施用量来看均已超限(能引起水体富营养化的使用量)。1998 年 2 月汉江中下游水质监测结果显示,总磷浓度超过 0. 02 mg/L,无机氧超过 0.3 mg/L,均为导致水体富营养化浓度限值的 1 倍以上。另一方面,存在于渍害田土壤中大量的还原性有毒物质通过渗流或排水系统进入塘、湖,亦会加重农业用水污染程度。为了有效地解决上述农业活动对水环境的影响,基于水环境保护的农田控制排水是必然选择,目前这方面的研究工作尚不多见。

3　结　语

　　江汉平原属于典型的河湖湿地类型区,又是农业生产活动强度很高的湿地农区,水土环境影响本区农业的发展,同时,农业生产也影响着水土环境。通过对生产活动进行有效管理是改善江汉平原水环境的重要途径之一,实行科学的农田水管理则是其中的关键环节,从减轻农业对环境的影响看,由于作物对肥料的吸收以及土壤养分的流失均与水紧密联系在一起,通过农田环境排水控制这个纽带,极有可能做到肥料高效利用、增加作物产量,同时,减轻土壤养分因随径流流失对农田周边水环境的影响。就流域内涝防治看,应从流域排水工程完善、提高与优化的角度提出适应减轻涝渍的内涝排除调度的方案;通过典型湖垸分析研究,提出以湖垸为单元的内涝防御工程体系与田间涝渍防御工程体系及其最佳组合方式。就田间涝渍防治看,应根据天然特性,结合作物种植制度及高效种植模式,进行田间工程优化布局,建立排灌分离、排涝排渍分离的田间减灾工程体系;消化并运用国外先进的农田排水分析,建立一套针对不同水频率的、减轻或消除涝渍危害的排水调度方案。

参 考 文 献

[1] 朱建强,乔文军,黄智敏.江汉平原农业水土环境利用与保护.长江大学学报(自然版,农学卷),2005,2(3)

[2] 叶柏年,陈正洪.湖北省旱涝若干问题及其防灾减灾对策.气象科技,1998(3)

[3] 蔡述明,马毅杰,朱海虹,等.三峡工程与沿江湿地及河口盐渍化土地.北京:科学出版社,1997

[4] 陈世俭,蔡述明,罗志强.生态工程在湖垸湿地农业持续发展中的作用.长江流域资源与环境,1997,6(3)

[5] 李劲峰,李蓉蓉,李仁东.四湖地区湖泊水域萎缩及其洪涝灾害研究.长江流域资源与环境,2000,9(2)

[6] 刘章勇,刘百韬,谢磊,等.江汉平原涝渍地域农业生态环境特征与评价指标体系.长江流域资源与环境,2003,12(1)

[7] 朱建强,欧光华,张文英,等.四湖地区稻田水管理探讨.灌溉排水,2001,19(增刊)

[8] 乔文军,朱建强.长江中下游平原区汛期稻田水管理.湖北农学院学报,2004,24(3)

[9] 朱建强,臧波,周胜.江汉平原水灾害综合防治研究.长江大学学报(自然版,农学卷),2005,2(4)

[10] 张家玉,罗莉,李春生,等.南水北调中线工程对汉江中下游生态环境影响研究.环境科学与技术,2000(增刊)

膜下滴灌对土壤盐分分布的影响

曹新成 王雅琴 朱连德

（新疆石河子炮台试验站）

1 前 言

膜下滴灌是新疆农八师根据西北地区干旱少雨、蒸发量大的特点提出的一种先进的节水灌溉方法。它是对传统滴灌方法的改进和发展，近年来已在新疆被大面积推广应用，特别是在盐碱地上的成功应用，为盐碱地的开发和利用提供了新的研究思路和方法，这一方法的推广应用对新疆农业生产及土地资源的扩大利用产生极大的社会效益和经济效益。

膜下滴灌将覆膜种植技术与先进的滴灌节水技术结合起来，大大减少了棵间蒸发，抑制了盐分上移，而且在滴灌的作用下，为作物根系创造了一个良好的水盐环境，使得膜下滴灌与非覆膜滴灌的土壤盐分运移规律有所不同。因此，对膜下滴灌土壤盐分运移规律进行研究探索，对盐碱化地区的土壤改良与合理利用具有指导意义。

2 试验方法

主要以大田试验为主，通过对原始土壤（未耕种过的土壤）的物理性状及土壤盐分垂直分布状况，第一年耕种的重盐荒地、重盐荒地经过 3 年耕种后的土壤盐分在灌水前后移动状况的分析，以及年内土壤盐分垂直分布变化情况进行分析，提出一个合理的膜下滴灌改良盐碱地的措施。

3 试验资料及分析结果

3.1 原始土壤（未耕作过的盐荒地）的盐分分布状况

原始土壤的盐分分布状况及基本土性是土壤盐分变化的基础。121 团 6 连 200 亩滴灌棉花的西南角有一块 15 亩生荒地未经耕种过，2000 年 4 月 19 日我们进行了取样分析，0～30 cm 土壤的颗粒组成及养分状况如表 1 所示。

表 1 0～30 cm 土壤颗粒组成及养分

有机质（%）	全氮（%）	全磷（%）	碱解氮（mg/kg）	速效磷（mg/kg）	速效钾（mg/kg）	pH 值	总盐（%）
0.934	0.038	0.141	33.3	9.8	245	8.4	3.58
颗粒分析							
1～0.25 mm	0.25～0.05 mm		0.05～0.01 mm		0.01～0.005 mm		0.005～0.001 mm
0.46%	14.98%		37.00%		9.00%		38.56%

从表 1 看,此地有机质属中等,碱解氮属中等,速效磷低,速效钾高,说明肥力状况并不很低,属中下,含盐量较高,达 3.58%,属重盐碱地。颗粒组成上,粗粉砂粒和细粉砂粒含量较高,属粉沙壤土。

土壤盐分样是按网状布点,取 9 个剖面点,每个剖面点 1 m 深,6 层,剖面盐分分布状况如表 2 所示。

表 2　15 亩生荒地土壤盐分分布及剖面形态

土样编号	总盐(%)						土壤密度(g/cm³)
	0~5 cm	5~15 cm	15~25 cm	25~40 cm	40~60 cm	60~100 cm	
1	3.40	2.78	2.98	3.01	2.40	1.53	1.233
2	4.52	3.19	3.21	3.15	2.41	1.43	1.186
3	2.83	2.50	3.32	3.44	2.70	1.55	1.083
4	6.18	2.65	3.70	3.63	2.77	2.40	1.258
5	4.80	3.46	3.37	3.19	3.28	1.85	1.076
6	4.39	3.24	3.17	2.69	1.98	1.33	1.076
7	3.62	2.07	2.24	1.87	2.25	1.40	1.148
8	4.33	2.91	2.53	2.61	2.17	0.98	1.216
9	3.63	2.05	2.19	2.61	2.18	1.62	1.314
剖面形态	0~29 cm 沙壤　　29~48 cm 或 29~80 cm 粉沙壤　　40 cm 以下或 80cm 以下砂土						

从表 2 可看出,0~5 cm 土壤中含盐最高,5~15 cm 含盐量减少,这是由于水分蒸发后将下层盐分带入表层,15~25 cm、25~40 cm 土层内含盐量各点变化不一样,有的剖面点比上层增加,而有的减少,而 40 cm 以下土壤含盐量比上层均减少,说明 40 cm 以上是在自然条件下土壤盐分活动层。在自然条件下,积雪融化的水和雨水进入土壤中,将土壤中的盐分带入下层,而高温时,土壤水分蒸发,又将下层土壤中的盐分带到上层,而距地面40 cm 左右的土壤颗粒较细,土壤孔隙度较小,阻隔了水盐的下移,使得 40 cm 以上盐分含量高于下层。如此循环往复,形成了如表 2 中所示的盐分分布状态。

3.2　在滴灌过程中土壤中盐分运移规律

3.2.1　在重盐荒地上第 1 年滴灌种植土壤中盐分移动规律

在 121 团 10 连一块未耕种过的 10 亩盐荒地上,2000 年进行了滴灌种植,种植作物为打瓜,播期为 7 月 1 日,在 7 月 21 日取灌水前(7 月 24 日滴水)土样,7 月 30 日取灌水后土样及最后一水(8 月 28 日滴水)前(8 月 27 日)后(9 月 7 日)各取一次,打瓜长势好的取一剖面点,长势差的取一剖面点,取土深度为 0~40 cm,5 条纵向线,剖面布点示意图见图 1,4 次取样总盐结果如表 3 所示。

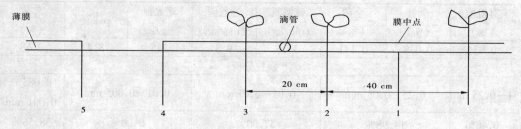

图 1　打瓜地剖面取样布点示意图

表3 打瓜地滴水前后盐分变化

日期	深度(cm)	长势好(%)					长势中(%)				
		1	2	3	4	5	1	2	3	4	5
7月21日	0~5	0.62	0.68	0.75	3.37	5.72	1.59	1.44	0.41	3.37	5.72
	5~10	0.66	1.02	0.59	2.67	3.22	1.22	1.27	0.62	2.67	3.23
	10~20	1.33	0.89	0.58	1.54	2.20	1.08	1.08	0.58	1.54	2.2
	20~30	0.47	0.44	0.4	0.73	1.28	1.25	0.94	0.9	0.73	1.28
	30~40	0.4	0.17	0.17	0.26	0.95	0.96	0.56	0.25	0.26	0.96
平均		1.24					1.45				
7月30日	0~5	1.53	0.74	1.01	2.37	6.21	0.84	0.72	0.85	2.11	3.53
	5~10	0.9	0.82	0.72	2.2	2.98	1.56	0.82	0.83	1.29	1.89
	10~20	0.84	0.85	0.91	1.52	2.14	0.92	0.87	0.88	1.06	1.59
	20~30	0.59	0.73	0.32	0.96	1.93	0.58	0.69	0.78	1.14	1.66
	30~40	0.36	0.31	2.5	6.21	1.22	0.56	0.29	0.45	1.43	1.76
平均		1.63					1.63				
8月27日	0~5	0.89	0.35	0.46	4.16	4.76	0.86	0.23	0.31	3.54	4.55
	5~10	0.94	0.74	0.72	2.81	2.68	0.64	0.24	0.24	1.39	1.95
	10~20	0.78	0.76	0.78	1.69	2.2	0.6	0.73	0.64	0.65	1.41
	20~30	0.36	0.5	0.51	0.64	1.75	0.84	0.74	0.57	0.92	1.08
	30~40	0.16	0.22	0.26	0.48	0.87	0.61	0.44	0.57	0.93	1.23
平均		1.22					1.03				
9月7日	0~5	1.43	0.73	0.4	1.88	5.12	0.89	1.5	0.46	2.94	4.33
	5~10	1.26	1.03	0.52	1.4	3.39	1.12	1.07	0.28	1.96	3.85
	10~20	1.26	0.93	0.66	0.71	2.28	1.12	0.59	1.09	1.37	2.7
	20~30	1.04	0.91	0.95	0.4	1.84	0.93	0.55	0.99	0.9	2.01
	30~40	0.85	0.54	0.27	0.6	1.42	0.65	1.05	1.14	1.18	2.07
平均		1.27					1.47				

为了更形象地表现土壤剖面盐分分布,从表3中可看出,第5条线(棵间)下土壤中含盐量高,灌后均稍高于灌前,第4条线(靠苗下棵间)下在灌后均低于灌前,第1条线(膜中点)下灌后上层盐分增加,中间减少,说明中间盐分向上移动,最后一水后盐分均较前增加,说明盐分聚集。1、2条线(苗下)含盐量均较少。苗期长势差的剖面点,土壤表层含盐量较高,抑制了打瓜苗的生长,到7月30日取样时,打瓜苗开始恢复生长,从表3可看出,7月21日灌前土壤表层含盐量较高,灌水后,苗下土壤中盐分下移,表层土壤盐分下降,作物开始生长。说明耕作层土壤含盐量>1%时作物生长受阻,但经过膜下滴灌水分的作

用,将作物根系下部盐分向外运移,为作物根系生长区域创造了良好的水盐环境,使作物恢复生长,降低了盐碱对作物的危害,这就是为什么盐荒地上第一年种植的作物前期几乎不长,而经过几次滴水灌溉后,开始恢复生长的原因。

3.2.2 经过3年耕种的土壤在滴灌时的盐分运动规律

121团6连一块200多亩的盐荒地,第一年用喷灌进行种植,结果颗粒无收,第2年、第3年用滴灌种植,籽棉达212 kg/亩,2000年是第4年种植,我们在此地上取样进行土壤盐分动态分析,在中间一水及最后一水前后取样,因最后一水井泵坏了,未滴水,最后一水后土样未取成,所以只有3次的,取样布点如图2所示,从膜右向棵间每隔15 cm一条纵向线向下取1 m,7层,分别为0~3 cm、3~10 cm、10~20 cm、20~30 cm、30~40 cm、40~60 cm、60~100 cm。土样盐分变化如表4所示。

表4　灌水前后土壤盐分变化

层次	距滴头距离(cm)	盐分(%)						
		日期	0~3 cm	3~10 cm	10~20 cm	20~30 cm	30~40 cm	40~60 cm	60~100 cm
1	45	7月18日	0.83	0.29	0.391 2	0.692	0.450 9	0.562	0.577 8
		7月30日	0.06	0.52	0.87	1.05	1.09	1.1	1.42
		8月30日	0.75	0.43	0.51	0.72	1.23	0.86	0.98
2	30	7月18日	0.34	0.71	0.464 6	0.306	0.534 7	0.62	0.642 6
		7月30日	0.8	0.57	0.46	0.83	0.92	0.82	1.04
		8月30日	0.84	0.59	0.5	0.67	0.78	0.86	0.95
3	15	7月18日	0.15	0.14	0.136 1	0.15	0.491 5	0.484	0.416 2
		7月30日	0.14	0.28	0.64	0.55	0.9	0.63	1.27
		8月30日	0.55	0.63	0.87	0.97	0.87	0.84	1.1
4	滴头下	7月18日	0.09	0.13	0.45	0.33	0.39	0.47	0.81
		7月30日	0.19	0.13	0.2	1.18	0.78	0.68	1.37
		8月30日	0.15	0.31	0.72	0.92	0.96	0.95	1.43
5	15	7月18日	0.4	0.43	0.35	0.68	0.81	0.83	0.88
		7月30日	0.33	0.2	0.23	0.47	0.91	0.64	1.31
		8月30日	0.52	0.6	0.45	0.69	0.79	0.84	0.91
6	30	7月18日	2.85	1.11	1.2	1.18	0.67	0.78	0.85
		7月30日	2.39	0.87	0.75	0.7	1	0.72	1.27
		8月30日	2.84	1.23	0.86	0.9	1.13	0.88	0.93
7	45	7月18日	2.92	0.99	0.74	0.91	0.84	0.91	0.99
		7月30日	4.06	1.5	0.95	0.96	0.95	0.82	1.55
		8月30日	3.78	1.34	0.68	0.75	1.2	1	1.24

我们将土壤盐分分为3个级别:<0.6%为极轻盐化土,作物正常生长,为低盐区;

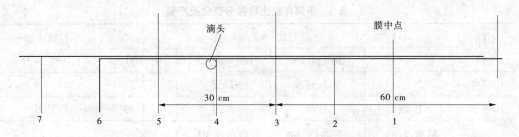

图2　200亩棉花地取样布点图

0.6%～1.5%为中盐区,作物生长受一定程度影响;>1.5%为高盐区,作物难以生长。从表4可看出,7月18日(7月14日滴水、7月25日滴水)取样时,因土壤湿度较大,靠膜中点及两行苗下土壤内盐分含量较低,棵间下面土体内土壤盐分含量较高,7月30日取土时土壤湿度相对较小些,滴头下及两行苗下土体内土壤盐分向下移动,8月30日取土时(滴水后19天)土壤湿度更小,土体内下层盐分又向上移动,膜中点下土壤表层积盐,棵间下土壤表层也积盐。从表4中可以看出,随水分的蒸发减少,土壤中盐分随水分向上移动,在滴头下形成的盐分淡化区向上移动。靠膜中点下区域土壤水分较棵间下区域土壤水分蒸发得慢些,因此低盐区偏向膜中点下土壤。

3.3　滴灌种植土壤盐分年内变化

在121团6连200亩棉花地上,我们按网状布点9个,分别在播前、收后取1m 6层土样进行分析,因播前取样时,土壤耕作层是混匀的,土壤盐分较均匀,收后取样时地未犁,为了取样层次准确,取样点均选在棵间,而棵间下土壤经过十几次的滴水形成积盐区,盐分含量相对较其他处要高。将9个点每层盐分平均后作物播前收后土壤盐分垂直分布图(见图3)。

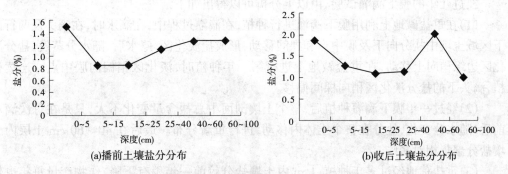

(a)播前土壤盐分分布　　　　　　　(b)收后土壤盐分分布

图3　200亩棉花地播前收后土壤盐分垂直分布图

从图3可看出,播前0～10 cm土壤内盐分含量较高些,10～20 cm土壤含盐量相对较低些,20 cm以下又高些,收后土壤盐分分布规律近似于播前,但40 cm土壤内含盐相对较高些。说明经过一年滴灌种植后,土壤内盐分40～60 cm处聚积最多。

3.4　不同年度土壤盐分变化及产量

121团6连200亩地,1997年开始种植,到2000年4年间土壤盐分变化及产量如表5所示。

表 5　不同年度土壤盐分变化及产量

不同年份	总盐（%）				籽棉产量（kg/亩）
	0～30 cm	30～60 cm	60～100 cm	0～100 cm	
1997 年	2.91	2.37	1.62	2.23	
1998 年	1.35	1.76	1.23	1.43	53.6
1999 年	最高:1.87 最低:0.12	最高:2.23 最低:0.14	最高:1.92 最低:0.34		212.7
2000 年	最高:2.1 最低:0.38	最高:1.73 最低:0.34	最高:1.57 最低:0.35		237.6

从表 5 可看出,1997 年 0～30 cm 土壤盐分含量较高,达 2.91%,1998 年降至 1.35%,说明 1997 年用喷灌压盐洗去一部分盐,1998 年用滴灌种植后,因整块地土壤盐分差异较大,中间地块的盐分含量高些,东西两块地北边盐分低,南边高,1998 年取的是混合样,1999 年、2000 年按网状点取样,2000 年因在收后未犁地前取,取的是棵间土壤,0～30 cm 土壤含盐量要高些,而 30 cm 以下要低于 1999 年。

从产量上看,1999 年较 1998 年增产幅度要大些,增产 159 kg/亩,2000 年增产幅度低些,增产 24.9 kg/亩,因此块地盐分含量差异大,含盐量高的地方作物产量较低,影响了总产。

4　结　论

经过几年的膜下滴灌试验,由以上分析可以得出如下结论:

(1)在重盐碱地上利用膜下滴灌进行种植,在滴灌过程中,在滴水时,在滴头及两行苗下区域土壤中盐分向下及膜中点和棵间移动,形成盐淡化区,停水后,随水分蒸发,盐分淡化区边缘稍向上移动,在重盐碱地上进行第一年种植时,淡化区稍偏向膜中点。连续种植,滴头下的盐分淡化区稍向棵间偏移。

(2)经过一年膜下滴灌种植后,整个土壤剖面中总盐含量变化不大,只是在每次滴水前后,随水分变化,盐分在整个土体内移动,进行重新分布。最后在 40～60 cm 土层内土壤盐分聚集相对多些。

(3)重盐荒地经过多年种植,1 m 内土壤盐分较前一年稍有下降,作物产量每年也较前一年提高。这是因为经过种植后,每年的作物在秋后被翻入土壤中,大量有机体进入土壤,经过微生物分解转化为有机质,提高了土壤肥力,又增加了微生物数量,淡化了土壤盐分,降低了盐碱的危害作用,保证了作物的正常生长。

上海市合理高效雨水利用模式

盛　平　　许鑫华　　黄光辉　　高昊旻

（上海市佘山农田水利试验站）

上海市是个水质型缺水城市,水量丰富,但优质水较少,影响到农作物的生长和食品的安全,这已成为制约上海可持续发展的主要因素之一。随着现代农业的不断发展和农业产业结构的调整,经济作物种植面积大幅度增加,特别是以种植创汇蔬菜、出口花卉和绿色"无公害"蔬菜为最多。这些作物的生产对水质的要求相当严格,优质水的缺乏制约了上海市绿色农业的发展。上海市雨水水质优良,水量丰富,是非常宝贵的优质水资源,是理想的绿色"无公害"蔬菜的灌溉水源,也是水质型缺水城市获取优质水资源的重要途径,为此开展绿色农业园区雨水资源集蓄利用技术研究。

1　研究内容

绿色农业园区雨水资源集蓄利用技术研究首先通过雨水资源化技术研究和雨水资源化工程模式研究,最后总结出合理高效的雨水利用模式。雨水利用集蓄技术包括集雨系统、输水系统、净化系统、存贮系统和田间节水系统,为了全面探索上海自然特征的农业灌溉雨水利用技术,开展以下研究工作。

1.1　上海雨水资源评价

通过对上海市雨水资源的质量与数量的分析,探索雨水在农业灌溉利用上的可能性。

1.2　降水可利用量评价研究

在五库现代农田水利园区的大棚中,建立径流测定场,研究雨水收集系统的效率,以确定雨水蓄水设施容积计算方法。

1.3　集雨节水高效灌溉制度研究

为了节约有限的雨水资源,降低生产成本,必须研究节水的灌溉制度,有效提高水的利用效率。

1.4　蓄水工程形式对水质影响研究

按照灌溉水质标准对五库现代农田水利园区雨水利用系统水质进行分析,对已建农业灌溉雨水利用项目的不同材质贮水池水质进行取样分析,并对国内引进温室的雨水利用装置进行调查研究,了解其经多年运行后的雨水水质变化情况。

1.5　灌溉水质修复研究

为了确保灌溉水质,当贮存的雨水水质被污染或引入水质较差的河水补充后,要研究必要的技术措施对水质进行修复。

1.6　适宜集雨利用的灌溉系统研究

由于雨水资源与集雨容蓄量的有限性,不能无限地使用雨水资源,因此必须采用节水的灌溉技术,才能充分发挥雨水资源的效益。

1.7 酸雨预防技术研究

酸雨可使农作物大幅度减产,并对人体健康、生态系统产生直接和潜在的危害。上海的降雨呈酸性,通过研究,制定预防酸雨对农作物危害的措施。

1.8 制定合理高效雨水利用实施方案

综合本课题的研究成果,研究雨水资源化对经济、环境影响的评价,以确定其大面积推广的可行性,并制定在上海市开展农业灌溉雨水利用的实施方案,为大规模推广应用提供技术指导。

上述各项研究成果表明,利用雨水进行农业灌溉以解决上海市水质型缺水的问题,其应用技术具备了实用性和可操作性。

2 上海市雨水利用可行性分析

2.1 雨水灌溉作物符合绿色食品标准

农业灌溉雨水利用的目的是生产达到国家有关标准的优质农产品,在课题研究中,将利用雨水灌溉的农作物送农业部食品质量监督检验测试中心(上海)进行化验,结果表明,送检的作物各项指标都优于国家制定的绿色食品标准,为上海市的创汇农业与绿色食品生产提供了优质水源保证,雨水利用具有广阔的推广前景。

本课题试验中,送检了两处利用雨水灌溉的农作物样本,一处为五厍现代农田水利园区利用雨水灌溉的农作物,一处是在佘山试验站内利用雨水灌溉的农作物样本。

五厍现代农田水利园区利用雨水在连栋大棚内对种植的黄瓜、菜豆、番茄三种作物进行灌溉,并对作物的果实进行测定。测定结果各项指标优于国家制定的绿色食品标准,结果见表1。

表 1 五厍现代农田水利园区果实测试表

序号	检验项目	单位	标准要求	检验结果			结论
				番茄	黄瓜	菜豆	
1	锌(Zn)	mg/kg	≤20	1.8	1.6	4.1	合格
2	镉(Cd)	mg/kg	≤0.05	0.022	0.006 5	<0.002	合格
3	汞(Hg)	mg/kg	≤0.01	<0.000 10	0.003 6	<0.000 11	合格
4	砷(As)	mg/kg	≤0.2	<0.000 10	<0.000 095	<0.000 11	合格
5	氟(F)	mg/kg	≤1.0	0.18	0.10	0.17	合格
6	硒(Se)	mg/kg	≤0.1	0.007 2	0.002 8	0.014	合格
7	六六六	mg/kg	≤0.05	0.001 8	0.005 7	0.002 2	合格
8	滴滴涕	mg/kg	≤0.05	<0.004	<0.004	<0.004	合格
9	倍硫磷	mg/kg	≤0.05	<0.01	<0.01	<0.01	合格
10	敌敌畏	mg/kg	≤0.1	<0.01	<0.01	<0.01	合格
11	杀螟硫磷	mg/kg	≤0.2	<0.01	<0.01	<0.01	合格
12	乐果	mg/kg	≤0.5	<0.01	0.013	<0.01	合格

佘山农田水利试验站利用雨水对黄瓜、菜豆、番茄进行灌溉试验,并对其果实进行测定(见表2)。

表2　佘山农田水利试验站果实测试表

序号	检验项目	单位	标准要求	检验结果			结论
				番茄	黄瓜	菜豆	
1	锌(Zn)	mg/kg	≤20	2.3	1.6	4.4	合格
2	镉(Cd)	mg/kg	≤0.05	0.004	0.005 6	<0.003	合格
3	汞(Hg)	mg/kg	≤0.01	0.001 3	<0.000 096	0.009 6	合格
4	砷(As)	mg/kg	≤0.2	<0.000 1	<0.000 096	<0.000 11	合格
5	氟(F)	mg/kg	≤1.0	0.47	0.14	0.57	合格
6	硒(Se)	mg/kg	≤0.1	0.003 8	0.001 6	0.008 1	合格
7	六六六	mg/kg	≤0.05	<0.000 8	0.006 6	<0.000 8	合格
8	滴滴涕	mg/kg	≤0.05	<0.004	<0.004	<0.004	合格
9	倍硫磷	mg/kg	≤0.05	<0.01	<0.019	<0.01	合格
10	敌敌畏	mg/kg	≤0.1	<0.01	<0.01	<0.01	合格
11	杀螟硫磷	mg/kg	≤0.2	<0.01	0.019	<0.01	合格
12	乐果	mg/kg	≤0.5	<0.01	<0.01	<0.01	合格

通过上述两个雨水灌溉试验,证实利用雨水灌溉绿色食品和无公害食品的生产是可行的,也证实了在水质型缺水地区,利用雨水资源进行绿色食品生产是一条有效的途径。

2.2　农业灌溉雨水利用具有较好的经济效益与社会效益

2.2.1　经济效益

2.2.1.1　投资

松江区五库现代农田水利园区集雨系统由塑料大棚棚顶集雨系统、管道输送系统、贮水池土方开挖、水池护岸、绿化配套等组成,总投资为164.5万元,平均每亩投资329元。

2.2.1.2　效益值

松江区五库现代水利园区的雨水利用灌溉工程建成后,取得了明显的经济效益,加快了招商引资的步伐,从原来农民不愿种植的低洼地一跃变成了出口创汇的重要基地,平均年亩产值从原来的800元提高到13.5万元,同时吸纳了大量的农村剩余劳动力,增加了农民收入。松江五库现代农田水利园区建成后,由于利用雨水进行灌溉,经济效益有了质的飞跃,亩产最高达50万元。园区每年收取租金每亩2 500元,水利效益分摊系数为0.3,每亩水利效益为750元,500亩为37.5万元。

2.2.1.3　运行费用

社会投资折现率取 $i=7\%$,经济分析其综合各工程设施取为 $n=20$ 年,工程概算总投资 $K=164.5$ 万元。工程年运行费包括年运行管理费和年维修费。年运行管理费以自动化泵站电脑记录,全年运行费用16 180元,平均每亩32.26元。年维修费综合分析取为总投资的 3.0%,共 4.935 万元,则工程年运行费 C 为 6.553 万元。

2.2.1.4　项目经济评价

根据中华人民共和国行业标准《水利建设项目经济评价规范》(SL72—94)进行水利园区经济效益分析。

(1)经济内部收益率(EIRR)为 17%,大于社会折现率 7%,该项目在经济上是合理的。

(2)净现值(ENPV)为 173.33 万元,当 ENPV≥0 ,该项目在经济上是合理的。

(3)经济效益费用比(EBCR)为 2.54,当 EBCR≥1.0 时,该项目在经济上是合理的。

经上述经济内部收益率、经济净现值、经济效益费用分析,该项目的经济效益是显著的。

2.2.2　社会效益

雨水收集系统的建设,为改善松江城区热岛效应和净化空气质量,提供一块绿色"心肺",改善了投资环境,对吸引各类投资、推动上海市的经济发展起到了积极作用。

2.2.3　生态效益

雨水收集优化水质工程项目的实施,推动了节水增效灌溉技术的发展,减少了农田灌溉水量,同时也降低了土、肥、农药流失量,减轻了河水污染程度,改善了区域水环境,为发展有机农业、无公害蔬菜等绿色农产品提供了有利条件,改善了园区生态环境,体现了人与自然的和谐统一。

2.3　上海市雨水资源充沛,大量河道可容蓄雨水

2.3.1　雨水产生的径流能满足农业用水的需要

根据 1997~2002 年上海市水资源公报统计,年降雨产生的径流都大于全市总的农业用水量,且有较大的盈余。因此,上海市的雨水资源充沛,具备了农业灌溉雨水利用的基础条件。1997~2002 年径流与农业用水见表 3。

表 3　1997~2002 年径流与农业用水表　　　　　　　(单位:亿 m³)

年份	水平年	年降雨量(mm)	径流	农业用水(包括林果、渔业)	供农业用水盈余
1997 年	偏丰年	1 105.7	29.55	24.49	5.06
1998 年	中等偏丰	1 155.2	27.35	23.7	3.65
1999 年	丰水年	1 626.8	60.32	17.55	42.77
2000 年	偏丰年	1 177.2	30.74	15.31	15.43
2001 年	偏丰年	1 367.1	42.28	13.72	28.56
2002 年	偏丰年	1 388.2	46.07	11.98	34.09
合计		7 820.2	236.31	106.75	129.56

2.3.2　有大量河道的槽蓄雨水

上海市有丰富的雨水可供农业灌溉,但由于降雨时空分布不均匀,多集中在每年 6~9 月,春、秋、冬季为缺水干旱期,需要建造贮水池容蓄雨季的降水,以供干旱季节使用。贮水池可以实地开挖,也可以利用原有河道进行改造利用。据上海市水资源普查资料,全

市河道中,市级河道43条,区(县)级河道281条,乡(镇)级河道2 511条,村级河道20 952条,市级湖泊2个,区(县)级湖泊14个,乡(镇)级湖泊5个,河湖总容蓄量9.56亿 m³。各级河道、湖泊槽蓄量见表4、表5。

表4 各级河道槽蓄量

级别	河道条数 (条)	河道总长 (km)	水面积 (km²)	河道面积 (km²)	槽蓄容量 (万 m³)
市级河道	43	650.00	70.07	83.71	51 841.52
区(县)级河道	281	2 552.10	62.60	84.48	11 613.90
乡(镇)级河道	2 511	6 181.88	73.52	109.42	7 559.85
村级河道	20 952	12 262.31	140.03	195.54	13 747.26
合计	23 787	21 646.29	346.22	473.15	84 762.53

表5 各级湖泊槽蓄量

级别	湖泊个数(个)	湖泊面积(km²)	槽蓄容量(万 m³)
市级湖泊	2	49.70	9 159.94
区(县)级湖泊	14	8.03	1 441.15
乡(镇)级湖泊	5	1.59	285.63
合计	21	59.32	10 886.72

从表4、表5资料可看出,上海河湖的槽蓄量很大,利用原有河、湖容蓄贮存雨水,具有很大的潜力,关键是改造原有河道时,要正确处理好防汛排水通畅,防止外来水源污染。

3 农业灌溉雨水利用实施方案

雨水利用需要建设集雨系统、输水系统、净化系统、存贮系统等工程才能将水引入田间,发挥灌溉作用。在利用过程中要根据应用单位的自然条件、经济实力、种植作物对水质的要求等要素,选定实施方案。

3.1 雨水收集系统

收集雨水的集雨面称为集雨场。集流材料可为天然的土质、石质场所,也可为人工建造的水泥集雨场,还可以利用现有建筑物顶收集雨水。在上海地区由于地形平坦,土地资源缺乏,雨水利用一般应用于价值较高的保护地栽培的农作物。因此,集雨场可以利用保护地的温室室顶和塑料大棚棚顶,如水量不足,可以增加园区内地面收集的雨水。利用温室或大棚收集雨水,水质有保证。利用地面收集雨水投资较小,但会使疏松表层土壤冲入集水池中,集雨水质会受土壤矿物质含量的影响,还要防止生活污水和禽畜污水污染雨水水质。

3.2 雨水输送系统

雨水的输送可采用天然水道、管道、土渠和衬砌渠道。在应用温室、大棚集雨时,可利用管道输送雨水,能避免二次污染,但投资较高。一般的作物可用衬砌渠道输送雨水。由于雨水资源宝贵,为了防止渗漏与污染,不宜采用土质渠道输水。无论采用何种形式输送雨水,一定要使园区内的排水系统与输雨系统严格分流。

如用大棚棚顶收集雨水,依据试验结果,其雨水利用系数为95%;如用地面集雨,雨水利用率为90%。

3.3　雨水的贮存系统

在课题研究中,对土底、橡塑、水泥、塑料等材料建造的贮水池进行水质化验,结果表明,底部采用橡塑材料为最佳,其次为土质无底池,再次为水泥池,最后为塑料池。

橡塑材料水池对雨水水质的维护最好,材料释放的有害物质较小,是一种性能稳定、使用最广泛的水池材料,国外引进的温室集雨系统全部采用橡塑材料,但其造价较高,如集雨系统中分设蓄水池和净水池,其中净水池必须选用橡塑材料。

土质水池其生态效果最好,可以有效地与地下水交流,利用水池中的生物净化水质,碱性的土壤能防止酸雨对农作物的危害,工程造价最低。但它会使所收集的雨水产生渗漏损失,土壤中可溶性矿物质会对雨水水质有一定的影响,土质水池宜用于初级蓄水池。

水泥池的混凝土中的矿物质会对水质有一定的影响,刚性的结构受不均匀沉陷的影响易开裂变形,影响使用寿命。

塑料材料中的添加剂中含有有毒物质,对水质有一定的影响,且在太阳光紫外线的作用下,易老化,影响使用寿命,因此在集雨工程中不宜采用塑料水池。

为了防止地面径流及农田排水对雨水造成二次污染,有条件的集水池可修筑围堰。

3.4　雨水水质修复

利用已污染水灌溉农作物,对作物的生长和人体产生危害,当贮存的雨水被外源污染后,要对水质进行修复,生态修复技术是最佳的选择。人工复合湿地处理技术是从生态原理出发,根据污水处理的目的,加以强化和改造。它具有净化效果好、工程建设与运行费用低、适用于农村分散处理污水、操作简便、美化环境等优点,但投资较大,需占用一定的土地面积。在雨水利用系统建设中,如种植区周边水环境较好,无外来污染的影响,所种植作物对水质要求不十分严格,可以不建造雨水水质修复系统。

3.5　雨水利用的灌溉技术

由于雨水是受气候影响的有限水资源,数量较少,又必须修建集蓄工程才能提供应用,需要有一定的投资。因此,在农业利用中,必须采取节水灌溉技术,其中滴灌是首选。

3.6　雨水利用的作物灌溉制度

根据作物的需水要求,制定节水灌溉制度是节约宝贵的雨水资源、促进作物增产的重要技术措施之一。课题研究表明,对蔬菜作物,在面灌的情况下,平均日耗水量为3.6～4.7 mm,在设计贮水池容积时,可根据作物植株大小,在此范围内选用。如采用滴灌技术,其平均日耗水量可略低于上述范围。

3.7　防止酸雨危害的措施

酸雨对作物的生长危害很大,可使作物叶面枯黄、蛋白质含量下降,最终造成作物减产。我国的酸雨区有逐步扩大的趋势,上海市的降雨也呈酸性,但还未达到危害的程度,因此在雨水利用中不能忽视酸雨的危害。在本课题研究中,专题探索了利用上海市境内土壤呈碱性的特点,通过自然生态的作用,使酸性雨水与碱性土壤亲密接触,加强水体与土壤的离子交换,减弱并中和雨水中的酸度,以防止酸雨对农作物的危害。通过实际观测分析表明,利用土质水池贮存雨水,能有效地改善雨水的酸性,是投资少、效率高的防止酸雨危害的技术措施之一。

4 结 论

(1)雨水利用对于水质型缺水城市,是获取优质水资源的重要途径,对上海市发展都市型农业具有十分重要的意义。

(2)上海市雨水资源充沛,所产生的径流能满足农业用水的需要,有大量河道的槽蓄雨水,雨水灌溉作物符合绿色食品标准,农业灌溉雨水利用具有较好的经济效益与社会效益,因此上海市雨水利用是可行的。

(3)对于现代农业园区,集雨场可以利用保护地的温室室顶和塑料大棚棚顶,如水量不足,可以增加园区内地面收集的雨水,要防止生活污水和禽畜污水污染雨水水质。

(4)在应用温室、大棚集雨时,可利用管道输送雨水,能避免二次污染,但投资较高。一般的作物可用衬砌渠道输送雨水,要使园区内的排水系统与输雨系统严格分流。如用大棚棚顶收集雨水,其雨水利用系数为95%,如用地面集雨,雨水利用率为90%。

(5)对土底、橡塑、水泥、塑料等材料建造的贮水池进行水质化验,结果表明,底部采用橡塑材料为最佳,其次为土质无底池,再次为水泥池,最后为塑料池。

(6)利用已污染水灌溉农作物,对作物的生长和人体产生危害,当贮存的雨水被外源污染后,要对水质进行修复,生态修复技术是最佳的选择。

(7)由于雨水是受气候影响的有限水资源,数量较少,又必须修建集蓄工程才能提供应用,需要有一定的投资。因此,在农业利用中,必须采取节水灌溉技术,其中滴灌是首选。

(8)酸雨对作物的生长危害很大,上海市的降雨也呈酸性,在雨水利用中不能忽视酸雨的危害。试验观测分析表明,利用土质水池贮存雨水,能有效地改善雨水的酸性,是投资少、效率高的防止酸雨危害的技术措施之一。

参 考 文 献

[1] 水利部.灌溉与工程设计规范(GB50288—99).北京:中国水利水电出版社,1999
[2] 水利部.农田灌溉水质标准(GB5084—92).北京:中国水利水电出版社,1992
[3] 汪松年,阮仁良.上海市水资源普查报告.上海:上海科学技术出版社,2001

河南省人民胜利渠地下水
补给量的分析与计算

王卫民

（河南省人民胜利渠管理局）

人民胜利渠灌区位于平原地区,地下水自然坡降小,约1/4 000,水平运动微弱,而且进出灌区的水力坡降相当,地下水出入相抵,地下水动态变化主要取决于垂向的补给和排泄,属于入渗—蒸发—开采型。从本区具体情况来看,地下水补给源主要有两个方面:一是降雨入渗补给,二是灌溉入渗补给。

1　降雨入渗补给

一般情况下,灌区在非汛期地下水埋深较大,降雨量也较小,所以地下水入渗补给主要集中在汛期。通过对灌区内降雨入渗观测试验,补给系数实际测算值为0.11。此值由雨后一日观测值计算,故偏小。后又根据灌区不同年份降雨后3日观测结果计算分析(见表1),降雨入渗补给系数为0.18。

由降雨入渗补给系数和不同水文年的降雨量计算出各水文年的降雨入渗补给量见表2。

表1　降雨入渗补给系数

观测地区	观测日期(年-月-日)	降雨量(mm)	补给系数
全灌区	1996-08-01～08-11	91.0	0.123
灌区西部	1996-06-01～09-21	610.2	0.208
	1997年雨季	340.5	0.268
试验区	2003-06	80.5	0.110
平均			0.18

表2　降雨入渗补给量

水文年	湿润年	平均年	中旱年	干旱年
降雨量(mm)	658.2	521.0	447.0	376.4
补给量(亿 m³)	1.40	1.11	0.95	0.80

2　引黄灌溉入渗补给

2.1　灌溉入渗补给系数

根据水量平衡试区资料和全灌区灌水及地下水位资料分析,灌溉入渗补给系数为0.37(见表3)。

表3 灌溉入渗补给系数

灌水量 (万 m³)	同期降雨		总水量 (万 m³)	地下水埋深(m)			土壤给水度	面积 (km²)	入渗系数	备注
	雨量 (mm)	折水量 (万 m³)		灌前	灌后	ΔH				
179.7	1.1	2.3	182.0	3.073	2.516	0.557	0.06	21.016	0.39	试验区
183.5	1.4	2.9	186.4	2.970	2.425	0.542	0.06	21.016	0.37	试验区
6 800.8	12.9	1 244.3	8 045.1	2.93	2.44	0.49	0.06	964.6	0.35	全灌区
平均									0.37	

2.2 灌溉入渗补给量

通过对灌区 1980～2000 年的灌溉用水量统计,全灌区灌溉水量在 3.1 亿～5.4 亿 m³,另通过排频分析及计算,全灌区灌溉入渗补给量如表4所示。

表4 灌溉入渗补给量

水文年	湿润年	平均年	中旱年	干旱年
灌溉水量(亿 m³)	3.50	3.93	5.14	5.41
补给量(亿 m³)	1.30	1.45	1.90	2.00

3 地下水总补给量

由上面的计算结果,可算出全灌区地下水总补给量(见表5)。从表5可以看出,灌溉补给量占总补给量的 48%～71%,引黄灌溉不但是灌区的直接灌溉水源,而且也是本区地下水的主要补给源。地下水总补给量每年高达 2.5 亿～2.9 亿 m³,折合地下水位上升 3.5～4.1 m。因此在加强引黄灌溉的同时,还要重视开采地下水,将节约的地表水用以扩大灌溉面积,增加粮食生产能力。

表5 全灌区典型年地下水补给量

水文年	湿润年	平均年	中旱年	干旱年
降雨补给(亿 m³)	1.40	1.11	0.95	0.80
灌溉补给(亿 m³)	1.30	1.45	1.90	2.00
总补给量(亿 m³)	2.70	2.56	2.85	2.80
灌补/总补(%)	48	57	67	71

辽宁朝阳地区旱涝规律及气候分析

于秀芹

（建平县灌溉试验站）

辽宁朝阳地区位于内蒙古东部、华北北部、东北西部,地处东经 119°18′36″,北纬 41°47′18″,地面海拔 512 m。因而气候资源属北温带大陆性季风气候区,也受内蒙古高原冷空气入侵频繁,形成了半干旱、半湿润气候特点。

该地区为了提高种植业的经济效益、增加农民收入,以气象条件为主导,进行合理布局,战胜自然灾害,引进新品种,掌握气候变化,大力开展高产、优质、高效农业综合开发,主要种植玉米、小麦、烤烟、蔬菜等,给农民带来可观的经济效益。

1 气候分析

1.1 四季气候特点

春季(4～5月):干旱多风,尤其在 1999 年、2000 年春季还出现沙尘暴天气。进入 4 月中旬以前是过渡性季节,南北风变换不定,谷雨以后才有明显的春季特点。春季经常发生旱情,有时旱情可延迟到 6 月中旬。一般年份 5 月 16 日左右就可以解除旱情,但是在大旱的 1984 年、1986 年、2001 年,直到 6 月 15 日才解除旱情。

夏季(6～8月):天气炎热,旱涝交错,雨水集中,并且有雨季突然到来的特点。往往是春季旱期不断延长后,突降大雨而进入汛期,并有雷雨天气和冰雹灾害。

秋季(9～10月):多晴好天气,秋季维持时间短,一般在 9 月 20 日左右见霜。由于太阳辐射能量减少,冷空气开始入侵,气温平均每月下降 2～3 ℃,温度日差较大,云量减少,日照充足,秋高气爽,能见度较高。10 月中旬以后,就明显向冬季过渡,并开始降雪。

冬季(11～翌年3月):漫长而干寒,雪少而多风,从 11 月中旬以后进入隆冬,但几乎没有大雪出现,多数是小雪或零星小雪。冬季以干燥天气为主,常有寒潮袭来,最低气温可达 -25～ -35 ℃。

1.2 气温特点

该地区历年平均气温 7.0 ℃,出现气温最高年份是 2002 年,出现气温最低年份是 1985 年 ,年际相差 2.8 ℃。

一年中以 7 月温度为最高,月平均气温 25.7 ℃,1 月气温为最低,月平均温度 -13.9 ℃。由冬季进入夏季这半年,气温回升快,相反由夏季转入冬季这半年,温度明显下降。夏季月平均气温都在 20 ℃ 以下,最高可达 26 ℃。6 月下旬至 7 月中旬是最高气温达 30 ℃ 以上的高温期。冬季 1～2 月平均气温低于 -10.9 ℃,1 月中旬至下旬是最低气温在 -21 ℃ 以下的低温期。历年平均稳定通过 0 ℃ 的日期为 3 月 27 日,土壤开始解冻,稳定通过 5 ℃ 的日期为 4 月 12 日,土壤化通,4 月下旬气温可稳定通过 10 ℃,进入播种盛期,5 月 20 日左右气温稳定通过 15 ℃,作物进入出苗期。

该地区历年≥10 ℃有效积温为 3 262 ℃,基本上满足作物生长发育需求。历年有效积温出现最高的年份是 2001 年,有效积温 3 462 ℃,出现最低的年份是 1979 年,有效积温 2 828 ℃,年际相差 634 ℃。

1.3　降水特点

该地区历年降水量 413.8 mm,出现降水量最多的年份是 1990 年,为 581.7 mm,降水量最少的年份是 1981 年,为 217.2 mm,年际相差 364.5 mm。

冬季(11~翌年 3 月):大部分年降水稀少,平均不足 10 mm,最长的无雪(雨)期可达两个月,整个冬季没有稳定的积雪层。但是,也有少部分年降水比较多,如 1993 年、2004 年降水量达 30 多毫米。

春季(4~5 月):降水量平均 60 mm,占全年降水量的 14.5%,春季多数集中在 4 月下旬至 5 月上旬,严重干旱的年份 1986 年、2001 年,平均仅降了 13.6 mm,有"春雨贵如油"之说。

夏季(6~8 月):降水量平均 300 mm 左右,占全年降水量的 72.5%,涝年超过年降水量的 95%,旱年的夏季降水占年降水的 45%,每年夏季平均有 1 次暴雨、3 次大雨、4~5 次中雨。汛期开始时间多数出现在 6 月下旬,最早在 6 月初,最晚在 8 月初出现。但是在大旱年份,整个夏季没有汛期,干热少雨(1981 年),平均每 10 年中有 2~3 年出现夏季干旱(即伏旱),1980~1990 年当中 1980 年、1981 年、1988 年干旱,1991~2000 年当中 1997 年、2000 年干旱。2001~2004 年当中 2001 年干旱。

秋季(9~10 月):降水量为 50~60 mm,同春季相当。降水主要集中在 9 月上中旬,自 9 月下旬以后,降水明显减少,10 月中旬以后,就基本上没有较大降雨了。

1.4　风的特点

该地区历年主导风向为西北风。从 1~3 月西北风明显占主导地位,而后受夏季季风的影响,4~5 月西北风开始减少,到 6~7 月份开始西南风为主导风向了,8~9 月受冬季季风的影响,西北风开始增加,10~12 月以后又盛行偏北风了。历年平均风速为 3.0 m/s。

1.5　日照

该地区光照资源最丰富,年日照时数为 2 967.9 h,太阳辐射 142.9 kcal/cm^2,5 月份为最高,为 17.4 kcal/cm^2,12 月份最低,为 5.9 kcal/cm^2。日照充足是该地区发展农业生产的一大优势。

2　初、终霜日期与霜冻指标

该地区历年来初霜出现日期最早为 9 月 15 日,最晚 9 月 30 日结束,历年平均 9 月 22 日结束。终霜日最早为 4 月 22 日,最晚为 5 月 17 日结束,历年平均 5 月 6 日结束,无霜期 133 天。一般地面温度低于 -3 ℃,严霜对于大田作物危害是主要的,地面温度低于 -1 ℃轻霜对于喜温作物(烟草、瓜类、蔬菜)危害是主要的。各种作物对低温抗寒力可参阅表 1。

表 1　主要作物霜冻指标(地面温度)　　　　　　(单位:℃)

作物	玉米	高粱	谷子	小麦	甜菜	烟草	水稻	花生	向日葵
出苗期	−2~−3	−2~−3	−2~−3	−8~−10	−6~−7	0~−1	−0.5~−1	−0.5~−1	−0.5~−1
成熟期	−2~−3	−3	−2~−3			0~−2	−1	−1	−2~−3

该地区少数年份严霜推后,在 5 月中旬结束,大部分年份都在 5 月上旬结束。往往前一年有伏旱发生,则当年春季严霜结束的晚。一般农作物种子在 8~10 ℃以上(喜温作物12 ℃以上)才能萌发,过早播种不一定早出苗,播种时间安排在 5 cm 地温达到适合的萌发温度前后较为适宜。严霜提早结束的年份,当年秋霜也早,所以在断霜提前的年份要早播。在断霜晚的年份,当年秋霜也来的晚些,因此若前一年有伏旱,则当年断霜晚,回暖快,也要稍晚时间播种,也可以成熟。

结合地温、化冻等资料,该地区早播时间可在化冻 20~30 cm 的时候,即在 4 月上、中旬,晚播时间不要超过 5 月上旬,即冻土化通时间。一般在 10 年中早播 6~7 年,晚播3~4 年,对喜温作物可安排在断霜前后进行播种或移栽。

秋季霜冻多在 9 月中、下旬出现。9 月中旬有冷空气活动,有时降温幅度大,就造成 9月中旬见霜。凡是秋霜早的年份,虽然大田作物有时不能受到严重的伤害,但是由于后期气温不宜回升,就会对作物成熟有很大影响。1997 年、1998 年霜冻出现在 9 月 15 日前后,由于平均温度 14.3 ℃比历年 15.8 ℃偏低 1.5 ℃,作物不能完全成熟,就是后期低温造成的。尽管霜冻推迟出现,但由于平均温度偏低,这样也不能保证庄稼成熟,影响了产量。

3　旱涝特点

该地区年降水量平均为 413.8 mm,每五六年左右有一次大旱年和一次大涝年,各年降水量连续增多的机会很少。年降水量有 6 年一周期的变化,表现为多—少—少—多—多—少的规律,如 1973~1978 年是一个周期,1979~1984 年是一个周期。年降水量又有5 年一周期的变化,表现为多—少—多—少—少的规律,如 1991~1995 年是一个周期,1996~2001 年是一个周期。历年各月旱涝情况可参阅表 2、表 3。

表 2　历年各月旱涝指标

级别	旱涝等级	降水量(mm)		
		4~5 月	6~7 月	8~9 月
1	大旱	<40	<100	<80
2	旱	40~60	100~150	80~100
3	正常	60~110	150~220	100~180
4	涝	110~160	220~350	180~250
5	大涝	>160	>350	>250

表3　历年各月旱涝情况

年份	4~5月	6~7月	8~9月	年份	4~5月	6~7月	8~9月
1979年	正常	涝	正常	1992年	旱	正常	正常
1980年	大旱	旱	大旱	1993年	旱	涝	正常
1981年	大旱	旱	大旱	1994年	正常	涝	正常
1982年	正常	正常	旱	1995年	旱	正常	正常
1983年	涝	正常	正常	1996年	正常	正常	正常
1984年	大旱	正常	涝	1997年	正常	旱	正常
1985年	正常	涝	正常	1998年	涝	涝	旱
1986年	大旱	涝	涝	1999年	正常	正常	大旱
1987年	正常	正常	正常	2000年	旱	大旱	正常
1988年	旱	旱	正常	2001年	大旱	正常	旱
1989年	大旱	正常	旱	2002年	正常	涝	正常
1990年	正常	涝	正常	2003年	正常	正常	大旱
1991年	正常	大涝	大旱	2004年	旱	旱	旱

从表2、表3可以看出,该地区26年中,春季出现干旱年份比较多,占历年春季50%。夏季旱涝交错,雨水集中。秋季有14年正常,10年旱,出现秋吊。

综上所述,该地区主要气候特征是:四季分明、光能资源丰富、干旱多风、秋短冬长、春旱秋吊、降水分布不匀、温差较大、灾害性天气较多。

在今后农业生产实践中,掌握自然客观规律与气候变化,巧用天时,树立"人定胜天"的思想,充分利用有利天气条件,战胜不利气候因素,为农业生产提供必要的信息。

协同克立格方法在西藏降雨量分布研究中的应用

李玉庆[1]　王景雷[2]　张寄阳[2]

(1.西藏大学农牧学院水电系；2.水利部农田灌溉研究所)

1　引　言

　　西藏自治区地处祖国西南边陲的青藏高原,面积 120 多万 km²,平均海拔 3 800 m 以上,号称"中华水塔"、"亚洲水源",是我国未来水资源开发、利用的核心地区。但由于其特殊的自然地理环境,西藏旱涝灾害频繁,有雨成灾、无雨成旱,对人民群众生命财产构成严重威胁,也是目前西藏高原比较突出的问题之一。同时降雨的时空分布由于受到各种自然地理条件(地形、下垫面条件等) 和气象条件的影响,即使在同一个气候区内,一般也存在分布的时空差异性,从而造成区域内部的旱涝不均。目前降水量都是来自固定站点的独立观测资料,但是,当研究扩展到区域尺度时,仅仅基于站点的观测资料远远不能满足要求,降雨的连续性空间分布数据更为重要。另外,西藏地区水文台站十分稀少,且分布不尽合理,水文站网主要布设在"一江三河"流域(雅鲁藏布江、拉萨河、年楚河、尼洋河),占全区站数的 80 % 以上,在站设施设备建设、局部站网布局、站网设置功能等方面存在不足和缺陷。因此,如何利用有限的观测数据,借助于空间插值方法来推估降雨量的合理空间分布对于准确地认识水文现象和解决水资源问题具有十分重要的现实意义。

　　降雨量的空间插值一直是研究者所关心的研究课题[1~5]。近年来,有许多新方法被用来解决这一重要问题,如地统计方法[4]、人工神经网络[5]。但是,如何在山区复杂地形条件下利用有限的观测数据插值得到降雨的合理空间分布仍然是一个难题。另外,许多研究证明,在观测数据有限的情况下,利用较易获得的辅助变量进行克立格估值,在一定程度上可以提高估值精度,节省费用,协同克立格法通过目标变量与辅助变量之间交互半方差函数的计算,获得未知样点的空间信息,从而可提高估值的质量。因此,本文采用协同克立格方法,将高程作为第二影响因素来进行降雨量的空间插值,研究西藏地区的降雨分布状况,利用 GIS 实现西藏地区降雨的可视化表达。

2　研究方法与数据来源

2.1　研究方法[4]

　　协同克立格法是普通克立格的单个区域化变量向多个区域化变量的一种拓展,理论上并无本质的区别。因此可以用推导普通克立格法的过程推导协同克立格法。假设研究区域上有 K 个变量构成协同区域化变量 $Z_K(X)(K=1,2,\cdots,K)$ 满足二阶平稳假设和本征假设,那么,可以确定交叉协方差函数和交叉变异函数存在,并定义为:

$$E\{Z_K(X)\} = m_K \tag{1}$$

$$C_{K'K}(h) = E\{Z_{K'}(x)Z_K(x)\} - m_{K'}m_K \tag{2}$$

$$\gamma_{K'K}(h) = \frac{1}{2}E\{Z_{K'}(x) - Z_{K'}(x+h) \cdot Z_K(x) - Z_K(x+h)\} \tag{3}$$

假设空间估计值 Z_X^* 由两个区域化变量 $Z(X_i)$ 和 $Y(X_j)$ 共同决定,区域化变量的协同克立格空间插值计算公式为:

$$Z_X^* = \sum_{i=1}^{n} a_i Z(X_i) + \sum_{j=1}^{m} b_j Y(X_i) \tag{4}$$

式中: a_i 和 b_j 分别是两个区域化变量的权重值。

则整理后的协同克立格线性方程组表达式为:

$$\begin{cases} \sum_{i=1}^{n} a_i C(Z_i, Z_j) + \sum_{i=1}^{m} b_i C(Y_i, Z_j) + \mu_1 = C(Z^*, Z_j) \\ \sum_{i=1}^{n} a_i C(Z_i, Z_j) + \sum_{i=1}^{m} b_i C(Y_i, Z_j) + \mu_2 = C(Z^*, Y_j) \\ \sum_{i=1}^{n} a_i = 1 \\ \sum_{i=1}^{n} b_i = 0 \end{cases} \tag{5}$$

该方程组同样也可以用变异函数表示。这样根据式(3),利用变异函数云图确定变异函数的模型,根据式(5)的线性方程组得到协同克立格权重系数 a_i 和 b_j,然后代入式(4),就可以进行协同克立格插值。

2.2　数据来源与处理

属性数据采用金农网(http://www.agri.com.cn)提供的各县多年平均降雨资料,利用西藏水文网(http://www.xzsw.com.cn)和中国气象影视信息网(http://www.weathercn.com)中的数据进行必要补充,共有 33 个站点数据,基本信息如表 1 所示。

空间图形数据主要参照了 1:400 万的全国行政区域图(中国资源与环境数据光盘,中国科学院地理研究所资料与环境信息系统国家重点实验室 1996 年 6 月出版)。软件工具采用美国环境系统研究所(ERSI)的 GIS 桌面平台系统 ARCGIS9.1 以及目前常用的微软电子表格工具 EXCEL2003。首先把含有各站点经纬度、海拔和年均降水量的 xls 文件保存为 dbf 格式,然后通过 ArcMap 中的转换工具将此文件生成西藏地区雨量站点图。为了与其他图件(如行政区划图)进行叠加,上述数据均被统一到统一的坐标系和投影下。所采用的投影为等面积割圆锥投影(ALBERS),中央经线为东经 105.00°,双标准纬线分别为北纬 25.00°和北纬 47.00°,所采用的椭球体为 KRASOVSKY 椭球体。

表 1　西藏地区站点基本信息

站名	东经(°)	北纬(°)	海拔(m)	降雨量(mm)	站名	东经(°)	北纬(°)	海拔(m)	降雨量(mm)
那曲	92.04	31.29	4 508.6	406	泽当	91.46	29.15	3 553.2	420
普兰	81.15	30.17	3 901.1	172.8	浪卡子	90.24	28.58	4 433	376
班戈	90.01	31.22	4 701	301.2	昌都	97.1	31.09	3 307.1	477.7
安多	91.06	32.21	4 801	358	丁青	95.36	31.25	3 874	639
申扎	88.38	30.57	4 673.9	290.9	洛隆	95.5	30.45	3 640	409.3
索县	93.47	31.53	4 023.8	572.9	左贡	97.5	29.4	3 781	405.5
嘉黎	93.17	30.4	4 489.8	695.5	波密	95.46	29.52	2 737	876.9
狮泉河	80.05	32.3	4 279.3	53	林芝	94.28	29.34	3 001	654
改则	84.25	32.09	4 416.1	166.1	察隅	97.28	28.39	2 331.2	793.9
帕里	89.05	27.44	4 301.2	873	江孜	89.60	28.90	4 000	295.7
日喀则	88.53	29.15	3 837	420	拉萨	91.15	29.47	3 670	447.2
定日	87.05	28.38	4301.7	289.6	米林	94.20	29.22	3 000	646.6
拉萨	91.08	29.4	3 650.1	454	羊村站	91.88	29.28	3 600	429.1
尼木	90.1	29.26	3 810.9	324.2	奴各沙	89.72	29.33	3 700	463.2
墨竹贡卡	91.44	29.51	3 805.1	515.7	巴河桥	93.67	29.87	3 300	800
隆子	92.28	28.25	3 861	279.41	工布江达	93.25	29.88	3 400	561.1
羊八井	90.55	30.08	4 000	390.2					

3　西藏地区降雨量的空间分布

　　一般而言,山地降雨随高度而增加[6],如 Hevesi 等[7]曾研究了年平均降雨量与高程的相关性,并得到了其相关系数达到 0.75 的结论,但这种规律性只发生在一定限度以内,超过了某一限度(即最大降雨带),空气湿度减少,降雨量就随高度增高而减少,根据表 1数据,33 个站点平均海拔 3 839 m,降雨量与高程的相关系数为 - 0.558 5,这说明西藏地区高程已超过了"最大降雨带",降雨量随着高度的增加而减少。

　　利用 ARCGIS9.1 中的地统计分析模块,将高程作为第二影响因素进行西藏地区降雨量的插值分析,分别选取不同的参数进行降雨量空间分布图的制作,根据偏差的平均数是否接近 0、均方根误差尽可能小来选择适宜的空间分布图。图 1 为经过不同参数分析后得到的西藏地区降雨量空间分布图。

　　从图 1 可看出,西藏地区多年平均降雨量具有较大的空间变异性,降雨量从东南向西北逐渐减小,藏西北的狮泉河流域是西藏降雨量最少的地区,多年平均降水量在 100 mm以下,在西念青唐古拉山脉以北,巴青、索县以西的藏北和阿里地区,气候比较干燥,降雨

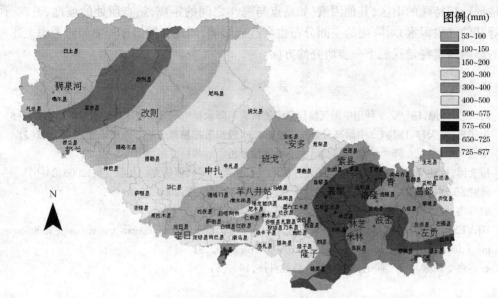

图 1　西藏地区降雨量空间分布图

量多在 400 mm 以下,其中改则县与革吉县的中部地区为 100~150 mm,改则县南部、尼玛县北部及普兰县和两隆格尔县的部分地区为 150~200 mm,班戈北部、尼玛南部及吉隆、陇嘎等县降雨量多为 200~300 mm;在念青唐古拉山脉以南,喜马拉雅山脉以北,林芝、米林以西的藏南地区降雨量多在 300~650 mm,藏南地区以米玛金珠山为界分为河谷区和喜马拉雅山北麓区,其中河谷区多年平均降雨量在 400 mm 以上,其中工布江达和嘉黎的部分地区达到了 600 mm 以上,喜马拉雅山北麓区气候干旱,年降雨量多在 200~300 mm;在东念青唐古拉山脉以北,横断山脉伯舒拉岭以东的三江 (怒江、澜沧江、金沙江) 流域,多年平均降雨量都在 400 mm 以上,其中定青等地还达到了 600 mm 以上,是西藏降雨量比较丰沛的地区;在喜马拉雅山脉东段和东念青唐古拉山脉以南,伯舒拉岭以西的察隅、墨脱等所处的藏东南地区,受印度洋暖湿气流的影响,雨量充沛,多年平均降雨量在 600 mm 以上,个别站点年最大降雨量甚至超过 5 000 mm,该区海拔相对较低,素有西藏"江南"之称,为西藏的主要农业区[8]。

4　结　论

通过西藏地区 33 个降雨量站点数据的分析,降雨量与高程具有比较密切的关系,二者的相关系数为 -0.558 5,表明降雨量随着海拔高程的升高而降低。研究结果表明,西藏地区降雨量具有较大的空间变异性,降雨量由东南到西北逐渐减少,其中藏东南地区降雨量最大,多年平均降雨量在 600 mm 以上,藏西北地区降雨量最少,大都在 100 mm 以下。尽管我们利用具有较强空间分析功能的协同克立格方法获得了西藏地区的降雨量空间分布图,但由于该区站点数目较少,而且分布不尽合理,其中藏西北和藏北地区基本没有国家的基准站点,这也在一定程度上影响了插值效果,导致这两个地区的估计方差较大。因此,要想获得较高的插值精度,就必须保证一定密度的站网分布和对站网进行优化布置。另外,本文由于资料所限,仅仅考虑了高程对降雨分布的影响,其实在西藏这样一个地形地貌特殊的山区,其他因素(如站点与海洋之间的距离,站点所处的坡度、坡向,风速等其他气象因素)对降雨的空间分布也会造成影响,因此在插值过程中如何考虑上述可能的影响因素将是我们下一步研究的方向。

参 考 文 献

[1] 尚宗波,高琼,杨奠安 . 利用中国气候信息系统研究年降水量空间分布规律 . 生态学报,2001,21(5)

[2] 朱华忠,罗天祥,Daly C. 中国高分辨率温度和降水模拟数据精度分析 . 地理研究,2003,22(3)

[3] 朱会义,贾绍凤 . 降雨信息空间插值的不确定性分析 . 地理科学进展,2004,23(2)

[4] 岳文泽,徐建华,徐丽华 . 基于地统计方法的气候要素空间插值研究 . 高原气象,2005,24(6)

[5] 陈晓宏,刘德地,王兆礼 . 降雨空间分布模式识别 . 水利学报,2006,37(6)

[6] 翁笃鸣,罗哲贤 . 山区地形气候 . 北京:气象出版社,1990

[7] HEVESI J A,FLINTAL,ISTO J D.Precipitation estimation in mountainous terrain using multivariate geostatistics.part I:structural analysis.J Appl Meteor,1992,31

[8] 石运强 . 西藏高原气候的初步分析 . 西藏科技,1999(5)

旱作物生育期有效降水量适宜计算模式初探

刘战东 肖俊夫 段爱旺 刘祖贵

（水利部灌溉试验总站）

随着灌溉农业的发展,水资源紧缺问题日益突出,提高水分生产率和实行节水灌溉,已成为当今灌溉科学的重要问题。在节水农业领域中,发展节水灌溉,关键是在作物整个生育内实施科学的用水调配,充分利用降水,以供作物根系吸收利用,提高降水利用率,从而制定出合理的科学灌溉制度。降水有效利用量的确定对旱作物节水灌溉制度的制定起着至关重要的作用。作物正常生长需要多少水? 自然降水能供给多少水? 有多少水需要通过灌溉来补充及需要在什么时候补充? 这些问题的提出,都迫切需要我们去寻求一种适宜的科学计算方法来给出确切的答案,其中有效降水量的确定,尤其是计算时间步长的缩短和该数值结果的精确化,一直是个难点,同时它也是旱作农业地区土壤水分研究的一个热点。在旱地农田土壤水分运动规律中去寻求发挥有限降水资源的利用潜力研究方面,近些年来取得了十分显著的成效,但就作物生育期内降水有效利用量的细化和确定,研究尚不多见。鉴于此,笔者在前人工作的基础上,有针对性地对这一问题进行了初步探讨,以期为作物水分利用效率的提高和旱作物适宜灌溉制度的制定提供一些理论依据。

1 有效降水量的定义及其影响因素

本文所探讨的有效降水量特指旱作物种植条件下,用于满足作物蒸发蒸腾需要的那部分降水量,它不包括地表径流和渗漏至作物根区以下的部分,同时也不包括淋洗盐分所需要的降水深层渗漏部分。

降水对作物蒸散过程的有效性受许多因子影响(见表1)。降水特性、土壤特性、作物蒸散速率及灌溉管理则是其中主要的影响因素。

表1 影响有效降水的因子(Dastane,1974)

因子	相关特征
降水	降水量,强度,频率,空间及时间分布
蒸散	温度,辐射,相对湿度,风速,作物种类
土地	地形,坡度,土地使用类型
土壤	深度,质地,结构,容重,盐及有机质含量,持水力特性
土壤水	土壤含水率或水势,悬浮物质,由于黏粒或胶质造成的混浊度,黏滞度,温度,溶盐特性
地下水	埋深,水质
管理	耕作类型,平整程度,土壤管理类型(梯田,垄作),土壤改良剂的使用
渠道	尺寸,坡度,形状,糙度,回水影响
作物	作物特性,根系深度,地面覆盖度,生长时期,轮作情况

　　首先,决定降水有效性的降水特性包括数量、频率及强度。高强度的降水,即使持续时间很短,也可能因超过土壤的入渗速率而使有效性很低。大的降水过程,即使是那些强度低、持续时间长的降水也可能产生大量的径流,并引起深层渗漏。强度低、持续时间短的降水通常有效性最高。另外,频繁的降水一般使有效性下降,因为作物不可能以降水的强度利用所有供给的水分。低频降水提供了足够的时间,使土壤表面能够变干(增加入渗率),也使作物能够充分地吸收土壤中的水分(减少深层渗漏的机会)。

　　其次,土壤在作物水分供给过程中的作用就如同一个水库。因此,土壤的水分吸收、保持、释放及移动等特性对降水的有效程度具有很大的影响。有效降水在很大程度上由土壤的入渗速率及土壤有效贮水量所决定。这两个量都取决于土壤的含水量。干土的入渗率较高,有效贮存量大,因而更能有效地利用降水。

　　当作物蒸发蒸腾速率较高时,土壤水分消耗得很快,从而可为贮存降水提供更大的库容。如果发生降水,为达到田间持水量所需的水量就大,相应地由径流和深层渗漏所造成的水分流失就少。反之,如果蒸发蒸腾速率较低,土壤提供贮存降水空间的速率也低,接受水分的能力就小。如果发生降水,由径流或深层渗漏造成的损失可能就要相对大些。

　　最后,灌溉管理措施对降水的有效利用也有影响,比如,制定灌溉计划时,如果只允许土壤水分有很小的亏缺,那么用于贮存降水的土壤库容也较小;相反,如果允许土壤有较大的水分亏缺,土壤有效贮水能力将增大,降水的有效性就会提高。

2　有效降水量适宜计算模式

　　在设计和运行灌溉管理系统时,考虑自然降水对作物产量的贡献变得日益重要,因而有关用于满足作物生育期耗水需求的有效降水量的估算确定,国内外一些学者进行了一系列的探讨研究,并总结出了一些方便实用的估算方法。该方法大致分为三类:直接田间监测技术、经验公式法和水量平衡法。田间实测技术与经验法的研究和应用在 1970 年以前曾引起了很大的关注。但随着计算机技术的日益成熟,给在这一领域的科研工作者提供了许多科学计算的便利条件,水量平衡法也逐渐成为众多学者研究的热点(Saxton et al.1974;Sands et al.1982)。土壤水量平衡方法能对一个给定的地区有效降水量的特征进行很好的描述。这种方法考虑了所有必要的水量平衡项(降水、径流、入渗、蒸散和深层渗漏),因此它能灵活地适应于不同的气候和土壤条件。本文同样基于该方法,探讨了以天为时间步长和计算机处理为基础的土壤水分平衡模型,以此来计算有效降水。

　　有效降水的适宜计算方程:

$$ER = R - (IR + Q + DP)$$

式中:ER 为有效降水量;R 为总的降水量;IR 为旱作物植株截留量;Q 为降水产生的径流量;DP 为降水产生的深层渗漏量。另外,以上公式中所有变量均以天为时间段的值来计量。

2.1　降水截留量的确定

　　在降水过程中,一部分降水在到达地面之前为作物冠层叶、茎截留,而后直接蒸发返回大气,这种现象称为作物冠层截留降水。植被冠层截留降水是一种常见的自然现象,繁茂的植被和森林冠层截留量可达到降水量的 15% ～45% ,可见降水在作物冠层的截留损失将影响到达地面土壤的水分总量,因此对冠层截留的研究一直是相关有效降水利用的主题。近年来,对降水的冠层截留过程尚缺乏系统深入的研究。就其从定性研究来看,很显然作物冠层降水截留量与降水特性(包括降水强度、降水历时、降水量)、大气蒸发力及作物自身冠层的发育状况有着密切的联系。为此,国内外一些学者通过引入影响冠层截留的因子而提出了自己的数学模型,这为从定性化到定量化的研究奠定了基础。Shuttleworth(1983)对植被截留降水量 IR 采用的参数化关系为:

$$IR = a + bR$$

式中:a、b 为拟合参数。Mintz Walker(1993)在计算全球土壤水分分布时,对植被截留降水量采用如下估算方法:

$$IR = \min(R, E)$$

即取降水量 R 和潜在蒸散 E 两者之间的最小值。

罗天祥(1995)在研究龙胜里骆杉木人工林群落的降雨截留时提出了幂函数计算模型:

$$IR = aR^b$$

曾德慧通过正交试验和回归分析建立了截留量与叶面积指数关系的模型;张金池建立了截留量降水主导因子(降水量、平均雨强、最大某时段平均雨强)预测模型。以上模型大都是在实测数据的基础上,以概率论和数理统计为手段建立起来的统计或回归模型,它们均属于经验模型,不需要复杂的理论推导和数学计算,形式简单。但模型参数有很大的局限性,只能适用于研究条件下的降雨事件和作物特定生长发育状态,模型不能外延使用,更不易推广。另外还存在许多不确定性因素,估算值精度偏低。尽管纯理论截留模型较深入地考虑了各种影响因子,且存在一定的机理性,但形式上都非常复杂,多是运用离散数学或微积分方法,并在一定假设条件下建立起来的。建立模型的过程难度也很大,而且某些因子的测定,还存在一定难度,因此在应用上受到限制。基于以上两种模型的局限性,本文在截留机制理论分析的基础上,建立了截留模型的基本形式,同时为计算和应用方便做出一些简化和假设,利用实测数据构建了求解某些参数的半理论半经验模型。

$$IR = R \quad R \leqslant R^*$$

$$IR = f(LAI, R) \quad R > R^*$$

式中:IR 和 R 分别为某一次降水截留深度和降水深度,mm;LAI 为叶面积指数;R^* 定义为临界降水深度,mm,由于它与作物冠层的发育状况有直接的关系,所以可通过实测试验数据拟合建立函数关系式:$R^* = f(LAI)$ 得到。当 $R \leqslant R^*$,通过作物冠层的降水完全被截留;另外考虑被截留的降水存贮在作物冠层中能够达到冠层的最大存贮容量(CS_{max},mm)。在作物生育期内,每天的 CS_{max} 值可以通过以 LAI 为自变量的函数关系式(Rogerio T.de Faria,1996)计算求得:

$$CS_{max} = CSC \cdot LAI$$

其中 CSC 为冠层存贮系数,它是模型的输入项,事先由试验确定。它反映了作物的叶面湿润特性,被定义为每一单位 LAI 所能存贮的最大水层深度。

上述半经验半理论模型具有一定的理论基础,而其中的一些参数是经验性的,这种理论与经验相结合的特点虽没有使模型完全摆脱经验模型的某些缺陷,但却使模型有较强的实用性。不过在应用时要根据不同地区和作物冠层特征对经验参数进行必要的修正。

2.2 降水径流量

预测有效降水量时还必须估算径流量。在水文学领域,关心的主要是降水—产流关系,即把降水径流量作为有效降水量。而在农田灌溉领域,我们则认为它是排除在有效降水之外,未能被作物生长发育所充分利用,应该是一种降水损失水量。雨水通过植被截留后落到地面后,受降水量、降水强度、地面坡度、土壤吸水渗水性能等因素的影响,决定是否产生地面径流,径流量又是多少。早在 1953 年,霍顿认为当降水强度超过地面下渗能力时就会产生降水径流,即所谓的超渗产流理论。靳长兴(1995,1996)研究表明,若不考虑流动摩擦阻力,则径流在坡面以加速度的方式流动,其动能与流量的 1 次方和流速的 2 次方成正比,坡度愈大,流速增加,径流量也随之增大。吴发启等(2003)综合考虑各影响因素进一步提出,土壤容重越小,土壤入渗速率越大,降水产流历时越晚,土壤容重与产流历时和稳渗速率分别呈指数函数关系。坡面产流历时与降水强度呈指数关系。同时随着土壤初始含水率的增加,坡面产流历时明显提前,稳渗速率减少,初始含水率与坡面产流历时呈幂函数关系。坡度与坡面产流历时呈指数函数关系。李裕元、邵明安(2004)在降水条件下坡地水分转化的特征实验研究中证实,坡地初始产流时间 t_p、平均径流深 D、径流系数 C_R 等坡面产流特征与降水强度具有显著的相关关系:

$$t_p = 19.968 i_R^{-2.1161}$$

$$D = 42.132 i_R - 38.184$$

$$C_R = 0.4144 i_R - 0.3256$$

随着雨强的增大,坡面初始产流时间缩短。在降水量或降水时间相同的情况下,坡面产流时间相对延长,坡面的产流量与产流系数增大。坡面产流强度随降水历时的延长呈对数函数形式增加,产流强度随雨强的增大而增大,并明确了产流强度变化的临界点为 1.35 mm/min。李凤、张如良(2000)研究认为,等高耕地比顺坡耕作径流量减少 77.89%。刘光义(1993)认为,等高种植、间作、浅耕以及垄作与间作等有利于降低径流量,耕作管理措施的变化在一定程度上反映了土壤物理性质和表面土壤微地形的变化。因此改良土壤物理性状和改变表面微地形是减少降水径流量、提高降水有效利用率的关键。另外,土壤表层结皮情况直接影响降水的有效入渗,封堵水分的入渗通道,从而增加了降水径流量。Eigle 等(1983)的研究表明,土壤结皮对裸地入渗的影响大大超过其他因素的影响,入渗量减少达 80%,降水径流量显著增大。陈浩、蔡强国(1990)通过二次降水的研究,认为有结皮的径流是无结皮的 6.4~24.5 倍。

综上所述,降水特性、土壤性质、初始含水率、坡度、耕作措施等均直接或间接地影响降水径流量,在当地某一研究区域内,其中的单个或部分因素会起主导影响因子。例如在我国北方大部分旱作物种植区,田面均比较平整,此时建立模型时,可以忽略坡度对径流量带来的影响。因此笔者认为关于降水径流量的估算可以和其影响因子的某一个或少数几个建立起相关关系数学模型,也可参照前人构建的模型,在此基础上作一些参数的修订。这样既直观简化,参数又适宜在当地通过实验获得。

2.3 降水的深层渗漏量

对于降水过程中产生的深层渗漏量的计算,采用实时估算法。假设作物主要根系活

动层的深度为 H，达到田间持水量 θ_m 时的最大土壤贮水量为 W_H，则降水结束后主要根系活动层的土壤贮水量 W_t 和深层渗漏量 DP 可通过下面的比较分析得到。

当 $W \leqslant W_H$ 时，则 $W_t = W, DP = 0$；

当 $W > W_H$ 时，则 $W_t = W_H, DP = W - W_H$。

式中：W 为降水前土壤贮水量与降水入渗量（$R - IR - Q$）之和。

3　讨　论

实际上在我国北方旱作物种植地区，一次降水事件发生，降水量都不大，只要是雨强不是特别大，基本上都能被贮蓄在田间土壤中，一般不会产生径流或深层渗漏。此时，利用模型，将大大简化计算的过程。

作物播种前期的降水对作物生育期利用应该是有效的，这部分降水如何考虑在内值得进一步研究。另外关于有效降水量的计算模型，现大多地区采用当地的经验公式，既缺乏机理性，又难于应用到其他地区。尽管美国土壤保持局的科学家经过分析全美国 22 个地方 50 年的降水资料，采用土壤水分平衡法，综合考虑作物蒸散、降水和灌溉的因素，提出了一项月有效降水量的技术，即 USDA-SCS 方法。但这一方法一方面只适宜在排水良好的土壤上预测，另外它是以月为时间步长进行估算的，在这种情况下，很难为全面地进行工程分析或为制定灌溉计划提供更为详细的数据。

目前，关于降水有效利用的研究仍是国内外有关领域的研究热点。除依然研究次降水事件有效利用系数经验过程模型外，一个新的发展趋势就是在综合分析各种模型结果的基础上，把各种形式的研究结果转化为标准形式，或通过对所在地的环境变量做相关分析，建立作物生育期有效降雨量的优化模型及其与纬度、经度和海拔等因子关系的多元地理空间模型，用于不同区域估测和评价，研究有效降水量的地理变化规律，同时在预测的时间步长上应尽可能缩短，以改善模型的精度和灵活性。

对于灌溉农业，研究降水有效利用量及其损失水量，可以为科学制订农业用水计划及作物各生育阶段的优化灌溉制度提供可靠依据；对于缺乏灌溉条件的旱地农业，通过减少降水径流损失水量，增加降水入渗比例，对于改善作物生长水分状况，提高作物产量，具有积极的意义。